U0393779

联邦学习原理

与

PySyft实战

高志强　编著

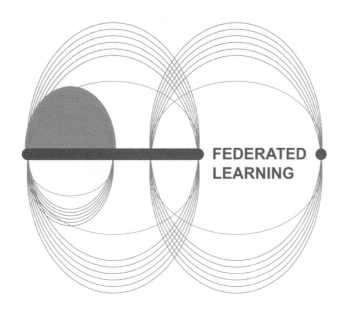

FEDERATED
LEARNING

中国铁道出版社有限公司

CHINA RAILWAY PUBLISHING HOUSE CO., LTD.

内 容 简 介

鉴于小数据和"数据孤岛"已经成为制约人工智能技术发展的关键挑战性问题。本书细致讲解人工智能领域的联邦学习原理，翔实阐述在平衡智能学习和信息安全的前提下，如何通过加密机制进行模型参数交换，安全地进行人工智能模型训练，所建立的虚拟共享智能模型与直接聚合所有数据获得的最优模型性能相近。除此之外，本书致力于全流程介绍联邦学习实践工具，帮助读者搭建完整的框架平台以及厘清它们之间的应用关系，推动人工智能技术转化应用落地，最后本书通过 7 个实践案例多维度展现了联邦学习实战。

图书在版编目（CIP）数据

联邦学习原理与 PySyft 实战/高志强编著.—北京：中国
铁道出版社有限公司，2023.1
ISBN 978-7-113-29517-2

Ⅰ.①联… Ⅱ.①高… Ⅲ.①机器学习 Ⅳ.①TP181

中国版本图书馆 CIP 数据核字（2022）第 143533 号

书　　　名：联邦学习原理与 PySyft 实战
　　　　　　LIANBANG XUEXI YUANLI YU PySyft SHIZHAN
作　　　者：高志强

责任编辑：荆　波　　　　编辑部电话：（010）51873026　　　　邮箱：the-tradeoff@qq.com
封面设计：MX DESIGN STUDIO
责任校对：安海燕
责任印制：赵星辰

出版发行：中国铁道出版社有限公司（100054，北京市西城区右安门西街 8 号）
印　　刷：北京柏力行彩印有限公司
版　　次：2023 年 1 月第 1 版　　2023 年 1 月第 1 次印刷
开　　本：787mm×1 092mm 1/16　印张：15.25　字数：315 千
书　　号：ISBN 978-7-113-29517-2
定　　价：89.00 元

版权所有　侵权必究

凡购买铁道版图书，如有印制质量问题，请与本社读者服务部联系调换。电话：（010）51873174

打击盗版举报电话：（010）63549461

前 言

笔者写作本书的初衷是一个比较漫长而又有意思的过程，关于联邦学习的研究进展符合事物发展的"螺旋式上升、波浪式前进"基本模式和潜在规律。笔者自 2013 年至今，一直从事计算机科学领域的相关科研和工程工作。

在 2013 年，进入最优化理论的群智能优化算法领域，开始了源于生物群体涌现性智能的分布式智能算法研究，那时还未出现去中心化、泛中心化概念，只是以算法设计与实验仿真为主。

进入 2016 年，搭乘着国内大数据商业化和技术推广的快车，初步涉及了 Hadoop 生态的分布式大数据存储计算相关工作，曾就实验室的虚拟化和分布式节点部署"几夜难眠"，同时，重点关注了大数据隐私保护技术领域的进展，尤其深度追踪了 Microsoft 杰出科学家 Dwork 提出的形式化隐私保护定义——差分隐私（Differential Privacy，DP）技术，并展开了大数据隐私保护架构设计、隐私保护数据采集、隐私保护数据聚类分析、隐私保护效果评估方面的应用基础研究工作，期间发表了一些隐私保护领域的学术论文。

在 2016 年前后，Apple 公司在 IOS 系统中采用差分隐私技术保护用户手机数据隐私引起了我的研究兴趣，而几乎在相同的时间段，Google 公司提出了支持隐私保护的分布式机器学习框架——联邦学习，让大规模智能手机具备了协同建模能力，更是让人感叹"英雄所见略同"。随后，差分隐私、加密计算、联邦学习等技术成为产、学、研各界的前沿热点。

回顾前期的研究工作经历，可以总结为"摸索—试错—强化—追随—融合"的过程，即按照计算机科学—技术—工程的路线对算法、数据、智能等方面进行了初步迭代式探索。纵观从最优化理论到大数据分析，再到隐私保护的机器学习技术（也细分为隐私保护数据发布、隐私保护数据分析、隐私保护数据挖掘等领域）的持续性发展周期，计算机技术的正向演进与各领域的内在需求、各行业的主体推动密不可分，互支撑、大融合的趋势愈发明显。

当前，以人工智能、区块链、云计算、大数据、边缘计算、联邦学习、5G 通信等为代表的新一代信息技术推动着理论研究、应用实践、社会发展的前进车轮，同时，

Web 3.0、元宇宙、卫星互联网、数字经济、网云融合成为融合式、体系化发展的新方向。当然，最优化理论依然是支撑上述技术更好发展和全面应用需求的底层逻辑之一。如何进一步平衡与优化网络、算力（计算机硬件）、数据隐私、智能建模等方面需求，是需要不断拓展与深化的重要课题。

目前，海量、高速、异构、多样的大数据既带来了超越传统经典概率统计方法的全数据思维，又面临大量数据地理位置分离、组织关联较弱、难以共享交换的难题，同时，随着各界对数据隐私保护重视程度的日渐提升，各来源数据被迫孤立存储，制约人工智能优越性的"数据孤岛"困境已然形成。因此，如何破除"数据孤岛"，在满足隐私安全约束下实现高效的智能模型训练和性能提升是新时代背景下亟待解决的难题。

联邦学习被誉为大数据时代人工智能落地应用的"最后一公里"，可以保证多个数据拥有方在隐私保护前提下进行智能模型的分布式联合训练，既是破除"数据孤岛"的重要方法，也是形成联邦生态的关键使能技术之一，可作为对下"拉"通硬件、网络、数据底层的融合式中间层，对上支持人工智能跨域应用的核心支撑。

因此，本书的基本定位为"面向时代需求、夯实理论基础、强化实践能力、引领融合创新"，重点在于分析大数据、人工智能等新一代信息技术带来的"数据孤岛"困境和人工智能安全挑战，探讨联邦学习的使命任务与业界困境破解之道，基于 Openmined 开源社区的 PySyft 联邦学习框架，分享联邦学习在开源社区、隐私计算、计算机视觉、深度强化学习等领域的落地实践案例。

特色与亮点

（1）入门与进阶的循序渐进

狭义上讲，联邦学习是人工智能、信息安全的交叉领域；广义上说，联邦学习涉及最优化理论、机器学习、大数据分析、密码学、信息通信、智能芯片等综合基础学科知识。因此，为扫除读者入门的"拦路虎"，在入门引导方面，本书重点分析了大数据时代的"数据孤岛"以及人工智能视角下的隐私保护与数据安全问题，引导读者思考联邦学习的使命任务，从宏观上感受联邦学习在 AI 与隐私、数据安全兼得方面的破解之道；在进阶提升方面，以人工智能为主要载体，剖析其演进过程中"人工"与"智能"相伴相生的简史，并探讨联邦学习技术由此而厚积的理论基础以及隐私保护与信息安全根基。

无论是理论初学者还是行业的爱好者，通过循序渐进地"交流"，共同达到思想上的共识——联邦学习是人工智能与信息安全等技术与业务领域需求+工程实践的产物！

（2）基于理论与案例实践的融合

联邦学习源于非独立同分布、样本非均衡、大规模分布式终端、受限通信的典型场景下实现支持隐私保护的分布式机器学习重要需求，其理论基础是人工智能与信息安全技术的深度融合。因此，联邦学习的提升研究需要读者理解面向应用场景的关键技术，培养体系架构的系统工程思维，源于应用需求，深化于理论，反馈于实践，形成"需求—理论—实践"的闭合回路。

在案例实践方面，本书既对业界联邦学习的应用场景和"学习"成品（例如生命大数据可信计算、京东智联云联邦学习、百度安全联邦计算等平台）进行介绍，又通过基于数据表和张量指针的线性回归、基于卷积神经网络的图像识别、基于嵌入式智能设备的异步联邦学习、基于 Websocket 的远程通信、基于 DQN 的强化学习等案例进行联邦学习实战讲解。兼顾理论深度和实践案例的广度，为读者展现联邦学习的应用场景，让实践赋予理论更多的"实在感"。

（3）开源共享与持续创新的厚积

开源是信息技术发展的重要模式和动力，更是推动联邦学习技术走进科研、商业、工程、生活的重要手段。本书所涉及程序源于 OpenMined 开源社区和所在团队在 Github 上开源的工作，希望关于联邦学习的初步工作可为联邦学习技术的开源与知识共享传播贡献一份力量。此外，创新是科技进步的源泉，也是技术发展的不竭动力。本书的部分理论思考及实践案例是团队多年参加竞赛、学术交流、发明专利等活动的持续积累，也是本书在内涵上的重要特色。

组织结构

本书按照背景与基础、原理与技术、框架与实战的结构，共分三篇 12 章，并根据读者需求，提供 Python 快速教程、Linux 常用命令、BP 算法推导和参考资料等补充章节（鉴于篇幅原因，补充章节内容放在了本书的整体下载包中，读者可通过封底二维码获取）。在各章节内部，配有思维导图以及大量思维拓展环节，以期帮助读者形成较为全面的联邦学习脉络。

综上所述，本书的知识框架和学习思路如下图所示。

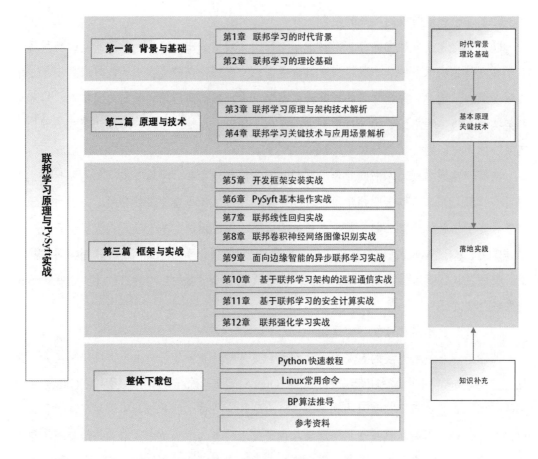

第一篇为背景与基础，以联邦学习的宏观背景和技术轮廓为总领，讲解联邦学习的时代背景和理论基础，以期激发读者对联邦学习中隐私保护和人工智能安全的感性认识，感受联邦学习在大融合、大发展、大繁荣、大有可为的新时代"温度"。

总体来讲，理解宏观背景和技术轮廓是入门联邦学习的第一步。因此，第一篇的定位既是基础入门的"知识图谱"，又是进阶提升的"第一踏板"。有相关理论储备和研究基础的读者可以跳过该部分内容，直接进入后续章节学习。对该领域感兴趣的读者可以以重温和科普的心态，品读相关发展演进脉络，以启发新的思考。

第二篇为原理与技术，主要对联邦学习的基本原理、关键技术、应用场景等细节问题进行剖析，促进读者的理性认识，从基本原理、体系架构、关键技术、应用场景等角度对相关技术进行讲解，既是对联邦学习基础理论的整合与升华，也是对联邦学习内涵外延的解析，更是实战应用的理论指导。

在本篇中，第 3 章是联邦学习架构技术的理论核心，第 4 章从应用场景和性能优化两个维度剖析了联邦学习的关键技术。因此，由理论到技术到应用，符合读者对新技术学习的闭合通路，便于读者轻松构建起联邦学习知识体系的"四梁八柱"，对下衔接坚实的理论基础，对上支撑前沿应用。

第三篇为框架与实战，结合 Openmined 社区开源的 PySyft 平台资源，针对数据挖掘、计算机视觉、嵌入式开发、安全计算等具体应用场景精选线性回归、卷积神经网络、智能硬件开发、Websocket 通信、强化学习等技术案例进行编程实现，与基础理论、关键技术呼应，构成符合学习规律的全流程闭合回路。

本篇是全书的重点，从综合案例实践角度对全书知识点的总结与提升，以期让联邦学习技术不只是密码学、人工智能等领域的"上层建筑"，更是实实在在有温度、接地气的落地应用，以期为相关领域研究者、爱好者、实践者提供有益参考和思维指引。

学习建议

希望通过本书的学习，读者可以从技术融合和系统工程的角度对联邦学习进行思考，尤其重点理解如下观点：

联邦学习的关键是架构，重点是联合，具体为数据的联合、模型的联合、资源的联合。

关于对以上这句话的理解，可以将这一观点融入新一代信息技术发展的大背景下，从算法、算力、数据、网络、安全等角度对联邦学习发展的推动作用去思考，即可获得其中"真意"。具体讲，联邦学习的本质是一种架构技术，也正是因为联邦学习去中心化、泛中心化等类型的架构，才有望融合大规模分布式终端设备数据与不同业务领域"数据孤岛"数据，进而为人工智能、大数据分析、智能优化等领域的发展提供架构体系支撑；数据的联合是对多源跨域异构数据进行深度安全可信的融合，进而打破各类约束条件下的"数据孤岛"，为人工智能等应用发展提供充足的数据支撑；模型的联合是基于联邦学习架构，在分布式、集中式、混合式部署模式下人工智能模型的具体化呈现，是实现高性能人工智能推理、训练的重要方式；资源的联合是整合联邦学习架构所涉及网络通信、计算、存储等资源的重要途径，是促进人工智能等任务高效落地应用的重要保障。

此外，本书各章节从知识前沿、领域关注、理论深度、具体案例等角度分别设计了相应的思维拓展模块，可以启发读者研究思路。在参考资料部分，整理了思维导图、开源代码、权威论文等资料，以期帮助读者提高动手实践和理论研究能力。

最后，"纸上得来终觉浅，绝知此事要躬行"，想要深入理解联邦学习，还需读者自己动手去进行理论推导、编程实践、实际应用，方可真正形成基于感性认识—理性认识—实践认识的"闭合学习回路"。

预期读者

（1）人工智能与信息安全技术初学者

联邦学习所涉及技术体系庞大，知识点繁多；同时，可选用资源又非常丰富，初学者容易无从下手。希望通过本书学习，初学者可以厘清人工智能及其相关的隐私保护、大数据分析等知识的基本脉络，找到适合自己的技术学习和发展路线。

（2）程序开发者

技术的生命在于应用转化，尤其在计算机科学领域，没有落地应用，技术很难有长远持续的发展。因此，本书的实战案例讲解可以辅助具有一定人工智能开发基础的程序员、工程师获得思路上的启发和实际应用场景的共鸣，为其所写代码赋予"有场景"的生命力，促进其对实际问题场景创造性地程序化描述，进而推动新一代信息技术的发展。

（3）前沿科技爱好者

开源是人工智能发展的必经之路，希望本书可为深度学习、隐私保护等前沿科技爱好者提供共享技术、共享理念的交流平台，对开源社区建设和联邦学习知识的普及起到一定推动作用。

感悟与致谢

在本书的成稿过程中，笔者一直在揣摩学习者、读者的思维模式，尽力平衡"书"的教与"读者"的学，以期通过深入浅出的方式帮助初学者厘清联邦学习的学习脉络。希望本书不仅"顶天"，更能"立地"，即联邦学习是领域的前沿技术，会让初学者有距离感，希望通过本书的讲解、分析，帮助联邦学习技术走近读者，更具生命力。

由于笔者水平有限，写作时间仓促，书中纰漏在所难免，恳请读者和业界同行多提宝贵意见，批评指正，以促提高。

读者在阅读本书时，若遇到相关问题可以发团队邮箱：15891741749@139.com，本书代码开源地址为：https://github.com/book4fl。

最后，本书是站在巨人肩膀上（Standing on the Shoulders of Giants）完成的，感谢大量科技工作者的辛苦工作！

高志强

2022 年 9 月

于 西安

目 录

第 3 章　联邦学习原理与架构技术解析

第 4 章　联邦学习关键技术与应用场景解析

第1章 联邦学习的时代背景

当前，大数据与人工智能的发展浪潮中存在两个突出而尖锐的挑战——"数据孤岛"和人工智能安全，加之各界对数据隐私保护重视程度的日渐提升，导致各来源数据被迫分散存在，孤立存储，尤其，从多个数据拥有者（如企业、政府等）收集人工智能模型训练所需的数据变得不可行。因此，如何破除"数据孤岛"，在满足隐私安全约束下实现高效的智能模型训练和性能提升是新时代背景下亟待解决的难题。

联邦学习可以保证多个数据拥有方在隐私保护前提下进行智能模型的分布式联合训练，既是破除"数据孤岛"的新方法，也是从联邦数据到联邦智能，形成联邦生态的关键使能技术之一。本章首先从大数据时代的"数据孤岛"、人工智能视角下的隐私与数据安全两个维度，擘画联邦学习诞生的时代背景，然后从大势所趋、合法合规和破解之道三方面讨论联邦学习的使命任务，以期为读者勾勒出联邦学习所处的宏观背景与技术轮廓。

1.1 大数据时代的"数据孤岛"

众所周知，大数据具有海量（Volume）、高速（Velocity）、多样（Variety）、低价值密度（Value）、真实（Veracity）等特性（简称为 5V），其本质特征为超越传统经典概率统计方法的全数据思维——一种数据驱动的分析处理模式。因此，在大数据时代，数据已成为一种新兴的社会生产资源；同时，大数据思维也上升为一种用于多领域问题求解、复杂系统设计、人类行为理解的重要方法论。

然而，作为大数据时代的重要参与主体，大量数据散布在地理位置分离、组织关联较弱的多个数据拥有方（例如，企业、政府、机构等），面临难以数据共享交换、协同更新等难题。大数据时代的"数据孤岛"困境已然形成。下面从信息孤岛、数据孤岛的演化进程角度，分析大数据时代信息化、数字化、社会效能提升所面临的"孤岛"挑战。

1.1.1 信息孤岛

信息孤岛（Information Silo）既符合信息的基本概念原理，更源于信息化建设进程中的多种参与主体和多类生产生活应用场景；下面我们一起梳理一下信息概念的起源、信息孤岛的产生原因以及目前常见的信息孤岛类型，以期对信息孤岛全面的认识。

1. 信息的概念

说到信息孤岛，首先要明确信息的含义。通俗地讲，信息可泛指人类社会传播的一切内容，是一种普遍的联系形式。1948 年信息论之父克劳德·香农将信息定义为"用来消除随机不确定性的东西"，以描述事物运动状态或存在形式的不确定性，使信息成为度量数字化社会的基本单位。

追溯现代信息论的起源，克劳德·香农[①]发表的《通信的数学理论》《噪声下的通信》两篇论文及相关理论贡献，奠定了其在信息和通信领域"双料祖师爷"的地位。其中，通信系统的基本模型、信息量单位（bit）的定义、信息熵等概念是信息度量的重要基础。其中，信息熵的计算公式如下：

$$H(X) = -\sum_{i=1}^{n} p(x_i) \log_2 p(x_i) \tag{1-1}$$

同时，香农提出的香农公式［式（1-2）］讨论了通信速率的极限值，该公式依然适用如今的现代通信场景，并指导着 5G 等新一代通信技术的发展。

$$C = B \log_2 \left(1 + \frac{S}{N}\right) \tag{1-2}$$

其中，B 指传输带宽；S 指传输信息的信号功率；N 指噪声功率；通信速率 C 的单位为 bit/s。该公式表明，信息传输的理论极限速率正比于传输带宽、信噪比。通俗地讲，要想提升信息传输速率，要么提升基站的信号发射功率，要么减少噪声功率。

因此，香农利用上述两个公式从信息（Information）和通信（Communication）两个角度奠定了信息技术（Information Technology，IT）基础理论和数字世界的根基，并从本源上给出了当今信息通信技术（Information Communication Technology，ICT）"如火如荼"融合局面的底层逻辑。

然而，随着大数据时代的到来，"人、机、物"三元世界，乃至面向虚拟现实的"元宇宙"体系，均面临着大量无法在一定时间内感知、获取、处理、管理和服务的信息；同时，不同信息系统之间无法高效双向共享信息，或信息只能受限单向流动，导致"信息孤岛"或信息系统"烟囱"林立，这应该是香农从数学基础角度统一信息定义及相关理论时，所未曾预料到的现实"困境"。

2. 信息孤岛的产生

从图灵机模型[②]（1936 年）和第一台通用电子数字计算机（采用十进制，1943 年启动，1945 年完工，1946 年发布）的诞生，到信息论（1948 年）的提出，再到互联网络（1969 年）的形成，现代社会人类赖以生存的基础信息和网络环境逐渐形成；同时，人类的社

---

① 克劳德·香农（Claude Shannon）的开创性论文《通信的数学理论》（*A Mathematical Theory of Communication*）采用比特（bit，位）来代表"二进制位"（binary digit）。使用数字表示所有类型信息被誉为 20 世纪最伟大发明之一。

② 1936 年，图灵在其论文《论可计算数以及在判定性问题上的应用》（*On Computable Numbers，with an Application to the Entscheidung Problem*）中给出了图灵机模型。此后，冯·诺依曼为美国军方研制电子离散变量自动计算机 EDVAC，1946 年提出了计算机的程序存储原理，描述了冯·诺依曼体系结构，对现代计算机技术的发展产生了深远影响。

会生产水平也发展到了新阶段——信息化社会阶段。随着信息化建设成为社会各领域的建设重点，信息系统便成了相关建设的重要载体。

信息孤岛的形成与信息化社会中信息系统的广泛建设关系密切。首先，我们从信息化与信息系统的词性词义，以及社会生产力与生产关系的演化关系角度分析信息孤岛的产生原因。

（1）信息化作为名词，可代指现代信息技术的应用，尤其是信息技术在特定领域的促进性转变，例如，企业信息化；作为形容词，信息化可指因信息技术应用而达到的新形态，例如，信息化社会。

（2）从社会生产力和生产关系角度分析信息化，其核心是通过全体社会成员共同努力，在经济和社会各领域充分运用信息技术的先进生产工具，创造信息时代的生产力，推动生产关系和上层建筑改革，使国家综合实力、社会文明素质、人民生活质量全面提升；其目的是系统化，而系统化的结果是成体系。其原因在于，体系是由多个系统构成的系统的系统（System of Systems，SoSs），是信息网络和多种关系下多个系统综合集成运用的基础。

因此，从体系角度看，信息化带来的不仅是信息的便捷交流，更重要的是密切各个领域分系统间的关系，进而促进更高效的信息化体系形成，使原来松散的组织形式演变为更加密切的一体化联合架构形态。而信息系统成为从新的维度刻画和承载物理社会与信息社会的重要工具，也是社会各领域信息化建设的重要对象。

下面以信息化建设的重要组成部分——企业信息化为例，分析基于信息系统的信息化建设中存在的突出问题。企业信息化兼具政府、机构等信息化建设的共性，又具备特定领域建设发展的个性，具体指在企业作业、管理、决策的各个层面，以及科学计算、过程控制、事务处理、经营管理的各个领域，引进和使用现代信息技术，全面改革管理体制和机制，以期大幅提高企业工作效率、市场竞争能力和经济效益。

然而，随着企业、政府、机构等领域信息化建设进程的推进，信息孤岛问题却不断凸显。从本质上讲，信息孤岛是信息化推进过程中信息需求与信息系统服务能力不匹配带来的"顽疾"，其形成既与信息系统缺乏顶层设计，分期分批建设的"分而治之"思路有关，又与不同历史阶段技术能力和投资规模的限制相关；同时，不想、不敢、不会使然的"孤岛思维"等主观因素也对信息孤岛的形成起到了一定的"助推"作用。

尤其，在传统的管理体制下，企业（或类似主体）层级化的运营管理架构中明确的职权和责任边界导致企业本身"不想"突破体系边界；数据确权、隐私、安全等问题带来的不可控性造成了"不敢"探究信息系统安全底线的惰性；相关理论与技术支撑不足，加之"重硬，轻软；重网络，轻数据；实用快上"等短、平、快建设模式，增强了"不会"解决信息孤岛问题的思维惯性，导致了信息孤岛的不断产生。

3．信息孤岛的基本分类

上述分析表明，信息孤岛的产生与技术、系统、平台、业务、管理、机制等"人—机—物—管"多方面因素相关，不仅是技术问题，更是复杂的社会问题，目前尚无统一的学界定义。下面从信息载体和孤岛形成原因等角度，对系统孤岛、平台孤岛、业务孤岛、管理孤岛等信息孤岛类型进行详细介绍。

（1）系统孤岛

在系统工程的学科范畴中，系统被定义为由相互联系单元耦合形成的有机整体。目前常用的系统多指运行于通用计算机（PC）硬件上的软件系统，或称为信息系统，其定义为对输入数据进行处理，并产生信息的系统。从香农提出的信息论角度描述，信息系统体现的是通过手工或计算机等工具，使数据从无序到有序的处理过程。在信息化建设中，信息系统概念多泛指网站、移动应用、业务平台等软件系统。

上述系统中，以计算机等硬件为基础的软件信息系统，其应用需要结合各领域的管理科学理论和工程方法经验，并依赖信息技术去解决社会各领域中的信息化管理问题，以提高社会生产效率，为生产或信息化建设以及管理和决策过程提供支撑。

然而，目前承载局部（社会中某个领域）数据信息的信息系统各自为政，彼此独立，跨领域信息难以共享，进而演化出"系统级孤岛"。尽管各领域内既有的信息系统可实现信息在限定范围内跨部门流转，并极力通过系统集成使孤立信息系统在复杂巨系统体系内部进行局部调整，但在一定时空范围内，信息系统由小到大的集成与演化导致了规模更大的系统级孤岛产生。

（2）平台孤岛

由于社会工业化、机械化的发展，成套的生产装备和生活设备之间，尤其是来自同一生产厂家、自成体系的装备和设备及相关系统平台，与其他厂家的装备和设备难以进行直接高效的数据和信息交换，跨软硬件平台的设备与设备之间，形成了平台化的信息孤岛。以智能手机为例，搭载苹果系统的手机与 Android 系统的手机在进行数据迁移共享时，必须先登录 iCloud 进行备份，然后利用数据迁移软件进行数据单向传输。然而，对于不同型号华为手机的数据互传则可以通过手机克隆、数据迁移、华为分享等功能轻松实现。

（3）业务孤岛

信息化建设的一项任务就是通过信息系统集成和软硬件平台为不同业务场景提供信息化的服务支撑能力。然而，不同领域业务需求和信息运转流程差异较大，不同垂直领域的业务系统之间难以完成彻底的系统级整合，更无法形成有机的全生态业务整合。尽管业务系统可以从顶层设计到底层应用纵向打通特定业务领域的信息化链路，但仍无法解决不同业务系统间的横向信息共享和数据交换问题；因此，业务孤岛广泛存在于跨领域的信息系统之间。

以高等院校的财务报账为例，从业务属性角度讲，财务部门需要与教学、科研、后勤保障等部门打交道，因为各业务部门的经费报表要归口于财务部门结算。然而，这种跨部门的数据流转需要反复提交证明材料，以保证财务结算时各部门提交数据可以被财务部门认可，避免错账、假账、审计困难等问题的发生。然而，各业务领域的基础业务数据无法便捷共享，佐证材料反复填报打印，业务孤岛在各业务运转过程中林立。

（4）管理孤岛

与业务孤岛和平台孤岛相关，由于不同设备和业务流程间的壁垒，信息系统的使用与管理脱离，尤其管理者与具体业务系统的使用者往往不是同一人群，"屁股决定脑袋"，不同的思维模式与权职差异，导致信息系统的加持并未彻底实现顶端管理决策到末端实施落实的全链路信息化，甚至管理者无法完全依靠现有信息作出明确的决策；因此，管理孤岛是系统直接用户与管理者之间的行政鸿沟。

以生活中各类药店的买药过程为例，药店通常自有业务结算系统，患者选药—购药—付费—结算流程可以依靠微信扫码等电子支付模式便捷完成。然而，当患者采用医保结算时，药店工作人员又需要打开医保系统，填报信息、接入医保结算设备，完成用户认证等一系列流程。因此，无法直接互通的药店业务系统与医保结算监管系统揭示的"用与管"矛盾是管理孤岛产生的重要因素之一。

1.1.2　数据孤岛

在当今的大数据时代，数据已成为大量信息相关技术和场景需求的重要支撑和内在驱动力，那么数据与信息有着怎样的辩证关系，数据孤岛与信息孤岛又具有怎样的渊源？下面，我们辩证地分析大数据时代数据孤岛的相关概念及其产生原因。

1. 数据与信息的关系

在讨论数据孤岛与信息孤岛之间的关系前，我们先思考数据与信息二者的关系。在大数据的 5V 特性中，已经体现了数据体量、产生速度、种类形态与数据价值之间的某种关系，即"数据爆炸了，信息却匮乏了"。那么数据与信息之间有什么关系呢？

从定性角度讲，数据是反映事物客观属性的记录，其拉丁文符号为 Datum，原始含义是"某物"，即缺乏加工关联的原始资料，其呈现形式可以用数值、字符、图像等特定形式进行连续或离散地表示。在计算机中数据以 0 和 1 的二进制形式存储，一般以字节或字（多个字节）为单位进行处理；信息通常是数据处理后的输出，即有价值数据的集合，"青，取之于蓝，而青于蓝"，信息源于数据而高于数据。

概括地讲，数据更倾向于外在形式，信息则侧重有价值的内容，二者符合内容与形式的辩证统一，其定性描述式如下：

$$信息 = 数据 + 价值 \tag{1-3}$$

从定量角度分析，数据量和信息量并不一定正相关。信息的基本作用是消除不确定性，从概率角度可知：不可预测性越高，信息量就越大，而非数据量越大，信息量就越大。从信息论的观点来看，依据信息熵定义［式（1-1）］，信息量是一种概率统计的平均——数学期望，而数据量也可表示为信息量与数据冗余量之和。

$$数据量=信息量+数据冗余量 \tag{1-4}$$

由此可见，信息可被理解为数据中有用的内容，或特定上下文语境中的数据价值。二者的区别如表 1-1 所示。

表 1-1　数据与信息之间的区别

区　别　项	数　　　据	信　　　息
描述	未经处理，可作系统的输入	数据处理后的输出
特点	多指原始数据	具有逻辑含义或价值
依存关系	不依赖于信息	依赖于数据
度量单位	以位、字节等单位存储计算	以具有时间、数量等含义为单位

2．大数据与数据孤岛

基于上述我们对数据与信息关系的讨论，一定可以得出大数据不等于大信息的结论，但大数据与数据孤岛又有怎样的联系呢？

在大数据时代，大数据被誉为"新时代的生产资料"，更是数据思维的重要体现。2007年，数据库领域专家 Gray 提出继试验观察、理论推导、计算仿真后的第四范式——数据探索，2012年，牛津大学教授 Schnberger 在著作《Big Data: A Revolution That Will Transform How We Live, Work and Think》中指出，基于随机采样、精确求解、因果推理的传统数据分析模式已演变为全数据、近似求解、关联分析的大数据模式。

如图 1-1 所示，大数据时代的数据更接近于数据的原生本源，并已成为认知领域"数据—信息—知识—智慧"演进金字塔的重要底座，通常分为结构化数据、非结构化数据、半结构化数据三种类型。常见的数据表现形式为结构化数据中的关系表、半结构化数据中的日志、JSON 文件、HTML 网页以及非结构化数据中的文本、图像、音频、视频等。

从哲学角度看，大数据思维源于"事物是普遍联系的"原理，其方法论更倾向于用数据间联系去描述领域问题的解决方案；因此，在大数据时代，数据—信息—知识—智慧间的关系衍生出了新的逻辑链路，如下：

（1）数据是对客观事物本原的抽象表示，经过特定逻辑加工处理，产生面向领域场景的信息价值；

（2）知识源于信息，更强调对信息的整合，侧重对事物本质和复杂性的理解和认知；

（3）智慧是基于知识而演绎出的问题求解和判断决策能力，并在不断完善知识架构的过程中沉淀出更多智慧，甚至情感要素。

图 1-1　大数据时代的数据—信息—知识—智慧演进金字塔

　　基于上述逻辑链路，大数据时代，数据底座的体量在爆炸式增长，信息也在不断丰富的过程中出现了真信息与假信息鱼龙混杂的现象，这不仅增加了知识提取的难度，更延长了智慧演进的周期。究其原因，与信息孤岛产生中的"人—机—物—管"多方面因素类似，数据量的增加，并不意味着数据共享、协作互通水平的提升。与此同时，数据孤岛概念便浮出了"大数据的海洋"。

　　数据孤岛概念最早来源于快速发展的互联网企业，同一公司内部不同业务部门的数据各自存储、各自定义，导致同一公司内部跨部门数据共享、关联困难。简单地讲，数据孤岛就是对数据间关联困难、彼此无法互操作现象的描述。因此，数据孤岛普遍存在于需要进行数据共享和交换的信息系统之间，可被视作数据视角下的信息孤岛。

　　通常，数据孤岛分为逻辑数据孤岛和物理数据孤岛两种类型，前者强调不同领域独自定义自己的数据，导致相同数据被赋予不同含义，这极大地增加了跨领域数据共享的协作成本。例如，医院、银行、商场均存储着相同用户名对应的用户数据，而物理数据孤岛则强调不同来源数据相互独立传输、独立存储、独立运维，这种物理场景既有网络安全因素的考虑，又受限于跨网络跨设备互操作的技术"鸿沟"。

　　如前文所述，不同类型的信息孤岛导致大量数据难题，不同领域、不同信息系统所承载的数据信息不能共享、交换，而数据孤岛带来的数据重复操作、数据冗余、数据一致性缺失等难题制约着大数据价值和信息量的提升。如图 1-2 所示，从某种意义上讲，数据孤岛是信息孤岛的子集。尤其是隐私保护、数据安全、法律规范等因素导致大量数据分散存储，加速了底层数据孤岛的形成，更凸显了信息孤岛在用户层的客观壁垒。

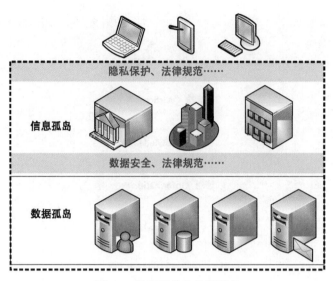

图 1-2　数据孤岛与信息孤岛

3. 问题与原因

在长篇小说《鲁滨孙漂流记》中，主人公在荒岛上与世隔绝地生活了 28 年两个月零 19 天，当其返回故乡时，世界早已发生了翻天覆地的变化。同样地，当信息被迫独立存储并与外界隔离时，数据无法大规模关联、交叉和融合，即使数据类型、维度、粒度依然多样多元，并不断动态演化，但林立的"数据孤岛"依然是大数据时代多源异构跨领域、跨媒体、跨语言数据存储、分析、融合和理解的重大挑战。

当细分的应用领域数据量受限、数据质量较差时，人工智能模型训练所需的数据难以充分获得，不同数据源间壁垒难以打破，跨域共享交换难以实现；从某种意义上讲，大数据俨然成了"数据孤岛"的代名词。可以说，信息孤岛是管理和使用用户层面直接显现出来的表象，而数据孤岛则是大数据时代"数据困境"的底层根源。

除了不同领域数据协作时存在的数据无法共享问题，与信息孤岛形成原因相似，基于责任机制和信息安全考虑，同一业务系统的访问权限约束也可能导致同一平台的数据使用存在数据孤岛，导致数据完整性和数据质量急剧下降。美国健康信息管理协会曾指出，美国 10% 的医院病历信息是重复的，这直接影响医疗服务效率、用户体验、数据价值，甚至制约国家体系与治理能力现代化水平的提升。

数据孤岛的形成原因有总体设计缺乏、多方协作差、标准规范制定滞后、数据生产与数据控制割裂等，例如，作为大量数据的生产者，用户每天会产生位置轨迹、购物信息、医疗记录等数据。然而上述数据多受控于各种行政机关、运营商、网络提供商和互联网企业等相应的服务提供者，进而导致了同一用户的数据相互割裂、彼此孤立，形成了"数据岛屿群"，甚至"岛中岛"。

因此，多源异构数据割裂、数据规模与数据价值矛盾突出、跨媒体、跨语言的关联分析等挑战为大数据时代大融合、大跨度、深层次和综合性的治理提出了重大课题。此外，数据具有社会属性，除了隐私安全外，还涉及现实社会的权力和利益。因此，如何在保障信息安全和数据隐私底线的前提下，遵从经济规律，最大程度实行数据共享的挑战也不容忽视。

以企业数据孤岛为例，众多普通规模的中小型企业不具备单独收集大规模用户数据的实力，导致了大量数据分散存储于中小型企业，乃至企业的部门之内；同时，出于企业机密保护、行政手续复杂等原因，以及数据隐私保护法规，如欧盟的《通用数据保护条例》（*General Data Protection Regulation*，《GDPR》）等的出台，即使企业在主观上愿意，也无法再像以往一样自由地交换或分享含有用户隐私的数据。

打通数据孤岛，实现业务系统集成，拆除信息孤岛烟囱，可综合考虑数据治理、经济手段、法律规范、前沿技术等多方面因素，从以下四方面推进。

（1）从数据治理角度讲，首要任务是制定集成规范，并以此为基础，重新梳理跨部门的业务流程，在保障信息安全和责任体系要求的前提下，设计最合适的数据共享交换方案，来指导完成业务系统的应用集成工作。

（2）从经济学观点看，数据是数字经济时代新的生产要素，基于数据确权可以促进数据的流通和共享，让市场化配置资源的能力更强，可采用契约等经济手段来承认数据的价值。

（3）明确责任，让信息安全的责任和底线更清晰。推动国家在信息安全与数据共享方面的法律越来越健全，让数据利用有法可依。此外，一些互联网企业设置的首席安全官可以界定数据共享和开放中的安全边界，让专业的人做专业的事，有助于缓解企业对于信息安全隐患的焦虑。

（4）联邦学习、区块链等技术，可在不汇聚用户原始数据前提下实现机器学习，兼顾数据加密存储以及访问权限可控、可信、可追溯等需求，为跨主体间数据共享提供新模式，有助于缓解数据孤岛问题。

【思维拓展】数据中台

大数据时代，传统烟囱式 IT 建设方式导致企业、机构独立采购或自建信息系统形成了诸多内部数据孤岛；同时，互联网产生的大量外部数据与传统信息系统的内部数据无法互通，进一步加剧了数据孤岛问题。尤其是数字资产状况无法掌握、各部门之间数据共享久推难通、行业数字化转型迫在眉睫，数据烟囱、信息孤岛等问题困扰信息化、数字化社会的效能提升已久。

如前文所述，数据孤岛是大数据治理和人工智能发展的一大壁垒：

- 对于不同主体，由于数据安全、数据隐私的法律法规要求不能将数据简单整合；
- 对于同一主体，数据可以通过行政命令有限程度的整合，但由于部门利益、权限管理、安全管理等障碍无法通过简单管理要求完全整合。

姚期智院士曾指出，"数字化转型和大数据处理的核心要素为数据、算法与算力。数据孤岛和数据资源治理是面临的首要挑战，需要打造'数据中台'，并提供数据安全隐私计算方法，解决数据共享利用问题，然后再解决数据分析挖掘与智能化建模，以及算力等基础设施问题。"

数据中台建设的核心目标就是将海量数据转化为高质量数据资产，提供更具个性化和智能化的产品和服务。因此，数据中台可以打通各具体应用业务线的数据孤岛，在数据安全、隐私合规、部门职责权限、安全管理等现实情况的可行边界下，进行尽可能地有限整合，拉通纷繁复杂而又分散割裂的海量数据。从本质上讲，数据中台是一种"中心化的能力复用平台"，它通过系统和机制使数据变成数据资产，持续使用数据，产生智能，为业务服务，从而提升数据的使用价值。

1.2　人工智能视角下的隐私保护与数据安全

随着云计算、移动互联网、大数据技术的发展，人工智能在自动驾驶、机器视觉、语音识别等关键任务上取得了重大突破，接近甚至超过人类水平，已成为先进科技社会化应用的代表和社会热点。尤其近年来，机器学习中深度学习这一分支的蓬勃发展，人类正在经历着由深度学习技术推动的人工智能浪潮。然而，以往的人工智能理论大多没有考虑开放甚至对抗环境，人工智能安全和隐私问题正逐渐暴露出来。因此，从隐私保护与数据安全角度，系统地研究人工智能安全问题并进一步提出有效的措施，是迫切而关键的。

1.2.1　大数据的隐私保护

大数据思维模式下的数据是泛在关联的，具有弱化的权利归属；同时，在大数据应用场景下的具体数据是具有权限归属的，尤其是大量数据直接来源于产生数据的普通个人；加之用户产生的数据被数据服务提供方（搜索引擎公司、电商平台、政府部门等）大量采集存储，这种数据产生与管理主体的分离加剧了数据滥用、隐私泄露等隐私保护问题，也推动了隐私保护技术的发展。

1.　个人隐私与大数据隐私

隐私概念的提出可追溯到 1890 年美国传统法律的开创性著作《隐私权》，其中规定个人隐私权是一项免遭他人无依据发布个人生活中秘密细节的独特权利。至今，在哲学、心理学、社会学等社会科学领域，隐私概念尚未有一个明确的既符合时代发展需求又符合实践检验的定义。

在某种意义上，隐私可被描述为多维的、灵活的以及动态的，它随着生活的经验而变化，是机密、秘密、匿名、安全和伦理的概念重叠，同时也依赖特殊的情景（如时间、地点、职业、文化、理由），因此不可能定义出通用的隐私概念。在特定情景下，对不同的事和人，隐私可泛指用户认为是自身敏感的且不愿意公开的信息，包括（但不限于）以下 4 类：

（1）信息隐私，即个人数据的管理和使用，包括身份证号、银行账号、收入和财产状况、婚姻和家庭成员、医疗档案、消费和需求信息（如购物、买房、车、保险）、网络活动踪迹（如 IP 地址、浏览踪迹、活动内容）等；

（2）通信隐私，即个人使用各种通信方式与其他人的交流，包括电话、QQ、E-mail、微信等；

（3）空间隐私，即个人出入的特定空间或区域，包括家庭住址、工作单位以及个人公共场所轨迹等；

（4）身体隐私，即保护个人身体的完整性，防止侵入性操作，如药物测试等。

从法律规范角度讲，隐私权是公民享有的私人生活安宁与私人信息依法受到保护，不被他人非法侵扰、知悉、搜集、利用和公开等的一种人格权。个人隐私相关法律概念如表 1-2 所示。

表 1-2 个人隐私相关法律概念

概　念	释　义	来　源
个人信息	以电子或其他方式记录的能够单独或与其他信息结合，识别特定自然人身份或反映特定自然人活动情况的各种信息	中国《互联网个人信息安全保护指引》
个人敏感隐私信息	一旦泄露、非法提供或滥用，可能危害人身和财产安全，极易导致个人名誉、身心健康受到损害或歧视性对待等的个人信息	中国《个人信息安全规范》
个人隐私数据	分为可识别个人身份的标识数据和通过关联等方式对个人身份识别的集合数据两类，包括医疗、基因、性生活、健康检查、犯罪记录、宗教信仰、通信记录、生物识别数据等	欧盟《GDPR》
可识别个体的健康信息	与个人以往、目前或将来身体（或精神）健康或状况有关的数据；个人接受健康保健服务的相关数据	美国《医疗保险与责任法》

随着社会的进步，源于社会科学领域的隐私概念，与新技术变革之间的冲突贯穿着整个信息技术的发展史。以人工智能的三大核心驱动力和生产力之一的大数据为例，大数据技术发展无法避开隐私问题，隐私保护与新技术相生相成。19 世纪利用法律保护报纸等新型媒体造成的隐私泄露；20 世纪 60 年代采用密码技术对计算机造成的隐私威胁进行保护；21 世纪前期利用匿名化和模糊化技术对互联网和社交媒体对个人隐私泄露进行保护。

因此，大数据在带来巨大经济利益的同时，也给个人和团体隐私带来威胁。通常，隐私的主体是人，客体是个人事务与个人信息，内容是主体不愿意泄露的事实或者行为。由于大数据具有大规模性、多样性与高速性的特征，因此大数据隐私的主体可能是人或者组织团体；客体可能是人或者团体的信息。此外，大数据隐私还具有边界难以明确的特征。大数据的隐私类别大致分为以下 3 类：

（1）监视带来的隐私，指通过非法的监视手段跟踪、收集个人或者团体的敏感信息。例如，网站跟踪用户的搜索记录、利用视频监视窥视他人的行为等。这类隐私常利用问责系统或者法律手段来保护；

（2）披露带来的隐私，数据披露是指故意或无意中向不可信的第三方透露或遗失数据。该类隐私通常利用匿名化、差分隐私、加密、访问控制等技术来保护；

（3）歧视带来的隐私，指普通人无法感知和应用大数据处理技术的不透明性，会在有意或无意中产生歧视结果，进而泄露个人或者团体的隐私。该类隐私通常利用法律法规手段来保护。

此外，根据对象的不同，大数据隐私类别可以分为数据隐私（例如关系数据库隐私、位置数据隐私等）、查询隐私（例如 k 近邻查询等）、发布隐私等。

2．大数据带来的隐私风险

"人、机、物"三元世界在网络空间中交互、融合产生的大数据具有数据量大、类型繁多、生成速度快以及价值密度低等特点，加之个人隐私随着诸多因素动态变动的特性，使得保护大数据时代的个人隐私更是难上加难。尤其是大数据在收集、集成、融合、分析、解释等生命周期过程中均存在数据披露和隐私破坏的风险。相关分析如下所述：

（1）在公开数据和私有数据的收集过程中，如果个人数据被不可信的第三方服务收集，则个人隐私很可能被泄露或者卖给恶意攻击者。例如，不可信的位置服务恶意收集用户的位置信息，则用户的敏感位置可能会被披露；

（2）数据集成融合通常采用链接操作汇聚多个异构数据源，以处理数据之间的冗余、不一致、相互拷贝关系等问题。然而，所面临的不可信外包服务攻击、无加密索引、记录连接攻击等，几乎能够推理出个人所有敏感信息，给个人隐私保护带来严峻挑战；

（3）数据分析解释可以挖掘出大数据中的异常点、频繁模式、分类模式、数据之间的相关性以及用户行为规律等信息，抽取或者学习到有价值的模型和规则，并通过可视化、数据溯源等技术来展示大数据的分析结果；存在频繁模式支持度攻击、分类与聚类攻击、特征攻击等。

【思维拓展】大规模隐私泄露事件

2018 年，安全咨询机构 Ponemon 对全球 477 个企业和组织的调研报告表明，数据泄露事件的平均成本已升至 386 万美元，平均每条泄露记录成本升为 148 美元，仅 2018 年上半年，发生 945 起大型数据泄露事件，累计超过 45 亿条信息泄露。如表 1-3 所示，包括"剑桥数据分析门"在内的多次大规模数据泄露事件给个人隐私数据安全敲响了警钟。

表 1-3　大规模隐私泄露事件

时　　间	事　　件
2006 年	美国在线公司搜索数据泄露
2006 年	Netflix 公司匿名用户信息泄露
2011 年	CSDN 网站 600 万用户信息泄露
2013 年	Adobe 公司 290 万客户信息被黑客窃取
2014 年	纽约名人出租车车费信息泄露
2014 年	网络交易平台 eBay 至少 1.45 亿用户个人隐私外泄
2015 年	美国医疗保险公司 Anthem 近 8000 万条个人医疗数据泄露
2016 年	云计算安全公司 Cloudflare 数百万网络托管客户数据泄露
2016 年	成人约会和娱乐公司 Friend Finder 遭遇 4.12 亿账号信息泄露事件
2017 年	美国 Equifax 公司的安全漏洞，造成 1.43 亿人个人信息被盗窃
2017 年	美国国防部亚马逊服务器配置错误，造成全球 18 亿份社交媒体信息泄露
2018 年	Facebook 非法共享用户数据造成"剑桥数据分析门"丑闻
2018 年	华住旗下酒店 5 亿条信息隐私泄露
2019 年	德国数百位政界人士隐私资料外泄
2019 年	云存储服务 MEGA 上 7.73 亿封电子邮件账号及密码泄露
……	

3. 隐私保护技术

阿里达摩院《2022 十大科技趋势》将破解数据保护与流通的全域隐私计算列入前沿科技趋势，百度研究院《2022 年科技趋势预测》将隐私计算技术列为数据价值释放的突破口和构建信任的基础设施；可见，隐私保护技术研究领域十分活跃。技术视角下的隐私定义分别来自统计学和信息安全等领域。相应地，可划分为语法隐私（Sytactic Privacy）保护技术、语义隐私（Semantic Privacy）保护技术、形式化隐私（Formal Privacy）保护技术。下面我们具体了解一下这些隐私保护技术。

（1）语法隐私保护

1977 年，统计学家 Dalenius 首先定义统计泄露控制概念（Statistical Disclosure Control，SDC），其核心思想是通过观察统计数据发布前后个人信息是否增加来判断是否发生隐私泄露。SDC 主要涉及隐私保护数据发布（Privacy-Preserving Data Publishing，PPDP）和隐私保护数据挖掘（Privacy-Preserving Data Mining，PPDM）两个研究领域。基于上述统计学隐私概念，语法隐私保护技术以实现数据发布结果中无法将每条记录与其他一定数量记录区分为目标，主要通过压缩、泛化、聚集、扰动等方法实现法律规范中涉及的匿名化和去标识化。

2002 年，Sweeney 提出的 k-anonymity 算法是语法隐私保护的重要代表，为后续基于等价类分组的匿名隐私保护算法及改进模型奠定重要基础，其中，l-diversity、t-closeness

等针对不同攻击类型而提出，具体情况如表 1-4 所示。

表 1-4　语法隐私保护技术

名　称	核心思想	缺　陷
k-anonymity	每个准标识属性等价类中至少存在 *k*−1 个相同属性	只处理准标识属性，不涉及敏感属性，无法抵抗一致性攻击、未排序攻击、补充数据攻击等
l-diversity	每个等价类中敏感属性具有 *l* 个不同属性值	某敏感属性分布概率大时，易出现隐私泄露，无法抵抗倾斜攻击等
t-closeness	在满足 *k*-anonymity 条件下，敏感属性在等价类中的分布与总体分布差异不超过 *t*	无法抵抗背景知识攻击

语法隐私保护技术的主要缺陷如下：

① 严重依赖于攻击者的背景知识（Background Knowledge），但背景知识无法全面地被形式化界定或限制，并总会周期性地随新攻击技术的出现而不断被动完善；

② 尽管匿名方法中 *k*、*l*、*t* 等参数用数学符号语言表示，但本质上仍属于启发式语法安全隐私保护范畴，局限于如何设计匿名数据集的等价类分组，无法提供严格且可证明的数学理论支持。

（2）语义隐私保护

1982 年，Goldwasser 和 Micali 提出的密码学语义安全（Semantic Security）概念与语义隐私保护理念一致，强调增加或删除某一记录时对数据发布结果的影响程度，语义安全具体示例如图 1-3 所示，在公钥密码体制中，Alice 用公钥将明文 m 加密为密文 c，并发送给 Bob，而 Bob 使用私钥解密，从密文 c 中还原出明文 m。

语义安全是密码学的基础，加密算法是语义安全的核心概念。而且，安全多方计算、同态加密算法、属性加密、可搜索加密、安全外包计算等将语义安全扩展到新场景，新兴的区块链也与密码学息息相关。然而，由于计算开销大等问题尚无法解决，基于语义安全的密码学技术在隐私保护领域的理论研究成果尚未大规模实际应用。

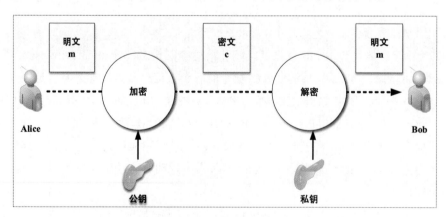

图 1-3　语义隐私保护中公钥加密

此外，语义安全与 Dalenius 的统计学隐私定义并不完全一致，语义安全概念不符合隐私保护数据分析的定义，因为语义安全需要明确明文的接收方（如图 1-3 所示中的 Bob），并要求攻击者不能获得任何信息；然而在隐私保护数据分析场景下，个人数据分析者既是正当使用者，也是潜在隐私攻击者。例如，攻击者具有辅助信息"Tom 比平均身高矮 3 厘米"，在不知道平均身高数据时，攻击者无法知道 Tom 身高，但当平均身高的统计信息发布后，攻击者就可以得到 Tom 的真实身高。因此，精确的平均身高统计信息发布不满足语义安全。

（3）形式化隐私保护

形式化隐私保护来源于 1976 年 Diffie 和 Hellman 对密码学中公钥密码体制的重要贡献。2006 年，Microsoft 杰出科学家 Dwork 提出著名的形式化隐私保护定义——差分隐私（Differential Privacy，DP），与语法隐私保护相比，差分隐私可以约束数据输入和输出的关系，并量化隐私泄露风险的边界约束。同时，差分隐私具有自组织特性，即多个差分隐私机制的组合依然满足差分隐私，而且，差分隐私是唯一可以抵抗任意背景知识的隐私保护定义。

语义安全关注攻击者访问统计数据而造成个人信息安全的变化情况，而差分隐私则关注攻击者访问统计数据后能否推断个人信息是否在其中。Dwork 和 Noar 的研究表明，语义安全不适合隐私保护数据分析场景，而差分隐私可以完成支持隐私保护的推断统计、机器学习、数据合成等任务，并被美国人口统计部门、Google 公司、Apple 公司、Uber 公司、Samsung 公司等政府机构和企业采纳。

差分隐私分为集中式差分隐私（Centralized Differential Privacy，DP）和本地化差分隐私（Local Differential Privacy，LDP）两种类型，其抽象模型如图 1-4 所示。差分隐私的应用场景主要分为隐私保护数据采集、隐私保护数据发布和隐私保护数据分析等。集中式差分隐私研究从统计数据库的数据发布场景开始；而本地化差分隐私适用于严格保护用户端数据的本地场景，用户端通过随机噪声将本地数据扰动后报送给采集端，实现用户端隐私保护。二者差异主要体现在隐私保护机制的设置、执行位置以及收集类型等方面。

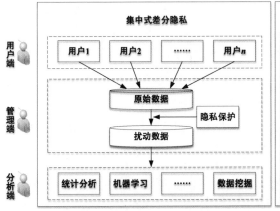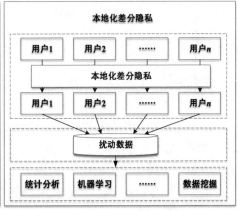

图 1-4　差分隐私模型

此外，由于隐私具有技术和规范双重概念属性，针对隐私保护的研究不仅涉及语法隐私保护、语义隐私保护、形式化隐私等技术框架，也涉及访问控制、隐私保护设计框架、隐私政策、隐私标记语言和语境完整性框架等方面。其中，隐私保护设计框架（Privacy by Design, PD）由加拿大 Cavoukian 博士提出。PD 框架涉及的两种隐私增强技术如表 1-5 所示。

表 1-5　PD 框架涉及的隐私增强技术

名　　称	释　　义
替代隐私增强技术	以用户为中心，通过匿名方法阻止数据收集或最小化数据收集，重点是防止或避免数据过度收集和分析
补充隐私增强技术	依据隐私保护原则和相关隐私保护法律规定制订技术方案，重点是确保企业数据的收集和处理符合法律规范，并降低用户隐私泄露风险

重要的隐私政策框架包括美国健康教育福利部发布的《公平信息实践准则》、世界经济与合作发展组织制定的 OECD 隐私保护原则框架、亚太经济合作组织（Asia-Pacific Economic Coorperation，APEC）制定的保护 APEC 联盟国家公民信息的隐私保护框架以及欧盟出台的《通用数据保护条例》等，上述隐私政策框架多是从法律条文角度出发，强制性规定隐私保护框架的约束范畴和适用领域。

1.2.2　人工智能时代的隐私与安全

大数据时代与人工智能时代具有交叉融合的发展时间脉络，一方面，数据被誉为人工智能的"原料"，推动了人工智能的发展；另一方面，人工智能是大数据极大丰富的产物，是大数据面向应用需求的增值。然而，人工智能在赋能数据及应用的同时，也为数据生命周期中涉及的原始所有者、过程所有者、增值价值所有者等一系列隐私保护与信息安全问题带来了新的挑战。

1．数据隐私与信息安全

在分析人工智能时代的隐私与安全概念之前，有必要辨析数据隐私和信息安全两个经典术语。二者的最终目的都是数据能够被私密、安全地访问和分析，尽管信息安全技术能够保证基础设施、通信与访问过程数据的安全性，但数据的隐私还有可能泄露。

（1）数据隐私指个人、组织机构等实体不愿意被外部知道的信息，包括个人行为模式、位置信息、兴趣爱好、健康状况、公司的财务状况等，具有数据的模糊性、隐私性、可用性，可通过模糊化、匿名化、差分隐私、加密等实现隐私保护。

（2）信息安全指信息及信息系统免受未经授权的访问，未经授权的操作包括非法使用、披露、破坏、修改、记录及销毁等，涉及数据的机密性、完整性、可用性，可通过访问控制和密码学实现。

此外，安全对应个人信息保护问题的 3 个具体目标：

① 完整性，确保信息在传输和存储过程中不被篡改；

② 认证，对用户身份以及数据访问资格的验证；

③ 保密，要求数据的使用只限于被授权的人。

由此可见，安全并不能保证个人隐私完全受到保护，必须在确保个人信息安全的基础上，加之对个人信息的正确使用才能确保个人隐私不泄露。

2．机器学习的隐私问题

机器学习是人工智能的重要实现方式，涉及概率论、统计学、逼近论、凸分析、计算复杂性理论的交叉学科领域。随着机器学习中深度学习这一分支的蓬勃发展，以神经网络为核心的人工智能技术成为学界、产业界、商界的关注焦点。人工智能、机器学习、深度学习之间的关系如图 1-5 所示。

图 1-5　人工智能、机器学习、深度学习之间的关系

不幸的是，机器学习系统也面临着许多安全及隐私威胁，主要出现在训练和预测阶段。通常，在训练之前需要进行数据收集、清洗，在训练、预测之间有测试阶段等。以有监督的机器学习为例，设计模型时指定训练数据和训练算法，训练模型时将训练数据集作为输入，生成经过调优的训练模型以及相关参数；而在运行训练算法之前，传统机器学习需要人工提取和选择特征，深度学习则委托训练算法自动识别可靠而有效的特征；模型预测阶段接收用户或攻击者的输入并提供预测结果。

如前文所述，隐私是信息安全领域普遍存在但又难以解决的问题。从广义上说，隐私包括有价值的资产和数据不受窃取、推断和干预的权利。由于深度学习需要海量数据支撑，经过训练的模型本质是数据模型，而经过训练的模型需要与来自个人的训练数据进行大量交互，因此隐私显得更加重要，也需要更强的保护。图 1-6 所示为机器学习流程及安全与隐私威胁示意。

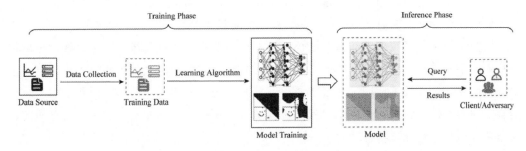

图 1-6　机器学习流程及安全与隐私威胁示意

对机器学习而言，隐私问题包含大规模数据收集导致的直接隐私泄露或由模型泛化能力不足导致的间接隐私泄露，涉及训练数据隐私、模型隐私与预测结果隐私。其中，

训练数据隐私是指机器学习中用户数据的个人身份信息和敏感信息，例如，公民个人生活中不愿为他人公开或知悉的个人信息，包括用户身份、轨迹、位置等敏感信息，以及私人信息、活动、空间等。相关数据属性名称、释义及示例如表 1-6 所示。

表 1-6 相关数据属性名称、释义及示例

属性名称	释义	示例
个体标识属性	可唯一标识个体的属性	身份证号、姓名等
准标识属性	通过属性组合，可唯一标识个体的属性	出生日期、地址等
敏感属性	涉及个人敏感信息的属性	疾病、工资等
非敏感属性	可以公开发布的属性	由不同场景、法律体系等决定

在机器学习的隐私保护问题中，深度学习将大量数据转换为数据模型，并进一步根据输入数据预测结果；因此，凡是涉及数据的流程都需要关注隐私问题。基于整个深度学习过程，隐私保护对象可分为训练数据集、模型结构、算法和模型参数、预测数据与结果。

（1）高质量训练数据对深度学习效果至关重要。通常，训练数据的收集是一个时间和成本预期的平衡过程：免费数据集通常不符合要求，采购数据成本较高，手工标注、清洗、去噪和过滤数据耗时较大。因此，训练数据的泄露意味着数据资产的流失。

（2）训练模型是训练数据的抽象表示，包含 3 种核心数据资产：模型（如传统的机器学习和深度神经网络）、超参数（如网络层数和神经元个数）和参数（神经网络跨层的计算系数）。一旦模型被复制、泄露或提取，模型所有者的利益就会受到严重损害。

（3）预测数据的隐私问题与训练阶段的隐私问题类似，主要是数据的隐私泄露。在预测阶段存在的安全及隐私威胁主要分为对抗攻击、隐私攻击和预测数据的泄露。

目前主流的隐私破坏方法主要有模型提取攻击和模型逆向攻击。前者关注模型的隐私信息，攻击者通过模型返回的类标签和置信度系数，还原原始模型，可实现模型逆向攻击和对抗攻击。后者关注数据集的隐私信息，攻击者通过向模型提供预测数据得到模型的置信度系数，破坏用户或数据集的隐私，包括推断训练数据集中是否包含特定记录的成员推理攻击和推测训练数据集中是否存在一定统计特征属性的推理攻击。

机器学习中隐私攻击的防御方法包括基于扰动策略、近似策略、泛化策略、对抗策略和本地策略的隐私防御方案，而隐私保护机器学习的早期研究工作集中在决策树、聚类、支持向量机、线性回归等传统机器学习算法层面，但计算开销和通信开销大，缺乏实施或评估案例。目前，密码学中保护机器学习中隐私的常见技术主要包括同态加密、安全多方计算和差分隐私。

（1）同态加密技术允许直接在密文上做运算，运算之后解密的结果与在明文下做运算的结果一样，常用于保护隐私的外包计算和存储中，可以分为全同态加密、部分同态加密、类同态加密、层次型同态加密技术等。

（2）在基于安全多方计算技术的隐私保护机器学习中，允许互不信任的各方能够在自身私有输入上共同计算一个函数，其过程中不会泄露除函数输出以外的任何信息，但计算量和通信复杂度较高，导致难以在实际机器学习中得到大规模部署。

（3）差分隐私技术是通过添加噪声来保护隐私的一种密码学技术，在实际场景中更易部署和应用，如前所述，中心化差分隐私技术主要采用拉普拉斯机制、指数机制实现，本地化差分隐私技术则采用随机应答等方法。

3．机器学习的安全问题

人工智能领域的安全与隐私在很多方面是密不可分的。一方面，深度学习模型的形成依赖大量私有数据、模型和预测输入，需要从隐私角度保护系统中原本存在的合法数据（模型参数、数据集等）；另一方面，导致人工智能系统安全问题的恶意样本通常是未知的，需要从安全角度防范系统中原本不存在的、可能引起模型出错的恶意数据。

在深度学习系统中，训练数据集和预测数据需要与用户交互，而训练过程和训练模型一般是封闭的。因此，训练数据集和预测数据更容易受到未知恶意样本的攻击。通常，在训练数据集中出现恶意样本，称之为投毒攻击；在预测数据中出现恶意样本，称之为对抗攻击。

（1）投毒攻击的本质是在训练数据上寻求全局或局部分布的扰动，可通过错误的标注数据，直接改变分类器的决策边界，破坏分类器的正常使用和模型的可用性；在分类器中创建后门，破坏模型的完整性，导致对特定数据的分类错误。

（2）对抗攻击是一种探索性攻击，通过在原始样本中添加扰动，利用对抗样本使模型预测错误，破坏模型的可用性。

在机器学习常见的安全防御方法中，针对投毒攻击的防御方法是通过数据分析，检测数据的分布情况，从而分离出异常数据，实现异常检测、模型准确性分析；对抗攻击的防御方法有对抗训练、梯度掩码、去噪、防御蒸馏等。其中，对抗训练通过在训练数据中引入对抗样本来提升模型鲁棒性；梯度掩码通过隐藏模型原始梯度来抵御对抗攻击；去噪则在模型预测前完成对抗样本去噪。

综上所述，数据规模、数据质量影响人工智能模型性能，隐私、安全和法律法规要求限制跨域数据共享整合。如何在保护隐私安全、满足法律监管要求的前提下，实现全新的人工智能模式，达到整合多方数据、跨域共同建模、共同受益的目标，已成为近年来数据安全和人工智能领域发展的重要课题。

【思维拓展】无处安放的隐私——特斯拉在盯着你

2022 年，美国国家工程院（NAE）官宣，特斯拉及美国太空探索技术公司 SpaceX CEO、亿万富豪埃隆·马斯克正式当选美国国家工程院院士，表彰其在可重复使用的运载火箭以及可持续运输和能源系统设计、工程、制造和运营方面取得的突破。

然而，2021 年 SpaceX 发射的"星链"卫星曾先后两次逼近中国空间站、汽车多次"刹车失灵"、上海车展维权事件等负面新闻在中美两国博弈背景下陷入持续的安全危机。尤其，马斯克曾承认特斯拉通过车内摄像头监视驾驶员引发广泛舆论关注，"特斯拉的行驶数据归谁"激起了智能汽车与数据隐私，甚至国家安全的讨论。

智能汽车需要内外加装大量传感器、摄像头和监听器实现"智能"，以特斯拉车载计算机系统为例，电话、定位、上网、游戏等智能模块是隐私数据泄露的源头。尽管这些监听、监视设备打着确保驾乘人员安全的旗号，往往没有明确告知用户哪些信息被收集，是否会被妥善安全地保存！

人工智能的广泛应用也引发了算法歧视、侵犯隐私的误用和滥用等问题。尤其是驾驶的安全性需要传感器采集车外前后左右位置、速度、交通标志、道路线、障碍物等数据，而车内监控旨在发现驾驶员疲劳、视线漂移、不系安全带等危险行为，并进行主动提醒。那么，安全与隐私应如何兼顾？

智能汽车收集数据不应仅是侵权与被侵权的零和游戏，也是车主和汽车企业之间信任合作的新场景，既应遵循知情同意原则，采取事前告知、事后删除模式，又应依法依规明确何时收集、收集到何种程度、保存期限等内容；同时，利用分布式（联邦）数据共享、多方（联邦）数据智能计算等技术，达到"数据可用不可见"效果，也是人工智能和自动驾驶领域数据应用服务的未来趋势。

1.3　联邦学习的使命任务

联邦学习被誉为大数据时代人工智能落地应用的"关键最后一公里"。从大数据角度看，巨头公司已在数据量方面形成"资本垄断"，拉大了与小公司之间的差距，加之公司内部不同层级、领域的系统和业务闭塞隔离，难以实现数据交流与整合，跨域协同建模"孤岛"重重；从人工智能角度分析，若数据无法安全共享，机器学习模型性能则无法达到全局最优化。面对数据分散化的服务场景，如何在确保信息安全前提下实现数据的有效利用亟待解决。

因此，为符合国内外趋于严格化和全面化的个人隐私保护法律规范要求，打破各领域、各行业数据壁垒，在不交换原始数据情况下实现协作机器学习，联邦学习应运而生。下面从大势所趋、合法合规、破解之道三方面梳理联邦学习的使命任务，探索破除数据孤岛和人工智能安全应用途径。

1.3.1　大势所趋：政策法律和市场风向

近年来，国家先后颁布了《关键信息基础设施安全保护条例》《数据出境安全评估办法》《网络安全审查办法》等法规，为依法打击危害国家网络安全、数据安全、侵犯公民个人信息等违法行为，教育引导互联网企业依法合规运营，促进企业健康规范有序发展提供了依据。尤其是在 2022 年 7 月，国家互联网信息办公室依据《网络安全法》《数据安全法》《个人信息保护法》《行政处罚法》等法律法规，对滴滴全球股份有限公司因过度收集个人信息、未尽到数据安全保护义务等多种问题处人民币 80.26 亿元罚款，体现了国家对网络安全、数据安全、个人信息保护的重视与措施力度。

1. 政策法律

中央网络安全和信息化委员会印发的《"十四五"国家信息化规划》指出，"2025 年数字中国建设要取得决定性进展，建立高效利用的数据要素资源体系。"在此进程中，不仅需要数字基础设施及配套政策的修正完善，更需要人工智能、大数据、隐私保护技术升级迭代、多维赋能，激活释放数据要素价值和红利。随着数据安全、个人信息保护等关键法律的相继落地实施，我国数据要素市场正迎来空前的成长和发展。

在此背景下，为破解数据保护与数据利用的矛盾，2012 年，第十一届全国人民代表大会常务委员会通过了《关于加强网络信息保护的决定》；2016 年，通过《中华人民共和国网络安全法》。此外，《中华人民共和国民法典》将隐私保护纳入法律规定；中央网信办、工业和信息化部、公安部、市场监管总局联合发布《关于开展 App 违法违规收集使用个人信息专项治理的公告》规范个人信息采集；《中华人民共和国个人信息保护法》明确了个人具有对个人信息处理的知情权、删除权等。同时，《个人信息安全规范》《数据安全能力成熟度模型》《个人信息去标识化指南》《个人信息去标识化效果分级与评定》《个人信息安全影响评估指南》等国家标准及系列行业标准也相继发布。目前的监管框架对数据的采集和处理提出了严格的约束。例如，国内互联网企业由于严重违法违规收集使用个人信息被勒令下架整改。

Gartner 对数据隐私保护战略的预测结果表明：到 2023 年底，全球 75% 人口的个人数据将受到现代隐私法规保护，全球超过 80% 的公司将面对至少一项以隐私为重点的数据保护法规；到 2024 年，全球隐私驱动的数据保护和合规技术支出将突破 150 亿美元。这既体现了日益严重的数据隐私泄露问题，也体现了越来越严格的监管合规要求，同时也给研究领域和产业领域带来了更多的机会。

个人信息保护的核心是隐私保护，隐私保护的根本问题是实现全生命周期的隐私信息管控，隐私信息管控的核心技术是个人敏感信息的分类分级和延伸控制。随着公民隐私保护意识的觉醒，国家逐渐完善隐私保护方面的注释、政策，表明国家对隐私保护势在必行，规范不同个人或组织之间的数据收集和共享，体系化地解决数据安全和隐私保护问题是大势所趋。

2. 市场风向

随着世界经济数字化转型的不断加速，以及新一代信息技术的迭代升级和融合应用，数据作为驱动经济社会科技创新发展的关键生产要素，新一轮商业模式的全面变革已开启。预计到 2025 年，我国数据要素市场规模将突破 1749 亿元，成为全球最大的数据圈。

由此产生大量数据分析、流通、共享需求，跨主体的数据协作将成为数字经济的新常态。

然而，"数据"引发的安全威胁与挑战也日益严峻，数据安全和隐私保护仍然面临诸多难题。数据全生命周期过程中，数据所有权与管理权分离，真假难辨，多系统、多环节的信息隐性留存已导致数据跨境、跨系统流转追踪难、控制难，数据确权和可信销毁更加困难；数据垄断、数据泄露、网络诈骗事件层出不穷。

针对上述问题，国家层面发布的《要素市场化配置综合改革试点总体方案》提出探索"原始数据不出域、数据可用不可见"的交易范式；从市场层面将隐私计算推至新风口，毕马威《深潜数据蓝海——2021 隐私计算行业研究报告》指出，三年后隐私计算营收有望达 100 亿～200 亿元；截至 2021 年 11 月底不完全统计，隐私计算厂商累计获得近 70 笔股权融资，融资总额约 65 亿元。

作为保护数据隐私安全、支撑数据有序流通的关键技术——隐私计算，近几年受到了政、产、学、研各界的广泛关注。隐私计算通常指在保证数据提供方不泄露原始数据的前提下，对数据进行处理和计算，完成数据价值挖掘的技术体系，实现数据所有权和数据使用权之间的分离，保障数据在流通和融合过程中的"可用不可见"。

在隐私计算风口之上，互联网巨头、网络安全、大数据公司、初创型科技企业纷纷入局。IDC 市场预测表明，到 2024 年，数据隐私、安全、放置、使用、披露方面的要求将迫使 80% 的中国大型企业在自主基础上重组其数据治理流程。

隐私计算以受限条件下最大化的数据交易自由为目标，旨在消除数据孤岛、规避法规和隐私泄露风险、破除"信任鸿沟"。目前隐私计算核心技术主要包括联邦学习、可信执行环境和多方安全计算。其中，联邦学习是业界应用隐私计算最成功案例之一，微众银行、蚂蚁金服、平安科技等联邦学习商业化较为成熟，对机器学习建模以及打破数据孤岛具有重要意义。

在医疗领域，联邦学习优势更为明显，针对医疗数据隐私性强的特点，联邦学习可以使各医院数据"足不出户"，以传递关键参数的方式实现联合建模，使资源数据体量小的医院也能得到效果不错的模型，从而增加诊断准确率，减轻医生负担。从长远来看，以联邦学习为代表的隐私计算在政府、企业等不同场景、不同数据源间具有高效的"连通力"和"激活力"，极有可能成为数字经济产业不可或缺的基础设施。

Gartner 预测，2025 年将有半数以上大型企业机构在不受信任环境和多方数据分析用例中使用隐私计算处理数据。尽管当前技术尚未成熟、法规尚未明确、实践场景和效果尚未标准化，但随着资本驱动及商业化落地逐渐成熟，联邦学习将有助于整体推动数据可信流通，真正发挥隐私计算的技术价值。

1.3.2　合法合规："可用不可见"的数据流通

2021 年，国务院办公厅印发《要素市场化配置综合改革试点总体方案》，在探索建立数据要素流通规则方面，提出建立健全数据流通交易规则，探索"原始数据不出域、数据可用不可见"的交易范式，在保护个人隐私和确保数据安全的前提下，分级、分类、分步有序推动部分领域数据流通应用。

兼顾隐私保护的数据价值流通与共享实现了数据的安全与合规，但不一定合法。尤其是相关技术或工具具有中立性，其用途和效果均影响相关工作的合法地位。合规通常指行业活动与法律、法规、监管规则、准则或标准一致。广义的合法与"违法"相对，指法律尚未禁止；狭义的合法指符合法律规定。因此，合法未必合规，合规未必合法。

可用不可见是指在网络环境下用户可得到数据计算结果，但不能获取原始数据的状态，是典型的商业术语，通过以联邦学习为代表的隐私计算实现数据所有权与使用权的分离，依托"数据不动，程序动"等模式，完成数据要素安全流通与安全监管政策合法合规的平衡。另外，可算不可识通过去标识化保留敏感属性，满足人工智能和大数据的应用需求。

合法合规的数据流通中可用与不可见存在时序逻辑。不可见是作为约束条件的前提基础，从技术角度屏蔽敏感信息和隐私数据，实现隐私数据保护；可用是跨域数据流通模式的落地，通过对原始数据的加密等处理完成数据的虚拟融合，进而实现跨机构数据的可算不可识。

（1）可用是指业务方或需求方主体对数据价值的明确，其对象为数据流通中需要加密保护的跨域数据，基于加密数据与本域数据的联合计算结果或价值，达成跨域共识，实现数据安全协作方式上合作信任关系。此外，在可用基础上，易用需要算力提升、安全性保障、可解释性、透明性等额外支撑。

（2）不可见是指原始数据和敏感信息不离开本域，同时，联合计算时所传输中间参数不能推断出原始数据。在实践中涉及数据的获取与访问权限，可通过联邦学习实现联合建模场景的分布式机器学习以及硬件可信执行环境（TEE）下的明文数据间安全计算。

可用不可见隐含着数据流通中的安全性和高效性需求。从安全多方计算、可信计算、零知识证明、差分隐私到联邦学习等技术的发展路线，可以发现相关研究在安全与效率方面的进展。2016 年的联邦学习旨在解决跨手机终端的用户本地模型更新问题；而目前的联邦学习更倾向于不同机构间的联合建模，以实现在大数据交换时的信息安全、隐私合法合规前提下，多参与方或多计算结点之间高效率的机器学习，达到数据和特征变量的"可用不可见"目标。

1.3.3　破解之道：人工智能与隐私、数据安全的兼得

人工智能、隐私、数据安全的困境既来源于人工智能技术本身的特点，需要海量数据作为基础，又来源于数据隐私和安全的日益重视，更植根于面向企业数据孤岛（cross-silo）与面向终端设备数据孤岛（cross-device）场景，后者往往涉及大量终端设备，

缩减通信开销是最大挑战。企业数据孤岛场景中每一方拥有的数据量大于用户数量，因此，如何缩减计算成本成为更为重要的挑战。

面对上述挑战，联邦学习技术应运而生，成为解决传统机器学习和人工智能方法落地过程中所面临的"数据孤岛"和隐私安全难题而进行的全新尝试。谷歌公司最早提出的联邦学习是支持多方利用本地数据完成分布式机器学习模型训练的架构技术，以解决针对安卓手机用户数据不"出"本地设备的联合模型训练问题，实现多方在数据隐私保护前提下共同完成机器学习任务。

众所周知，人工智能需要大数据的推动，但数据孤岛与各领域的小数据却是大数据时代的"骨感的现实"。作为打通大数据时代人工智能落地应用的关键最后一公里的"杀手锏"，联邦学习遵循隐私和利益等约束，依据共同规则形成联盟，将不同的本地数据通过模型参数加密流通，联合训练大数据模型，形成虚拟的共享大数据库。

因此，联邦学习是兼顾人工智能、隐私、数据安全的基础性技术，以保护数据隐私并满足法律法规要求为基础，支持多个参与方或计算节点间高效的机器学习。此外，联邦学习提供"闭环"学习机制，其有效性取决于数据提供方和其他参与方的贡献，这有助于利用激励机制形成数据"联邦"生态。联邦学习具有以下三个方面的优势。

（1）充分考虑法律、道德等社会性问题，在不违反数据安全法规、隐私法规的前提下，将数据保存在终端设备本地，以避免数据泄露，满足用户隐私保护和数据安全的需求，打通从数据生产到使用的各个环节，有利于实现数据流通和充分利用。

（2）所有参与者地位平等，可以实现公平合作，有效防止数据垄断和信息不对称的问题；确保参与者可以在保持独立性的同时以加密方式交换信息和模型参数，建立联邦节点间的信任关系，并且可以同时成长。

（3）联合建模效果与传统的深度学习算法相近，尤其是在联邦迁移学习过程中，可以做到最大限度无损训练，避免迁移学习存在性能损失的负面迁移，推动特定服务环境和分布式场景下的数据、服务到智能的自动化转变。

1.4　本章小结

本章梳理了联邦学习诞生的时代背景和使命任务，由信息孤岛和数据孤岛说起，讨论了制约大数据时代人工智能发展的"孤岛"问题；然后，根据隐私保护与数据安全需求，分析了人工智能安全的发展方向与解决方案；最后，从政策法律、市场风向、应用需求、功能需求角度勾勒了联邦学习的技术轮廓，以期为打破数据孤岛，构建安全可信、高效智能的联邦生态奠定基础。本章是第一篇（背景与基础）的开篇章节，下一章将从人工智能与隐私安全角度讲解联邦学习的理论知识。

第 2 章　联邦学习的理论基础

联邦学习作为一种"学习"模式，它与源于人工智能的机器学习有什么联系？又是如何与信息安全技术融合的呢？联邦学习的本质为支持隐私保护的分布式机器学习框架，其核心能力由机器学习提供，同时，出于数据孤岛数据可用不可见、隐私与数据安全考虑，联邦学习融合了分布式机器学习、密码学等技术，对下完成数据采集、标注处理、协同训练、部署运维等一系列流程，对上满足用户个性化需求以及隐私与安全合规要求。因此，联邦学习是横跨人工智能和信息安全两个领域的交叉学科技术。

为便于读者更好地理解联邦学习理论，本章首先梳理人工智能发展脉络，重点从"人工"，以及如何"智能"两个角度剖析联邦学习的人工智能基础理论；然后从信息安全与隐私保护角度，讲解联邦学习与隐私保护数据挖掘、隐私保护数据发布、隐私保护机器学习之间的关系，为后续联邦学习原理的深入研究与实践应用奠定基础。

2.1　人工智能的前世今生

人工智能既是联邦学习的基础，又是其重要应用领域，因此，我们首先有必要厘清人工智能发展脉络，明确人工智能概念与内涵。下面对人工智能的关键发展阶段与大事记，以及重要定义进行梳理和介绍。

2.1.1　人工智能简史

关于人工智能是什么、技术本质是什么、能力边界在哪里、能否全面超过人类等一系列问题一直是人类科技发展进步史的重要课题。目前关于人工智能发展历史介绍的资料极为丰富，因此，本章以突出重要发展脉络、凸显重要人物、彰显时代背景为核心要义，从更高维度梳理人工智能简史。

在早期智能萌芽阶段，人类对"智能"的探究只能称为"自动"或者降低人为参与度的工作而已。我国古代黄帝造的"指南车"、诸葛亮发明的"木牛流马"都具有一定"智能"意味。而公认的人工智能思维基础来自亚里士多德建立的逻辑思维模式，加之统计学、信息论、控制论的发展与积淀，以及后来自动进位加法器、四则运算计算器等各类计算机器的发明才真正加速了早期智能的萌芽。

在计算机器发展阶段，智能的探索以该时代最先进的计算机器为重要载体，其起源可以追溯到图灵，甚至是更早的帕斯卡①与莱布尼茨②。这个阶段也是人工智能学科的萌芽期，1936 年，图灵提出的图灵机模型揭开了近代人类对人工智能探索的序幕，后续提出的图灵测试，为智能科学设计了未来智能系统能够像人一样思考的要求与长远愿景。

（1）图灵机是一种通用计算机器模型，如图 2-1 所示，由无限长纸带、读写头、控制规则和状态寄存器组成，利用规则表完成输入、内部状态、输出、下一状态的映射，建立纯数学符号逻辑与实体世界之间的联系，这与现代人工智能通过深度神经网络等模型完成输入与输出映射理念是一致的。

（2）图灵测试③用来判定机器的智能水平。如图 2-2 所示，如果测试者（编号 C）在非面对面的机器与人类系列对话过程中，无法根据作答判断对方是正常思维的人（编号 B），还是机器（编号 A），则机器 A 通过图灵测试，进而说明"思考的机器"是可能的。

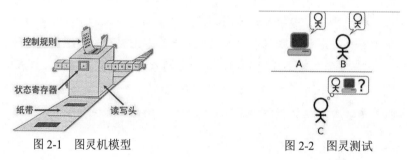

图 2-1　图灵机模型　　　　　　图 2-2　图灵测试

1939 年秋，图灵和其导师纽曼应召到英国外交部通信处协助破解德军密码系统 Enigma，因其出色的破译工作于 1945 年获政府最高奖——大英帝国荣誉勋章。但由于图灵在第二次世界大战期间的工作严格保密，相关成果并未及时公布。后续文件披露表明，世界上第一台电子计算机很可能不是 1946 年建成的 ENIAC，而是 1943 年用于密码破译的巨人机。

在相同时代，"现代计算机之父"冯·诺依曼在第二次世界大战期间参与美国曼哈顿计划，在推动第一颗原子弹研制工作的同时，基于图灵机模型对 ENIAC 的设计提出了建议，并于 1945 年发表了存储程序通用电子计算机方案——EDVAC（Electronic Discrete Variable Automatic Computer），提出了冯·诺依曼体系结构，开启了计算机系统结构发展的先河。

图灵机模型和冯·诺依曼体系结构从计算本质和计算结构方面分别奠定了现代信息处理和计算技术的两大基石，然而二者均缺乏自适应性。图灵计算的本质是使用预定义

---

① 1642 年，法国数学家帕斯卡制造出世界第一台加减法计算机。

② 1673 年，德国数学家莱布尼茨发明了步进计算器，后来又发明了二进制。

③ 1950 年，图灵在《计算机器与智能》（*Computing Machinery and Intelligence*）论文中提出图灵测试，为后来人工智能科学提供了开创性的构思。

规则对一组输入符号进行处理，而人对物理世界的认知程度限定了规则和输入，以及机器描述、解决问题的程度；冯·诺依曼结构是存储程序式计算，预先设定的程序无法根据外界变化进行自我演化。

走过了图灵与冯·诺依曼关于智能启蒙和计算机器的初级探索阶段，近代神经科学关于人类大脑中学习和记忆功能，以及思维机制的研究成果，推动了认知神经学的产生和人工智能的同步发展。因此，基于对人脑机制的初步认识，人工智能的第一个高潮到来。1956 年夏季，以约翰·麦卡锡、马文·明斯基、内森·罗切斯特和克劳德·香农等为代表的十位具有远见卓识的年轻科学家在美国达特茅斯学院（Dartmouth）开启了人工智能研究的序幕，这次"头脑风暴"首次提出了"人工智能"概念，标志着"人工智能"学科的正式诞生。

1958 年，在达特茅斯会议之后仅仅两年，美国学者弗兰克·罗森布拉特提出了一种参数可变的单层神经网络模型——感知器，是人类首次用算法模型表示学习功能，首次赋予了机器从数据中学习知识的能力。

后来，由于认知神经科学的巨大进展，特别是人脑神经元在思维过程中神经元活动和神经元之间信号传递的相关发现，使认知神经学的研究真正成了基于脑神经大数据的实验科学。从思维机制角度看，大脑皮质层可视为有自我组织能力的模式识别器。尤其，按照思维机制的模块化方式，神经元网络的信号传递，以及模块化的互联互动便形成了智能。这种模块化神经元组织机制形成智能的思想，也是近年兴起的深度学习的神经学理论基础。

尽管认知神经科学关于智能的研究渐入佳境，但实践角度的机器智能发展受限于所处时代计算机器的计算和存储能力，以及感知外部世界活动的能力。因此，该时期智能研究被局限于有限问题求解空间中的搜索工作。20 世纪主要采用分而治之的"机械还原论"研究各种复杂系统，因而从结构、功能、行为上模拟智能的三种基本思路衍生出了不同人工智能学派，我们来简单了解一下。

（1）符号主义学派（Symbolism），其核心是用符号进行逻辑与机器推理，以逻辑学为基础，以符号为基本认知单元，结合相关运算操作，从逻辑推理、归纳、论证等角度进行智能过程的模拟与实现。代表人物包括参加达特茅斯会议的 Herbert Simon、Allan Newell 等，主要成果包括启发式程序、专家系统等。但很多事物不能形式化表达，该学派建立的模型存在一定的局限性。

（2）连接主义学派（Connectionism），其以神经元为人类思维基本单位，利用大量简单结构及其连接模拟大脑的学习机制、智能活动。其核心是利用训练数据和大量神经元构成的通用网络模型实现人脑功能。奠基人是 Marvin Minsky，代表人物及成果包括 McCulloch 和 Pitts 创立的 MP 脑模型、Rumelhart 等提出的反向传播（Back Propagation，BP）算法等。

（3）行为主义学派（Behaviorism），其吸收了进化和控制论的观点，通过"感知—动作"的模式去模拟智能，认为智能来源于感知与行为。其核心是强调智能在工程实践中的可实现性和控制论思想。代表性理论和人物包括 Norbert Wiener 提出的控制论、McCulloch 提出的自组织系统、钱学森提出的工程控制论，以及目前火热的深度强化学习。

步入 21 世纪的万物互联时代，计算机的计算和存储能力空前提升；于是，从大数据中自动获取知识的机器学习技术成为新一代人工智能的主要机制和技术驱动力。Hinton 等人基于玻尔兹曼机的多层神经网络学习机制，以及反向传播算法等研究成果，可以自动调节神经元连接的权重，实现不断优化目标函数学习功能，为人工智能技术的再次兴起奠定了基础。

前期军事需求对智能的研究起到引领作用，如今人工智能技术开始对人类社会发展产生推动作用。卷积神经网络等一系列神经元网络结构可自动提取对学习有意义的数据特征，使得基于深度学习的人工智能技术成为机器智能的主要内在机制，推动人工智能成为经济社会中新的生产力。综上所述，可以给出人工智能的定性表达式为：

$$人工智能 = 数据 + 算法 + 算力 + 其他 \tag{2-1}$$

其中，数据是大数据时代的产物，算法以深度神经网络等机器学习方法为支撑，算力由 GPU、NPU 等大规模并行计算单元提供，其他代表领域知识和应用场景需求等扩展。值得铭记的是，2012 年 ImageNet 竞赛中"蟾宫折桂"的深度卷积神经网络引燃了人类对人工智能的无限期待与再次探索；2016 年，AlphaGo 开启了人工智能元年的大门；2018 年，Geofrey Hinton、Yoshua Bengio 及 Yann LeCun 凭借在深度神经网络方面的大量重要贡献获得图灵奖。

未来人工智能的发展趋势不仅是"人工智能+"模式，而更应是一种内生机制，即通过先进算法设计、多模态大数据整合、大量算力汇聚以及通用可迁移智能模型训练，实现不同应用领域和实际问题的求解。例如，Google 公司发布的 3.4 亿参数 BERT 模型、Open AI 发布 1750 亿参数的 GPT-3 模型、北京智源人工智能研究院发布 1.75 万亿参数的"悟道 2.0"模型等，已将大数据、算力消耗、算法模型等资源内生转化成了一种"智能能源"。

【追本溯源】达特茅斯会议

美国东部的达特茅斯被称作人工智能诞生地，源于 1956 年夏天麦卡锡（McCarthy）、明斯基（Minsky）、香农（Shannon）、纽厄尔（Newell）、西蒙（Simon）[④]、摩尔（More）、赛弗里奇（Sflfridge）、所罗门诺夫（Solomonoff）、塞缪尔（Samuel）、罗切斯特（Rochester）

---

④ 赫伯特·西蒙（Herbert Alexander Simon）是唯一获得诺贝尔经济学奖和图灵奖及世界人工智能终生成就奖的科学家。

十位科学家在此进行的关于用机器来模仿人类学习以及其他方面智能的讨论（见图 2-3）。
尽管大家没有达成普遍共识，但"人工智能"术语正式诞生。

图 2-3　首次人工智能会议的科学家

达特茅斯会议中提到了自动计算机（Au tomatic Computer）、如何用语言为计算机编程（How Can a Computer be Programmed to Use a Language）、神经网络（Neuron Nets）、计算规模理论（Theory of the Size of a Calculation）、自我改进（Self-Improvement）、抽象（Abstraction）、随机性与创造性（Randomness and Creativity）等七个方面议题。此次会议关于学习或智能与机器关系的表述依然值得后人思考。

The study is to proceed on the basis of the conjecture that every aspect of learning or any other feature of intelligence can in principle be so precisely described that a machine can be made to simulate it.

当学习与智能属性的关系可以通过机器来模拟来精确描述时，（人工智能）研究可以不断推进。

2.1.2　人工智能释义

回顾人工智能与计算机器相生相成的发展历史，我们很容易理解，计算机的诞生迈出了用机器模拟人类智能的第一步。因此，可以将人工智能称为机器智能，即利用计算机器等工具模拟、实现人类智能，或者让计算机器等工具辅助人类的能力达到或超越人类智能水平。关于人工智能的定义可以追溯到 1956 年达特茅斯会议提出的人工智能概念，这次会议研究和探讨了用机器模拟人类智能的一系列问题。

从现代技术角度看，人工智能的研究目标是探索人类智能的工作机理，并研制各种具有一定智能水平的人工智能机器，构建像人脑一样能够自主学习、进化和具有人类通用智能水平的智能系统，为人类的各种活动提供智能服务。因此，人工智能就是指由人类所制造的智能，也就是机器的智能。然而，人工智能的原型必定是自然智能，特别是人类的智能，因为人类智能是地球上迄今最为复杂和高级的智能。下面从模拟人类思维和模拟人类行为两个角度梳理人工智能的定义。

1. 从模拟人类思维角度定义人工智能

（1）一种与人的思维、决策、问题求解和学习等活动有关的自动化过程。（Bellman，1978）

（2）一种使计算机能够思维、使机器具有智力的试验过程。（Hangeland，1985）

（3）一种研究提升理解、推理和行为可能性的计算模式。（Winston，1992）

2. 从模拟人类行为角度定义人工智能

（1）用计算模型进行研究的智能行为。（Charniak & Mcdermott，1985）

（2）能够执行人类智能的创造性机器学习技术。（Kurzweil，1990）

（3）通过计算过程理解和模仿人类智能的行为科学。（Schalkoff，1990）

（4）研究如何利用计算机让人类更好地完成任务。（Rich & Knight，1991）

（5）计算机科学中侧重于智能行为的自动化领域分支。（Luger & Stubblefield，1993）

从现代观点讲，人工智能就是人类智能在计算机上的实现，一种形象地表述为：利用"硅基大脑"模拟或重现"碳基大脑"的智能过程。

通常，人工智能的特征可以归纳如下：

（1）人机协同：由人类设计、为人类服务、本质为计算、基础为数据；

（2）"四能"：能感知环境、能产生反应、能与人交互、能与人互补；

（3）"四有"：有适应特性、有学习能力、有演化迭代、有连接扩展。

实践表明，实现上述四有、四能，兼具人机协同能力的人工智能，需要在算法、数据、算力，乃至知识等方面同时发力。

目前，人工智能可粗分为弱人工智能和强人工智能两类。弱人工智能只在某方面具有智能属性，并达不到与人类相当的智力水平和思维能力，不是能真正实现推理和解决问题的智能机器，不会有自主意识。强人工智能则强调机器具有人的自我意识和独立推理、思考、判断能力，是真正能思维的智能机器，或者可以产生和人类完全不一样的知觉和意识。

纵观人类自身文明发展以及社会和技术迭代演进，伴随着云计算、大数据、物联网等技术的兴起和推广，算力、数据、算法的爆发与融合给智能技术提供了无限的创新空间和发展前景。如果我们能在理论、建模和工程等方面突破源于数据而高于数据的智能分析、理解、利用等一系列难题，人工智能发展进程将大大加速。

2.2　人工智能中的"人工"

人工智能中的人工与智能既是两个相辅相成的工作，又是兼具目标与基础的逻辑关系，智能是所有人工工作的终极目标，人工是实现智能的重要基础。因此，下面从工程实践角度，对人工中最为重要的特征工程和数据工程进行介绍。

2.2.1　特征工程

特征工程是数据科学和基于机器学习的人工智能实现的重要环节，高质量特征可以降低人工智能模型构建的难度，从而提高基于机器学习等模型输出的质量。因此，实现人工智能的重要工作之一便是利用模型来拟合数据，而原始数据某个方面的数值表示即为特征。按照数据—信息—知识—智慧的演进链路，如图 2-4 所示，特征是数据和模型（可视作知识的重要体现和产生工具）间的纽带。

图 2-4　特征的纽带作用

回想人类第一台通用电子计算机的诞生过程，当时的计算机编程仅是通过设置计算机开关来执行特定指令，并通过插线来安排指令的正确执行顺序，然而烦琐的操作往往需要几天完成。因此，全球首批程序员都是细致严谨的女性。可以类比，目前的人工智能仍处于有多少"智能"，就需要多少"人工"的阶段，无论是训练数据的处理，还是模型参数的调优，都是大量人力、算力等多力合一产生的"资源消耗型"智能。

传统的数据分析方法依赖专家知识，根据随机采样的先验知识预先人工建立显式数学模型，然后依据既定模型进行分析。大数据时代，人工智能的本质依然是基于数据的分析方法。例如，从海量、复杂、多源高维的数据信息中，通过线性或非线性方法提取有用知识，将高维数据转换成有意义低维数据的过程，有助于高维数据可视化和冗余数据降噪。

在人工智能概念中，"人工"的英文翻译为 artificial，即人工的、人造的、非自然存在的。因此，从工程角度理解人工较为贴切。社会工程学是人工含义的重要理论基础。在人类的成长过程中，智能来源于学习，同样，机器智能也来源于学习，人工智能通过模仿人类的学习模式，从海量数据中学习知识，并不断演化为智能。

目前几乎所有人工智能系统都需要人工的形式化建模，在搜索、自动推理、机器学习等特定计算问题的处理中涉及大量人工。例如，深度学习的优越性能仍然受限于特定领域，其实现依赖大量标记样本的离线学习，而且环境迁移和自适应能力较差；因此，源于数据而高于数据的知识抽取与智能积淀过程必然经历数据特征的提取，特征工程的作用举足轻重。

依据数据分析领域观点，特征工程是一种将原始数据转换为可以更好地表达问题本质特征，并提高数据模型精度的过程。简单地讲，特征工程是利用数据进行预测建模，实现机器学习以及人工智能的重要环节，其目的是分解和聚合原始数据，发现数据的重要特征，以更好地表达问题本质。可以说，人工智能通常是通过工程化特征的学习过程实现。

究其本源，人工智能能力生成所需的原始数据具有大数据特性；因此，特征工程的一项重要任务是将原始数据映射到特征空间，即从自变量特征空间中发现对因变量有明显影响作用的特征，进而通过特征表示来实现数据降维和特征发现。工程实践表明，数据和特征质量决定了人工智能效果的上限，而模型、算法的选择及优化则是在逐步接近这个上限。

通常，特征工程中的特征可分为基础特征、统计特征、长度特征、比例特征、趋势特征等类型，涉及特征选择（Feature Selection）、特征提取（Feature Extraction）和特征构造（Feature Construction）等子问题。特征工程相关问题解析如下：

（1）特征选择是特征工程的基础，可从数据中选择合适的特征子集，以减少模型计算负担，缓解模型过拟合压力。良好的特征选择可避免维数灾难，通过较少的特征提升模型准确性；

（2）特征提取是自动将观测值降维到足够建模的小数据集的过程，往往通过特征向量计算、决策树构建等来提取高效的特征表达，具有避免维度灾难、降低时间复杂度、避免高维数据噪声等优势；

（3）特征提取和特征构造以找到原始数据的新特征来更好地表征对象属性为目标，通过原始数据的底层特征选择创造新特征的最优子集。特征构造则基于数据理解与观察，从原始数据中构造新特征，实现有意义的特征组合。

在特征工程中，特征选择和相关属性准备对最终模型性能影响较大；因此，需要明确特征工程中数据特征与属性的关系。普通属性与特征的区别在于对解决问题的影响程度。通常，特征是对于建模任务有意义的属性，具有语义内涵，跟问题所处的上下文有关；因此，重要的属性可作为数据特征。此外，可利用特征重要性得分排序值来抽取选择或者构建评价新的特征。

特征工程的全流程包括数据获取、数据描述、特征处理、特征选择，此后即为建模与评价的迭代过程。特征工程做得好，后期模型调参、模型稳定性、可解释性也更好。特征工程相关过程描述如下：

（1）数据获取以明确数据获取途径、数据可用性评估、特征维度分析等内容为主；

（2）数据描述，对未经处理的特征进行描述、统计、分析、可视化等操作，以发现缺失值、量纲不一致、信息冗余、定性特征、信息利用率低等问题；

（3）特征处理，主要包括数据预处理和特征转换等工作，主要解决缺失值、异常值、错误值、数据格式、连续或离散变量（含有序或无序）的转换等问题；

（4）特征选择，即自动地选择问题最重要特征的一个子集，剔除与问题不相关或冗余的属性；常用方法包括基于阈值的过滤法、基于预测效果评分的包装法、基于机器学习算法的嵌入法。

【概念释义】科学、技术、工程

爱因斯坦指出："提出一个问题往往比解决一个问题更重要。因为解决一个问题也许仅是基于数学或实验的技能而已。而提出新的问题，从新的角度看旧的问题，却需要有创造性的想象力，而且标志着科学的真正进步。"因此，科学—技术—工程—系统—架构—体系，并非线性逻辑，需要时间、空间等多维的积淀。

从教育学角度讲，科学（Science）在于认识世界、解释自然界客观规律；技术（Technology）和工程（Engineering）是在尊重自然规律基础上改造世界，实现与自然界和谐共处，解决社会发展过程难题。此外，数学（Mathematics）是技术与工程学科的基础工具。

钱学森把现代科学技术分成 11 大部门：自然科学、社会科学、数学科学、系统科学、思维科学、人体科学、文艺理论、军事科学、行为科学、地理科学、建筑科学，每一个部门按照直接或间接改造世界原则，划分为基础科学、技术科学与工程技术三个层次。下面从厘清科学、技术与工程三个概念入手，探讨技术科学、工程科学与人工智能的关系。

（1）科学是人类通过直觉体验或科学研究认识世界活动过程中获得的知识体系。因此，科学是科学活动的成果，科学研究则是实验观测、理论抽象、推理检验等科学活动的过程。

（2）技术是基于知识的手段和方法，与经验知识和科学知识对应，可分为经验技术和科学技术。科学技术由科学知识转化而来。

（3）工程是人类有目的有组织地改造世界的活动。与客观世界中自然界和社会划分对应，工程分为自然工程和社会工程。工程科学是依据系统论综合运用各种技术和管理手段解决工程问题的学科。

因此，工程可以理解为"人工过程"的简写，其内涵可概括为按照策划、实施、使用三个阶段，利用技术和管理两种手段，改造对象和形成成果。这与人工智能中的"人工"具有本质的联系！人工智能可理解为运用技术和管理手段，改造客观世界，形成建模成果的活动。

2.2.2 数据工程

数据是驱动人工智能的三驾马车之一（另外两驾为算法和算力），高质量人工智能技术的发展需要数据采集定义、加工处理、融合存储、发布共享、使用评价等一系列重要数据工程环节的支持。因此，推动人工智能上层应用发展，需要夯实数据的底层基础。20 世纪 80 年代，数据工程概念被提出，其狭义定义为关于数据生产和数据使用的信息系统工程，其本质为数据库建设与管理的工程，包括数据建模、数据标准化、数据管理、数据应用和数据安全等内容。

如图 2-5 所示，广义的数据工程建立在大数据背景下，突出大数据分析价值发现目标的工程技术，是大数据、信息技术与工程方法的综合过程，基于工程思维，综合采用各种工程技术方法设计、开发和实施新型数据产品，并利用相关数据分析技术创造性地揭示与发现隐藏于数据中的特殊关系，为价值创造与发现提供系统的解决方案。

图 2-5　广义数据工程概念

可以看出，用融合信息技术的工程化方法进行数据需求分析、数据设计、数据测试、数据维护和数据管理等大数据工作是数据工程的核心要义。这与人工智能的发展极为相似，大数据的爆炸式增长带来了大量训练样本，高性能计算芯片、深度神经网络等信息技术为人工智能提供了内生动力，工程化方法为人工智能从生产到部署厘清了严谨的技术脉络。

从数据工程定义可知，大数据和人工智能驱动的数据工程，以实现数据内含价值的提升与发现为目标，主要研究内容涉及非结构化数据的结构化、数据衍生品的创造、数据产品及其数据衍生品内在关系的分析与价值评价，以及数据有效性理论体系的构建与模型发现等，主要方法以基于工程的数据集分解与组合为主，这与特征工程的特征选择与提取具有内在一致性。

由于数据工程涉及信息技术、工程学等一系列领域，因此数据工程建设会遇到与信息化建设相似的问题。数据工程建设中实体单位多、管理层级多、数据种类多，尽管并未达到数据孤岛的局面，但依然很难建立统一的数据质量评估模型，并依据该模型对各单位的数据资源建设质量进行评价。

因此，数据工程既需要建设的投入，更需要有效管控和质量评估环节。此外，数据工程底层逻辑依然是数据融合，通过样本对齐、实体关联、过程溯源等反馈迭代机制，动态统一不同数据源，为人工智能应用提供数据转化的知识资源。

2.3　人工智能是如何"智能"的

人工智能是如何获得"智能"的，如何让人工智能从弱走向强；这既是智能本源的探究，也是"学习"能力生成模式的思考，不仅取决于算法的成功，更取决于硬件突破和大数据技术的发展。下面从经典的机器学习理论基础、主流的深度学习发展两个方面剖析人工智能中"智能"演进的奥秘，以期为后续联邦学习的理论研究奠定基础。

2.3.1　机器学习

从早期关于计算模型及计算机器的初级探索，到认知神经科学的巨大进展，再到机器学习、深度学习的"高歌猛进"，人工智能的发展脚步从未停止，但仍困难重重。一方面，人脑是一个通用智能系统，能举一反三、融会贯通。另一方面，目前人工智能依然难以脱离弱人工智能窘境，算力、算法、数据的大融合尚未给出人工智能达到人类智能水平的高效方案。

1. 基本概念

在人工智能实现过程中，首先依据工程化方法，利用机器对数据及其特征进行人工处理，随着算法性能的提升，人工的参与度逐渐降低，形成了以人为主导，以机器为工具，具有自动化特征的"人机协同耦合"模式；然后，模拟人类大脑中学习、记忆、思维功能，通过模块化神经元互联互动的组织机制形成了具有智能特征的模型；最后通过学习机制使模型具备"智能"。

从机器视角重新审视人工智能的形成过程，不难得出机器学习（Machine Learning）的概念。作为人工智能的重要实现方式，机器学习是涉及统计学、凸分析、计算复杂性等理论的交叉学科，尽管图灵模型仅提到了计算的框架，但涉及的输入、输出、控制规则等构件与机器学习具有内在一致性。从学习的角度，机器学习可被定义为：对于某类学习任务和性能度量规则，如果计算机程序在该任务上的性能度量随着经验（源于训练数据）可以自我完善，则计算机程序从经验中完成了学习。

如图 2-6 所示，机器学习是人工智能的子集，与知识发现、数据库、模式识别、统计学等概念相关。与特征工程相关，机器学习以从有限观测数据中自动分析规律，并对未知数据进行预测为目标，所需的数据被称为样本，分为训练集、测试集、交叉验证集。每个样本具有属性或特征，其取值为特征值，所对应的空间为特征空间和样本空间。

从数学维度看，机器学习属于函数空间或参数空间的优化问题，主要涉及模型、学习准则、优化算法三个基本要素。如图 2-7 所示，机器学习的基本过程可分为训练和测试两个阶段，在训练阶段以寻找可以很好拟合训练数据的函数为目标，利用特征抽取、机器学习算法对训练数据集进行分类或预测，通过性能度量函数，不断迭代优化机器学习模

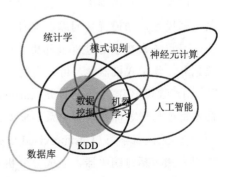

图 2-6　机器学习相关概念

型，形成完整的闭合学习回路。

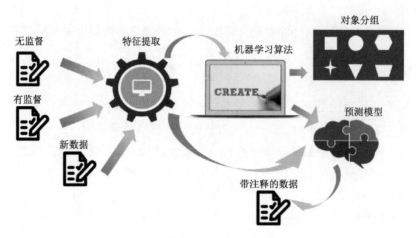

图 2-7　机器学习基本流程示意

2．机器学习分类

机器学习主要是研究如何从经验学习中提升算法的性能，是一种数据驱动预测的模型，可以自动地利用样本数据（即训练数据）通过"学习"得到一个数学模型，并利用这个数学模型对未知的数据进行预测。根据数据在模型训练前是否被集中收集，机器学习可分为集中式机器学习、分布式机器学习和联邦学习。

（1）集中式机器学习

在集中式学习（Centralized Machine Learning）中，各参与方的训练数据汇聚在中央服务器，模型的训练和部署集中高效，准确性较高。集中式机器学习训练中，各方数据首先被集中收集，然后由数据分析者进行集中模型训练，但中央服务器的存储和运算资源压力较大，同时所有训练数据面临安全和隐私泄露风险，即数据的控制权、知情权与数据所有者分离。

集中式机器学习与传统机器学习过程一致，计算机根据已有样本学习输入与输出之间对应关系，从而根据这一关系对新的输入预测可能的输出值。基于参数学习的对应关系，建模是一个最优化问题，其任务为最小化真实输出与预测输出间的距离。集中式机器学习将该参数学习过程全部集中在一个中心化服务器端实现。根据用来学习的数据性质划分，集中式机器学习可分为监督学习、无监督学习和强化学习。

① 监督学习（Supervised Learning）指利用类别已知的样本训练分类器的参数，建立样本特征与样本标签映射关系。根据标签类型差异，可分为分类问题和回归问题。

② 无监督学习（Unsupervised Learning）指训练样本没有标签，直接对数据进行建模。常用方法包括自编码器、主成分分析、K-Means 算法等，以解决关联分析、聚类和维度约减等问题。

③ 强化学习（Reinforcement Learning）思想源于人类对动物学习过程的长期观察，主要包含智能体、环境、状态、行动、奖励等要素，以每个离散状态发现最优策略来最大化期望累计折扣奖赏为目标，以试错和延迟奖励为主要特征，可用来解决连续的自动决策问题。

（2）分布式机器学习

与传统集中式机器学习不同，分布式机器学习（Distributed Machine Learning）是涉及数据、模型、算法、通信、硬件等方面的复杂体系，通常由中央服务器和多个工作节点构成。训练数据和计算负载分布于各工作节点，中央服务器仅维护全局参数，整个体系共同训练一个机器学习模型。在分布式机器学习中，中央服务器占据主导地位，各节点计算性能相当，与中央服务器保持稳定通信连接，模型参数的训练过程如下：

① 各工作节点在获得中心模型参数后利用本地数据进行单独训练，并将训练后更新的梯度参数上传至中央服务器；

② 中央服务器将所有上传梯度参数整合至中心模型，并再次将模型参数分发出去；

③ 迭代上述过程，直至收敛。

分布式机器学习主要解决集中式机器学习中大型数据集的巨大计算开销，难以在单台设备上训练的问题，将模型训练过程分散到若干个工作节点完成。因此，分布式机器学习是大数据与大模型导致的大计算量、大数据量、大规模模型需求的产物。如图 2-8 所示，分布式机器学习主要包括数据与模型划分、通信（子模型/局部数据）、单机优化、数据与模型聚合等模块。

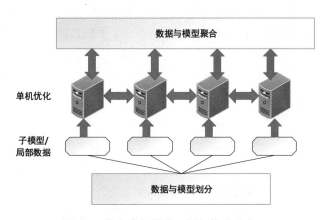

图 2-8　分布式机器学习框架构成示意

① 数据与模型划分模块中的数据划分主要包括训练样本的划分和每个样本特征维度的划分，可以通过随机采样、置乱切分等方法实现；模型划分主要是针对神经网络的逐层横向切分、跨层纵向切分和随机模型划分。

② 单机优化模块基于数据或模型划分结果，工作节点根据已分配的局部训练数据和子模型进行训练，过程与模式同传统集中式机器学习任务一致。

③ 通信模块是实现多机协作的基础，通信内容为各工作节点的子模型或根据相应更新进行全局共享。此外，通信拓扑、频率、步调是提高机器学习效率需考虑的重点。

④ 数据与模型聚合模块可以通过简单平均、一致性优化、模型集成等方法获得全局模型。

（3）联邦学习

联邦学习（Federated Learning）是满足数据隐私、安全和监管要求的分布式机器学习框架，是机器学习、信息安全等领域的交叉产物，可保证多个客户端在中央服务器的协调下联合训练一个模型，并保持训练数据分散，是解决数据孤岛问题，实现高效数据共享的可行性解决方案，为深度学习实际部署、数据量不足与安全合规应用等问题解决带来希望。联邦学习的特征如表 2-1 所示。

表 2-1　联邦学习特征

序　号	学习特征描述
1	各方数据都保留在本地，不泄露隐私也不违反法规
2	多个参与者联合建立虚拟的共有模型
3	各个参与者的身份和地位相同
4	联邦学习的建模效果与聚集整个数据集的建模效果相同，或相差不大

广义地讲，联邦学习是指数据拥有方不用上传数据即可结合多方数据进行统一模型训练的方法，所得到的模型效果和直接整合数据后进行训练得到的模型效果足够接近，进而达到避免隐私泄露并实现共建机器学习模型的目的。因此，联邦学习的目标是利用分布在多个节点的数据共同建立一个联合机器学习模型，包括模型训练和模型推理两部分。在模型训练中，联合参与方可以交换模型参数，但不能交换私有数据，最终训练模型可以多方共享。在模型推理中，多个参与方联合作出预测，并按照公平的价值分配机制获得相应奖励。

根据数据特征空间和样本空间差别，联邦学习可分为横向联邦学习、纵向联邦学习和联邦迁移学习三类。如图 2-9 所示。

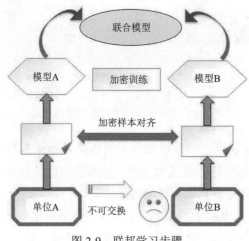

图 2-9　联邦学习步骤

联邦学习的具体步骤如下：

①　服务器抽取满足条件的客户端，基于加密技术，对齐样本，并不公开私有数据；

②　下载当前模型权重参数，客户端在本地计算模型参数更新，模型加密训练，服务器收集客户端上传的参数，更新共享模型，迭代至收敛；

③　通过共识、永久记录等方式，进行效果激励，以鼓励数据联邦的扩展。

2.3.2　深度学习

神经网络作为深度学习的基础，经历了"三起三落"。深度学习是机器学习的重要实现方法，更是目前人工智能中"智能"的重要引擎。在学习深度学习之前，有必要掌握浅层学习——神经网络基础方法。正所谓由浅入深，从单神经元、感知机、前馈神经网络等浅层神经网络，到深层神经网络顺序，讲解神经网络数学模型和相关算法的演进过程。

1．M-P 神经元模型

神经元在结构上大致可分成细胞体和突起两部分，突起又分为轴突和树突。树突可以接收其他神经元传来的信号，然后对这些信号进行处理并传递给下一个神经元。因此，神经网络是受生物神经网络启发，利用神经元及其连接组成网络模型。1943 年，心理学家 Mcculloch 和数理逻辑学家 Pitts 首次提出神经元的数学模型——M-P 神经元模型。其中，神经元激活与否取决于设定的阈值，即当神经元输入总和大于给定阈值时，神经元被激活，否则休眠。因此，神经元模型可用于表示线性可分的布尔函数，如图 2-10 所示。

由于单个生物神经元具有不同的突触性质和突触强度，可以利用不同权值来表征不同输入对神经元的影响，其正负则模拟了生物神经元中突触的兴奋和抑制，大小代表了突触的不同连接强度，相当于生物神经元中的膜电位。神经元激活与否取决于某一阈值电平，即只有当其输入总和超过阈值时，神经元则被激活而输出脉冲，否则神经元不会产生输出信号。整个过程可以用下面的函数来表示：

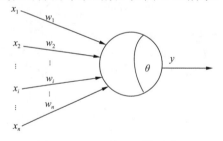

图 2-10　M-P 神经元模型示意

$$y = f\left(\sum_{i=1}^{n} w_i x_i - \theta\right) \tag{2-2}$$

$$f(x) = \begin{cases} 1, & x \geqslant 0 \\ 0, & x < 0 \end{cases} \tag{2-3}$$

二值阶跃激活函数将输入值映射为神经元兴奋和抑制两种输出状态，这种情况是最符合生物特性的，但是阶跃函数具有不连续、不光滑等不利于网络训练的性质，在神经网络之后的发展中逐渐引入更多类型的激活函数。

综上所述，M-P 神经元模型的特点包括每个神经元都是多输入单输出的信息处理单元；神经元的输入分为兴奋性和抑制性两种输入类型；神经元具有空间加权整合特性和阈值特性；神经元本身是非时变的，即其突触时延和突触强度均为常数。

2. 感知机模型

1958 年，美国学者 Rosenblatt 基于 M-P 神经元模型，设计了由两层神经元组成的感知机模型（Perceptron），其本质为用于线性分类的多层神经网络模型，首次将神经网络研究付诸工程实践。

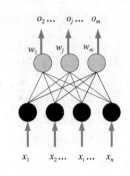

图 2-11　感知机模型示意

如图 2-11 所示，感知机由输入的线性组合和 M-P 神经元组成。输入层即感知层，由 n 个没有信息处理能力的神经元节点构成；输出层即处理层，由 m 个具有信息处理能力的神经元节点构成，两层之间具有连接权值。

用数学表达式表示感知机的最终输出为：

$$y = \begin{cases} 0, \omega^{\mathrm{T}}x + b \leqslant 0 \\ 1, \omega^{\mathrm{T}}x + b > 1 \end{cases} \tag{2-4}$$

感知机中未知权值参数的学习方案类似于机器学习中的监督学习，若训练数据的输出值比标签低，则增加相应权重；若比标签高，则减少相应权重。具体步骤如下：

（1）给权重系数赋初值；

（2）针对训练集中一个样本的输入值，计算感知机的输出值；

（3）若样本中默认正确的输出为 0，感知机实际输出值为 1，则减少输入值权重；若默认输出值为 1，实际输出值为 0，则增加输入值权重；

（4）重复迭代训练集数据，直到感知机不再出错为止。

在经典的感知机模型中，只有输出神经元具有激活函数，即只有一层功能神经元（Functional Neuron），因此只能解决线性可分的与、或、非等问题，不能解决非线性的异或（XOR）问题，这也是直接导致 Minsky 等人将当时的神经网络研究"雪藏"的原因之一。注意，所谓的功能神经元就是具有信号处理功能的激活函数单元，有了激活函数，神经元就具备了控制模型忍耐阈值的能力，进而可以将处理过的输入映射到下一个输出空间中。

3. 多隐层前馈神经网络

为解决非线性分类问题，需要更复杂的神经网络模型，多隐层前馈神经网络（Multi-layer Feed Forward Neural Networks）应运而生，多隐层前馈神经网络与多层感知机的差异在于激活函数。如图 2-12 所示，具有两层功能神经元的感知机模型可以解决异或问题，即在输出层和输入层之间加一个隐藏层。其中，输出层和隐藏层都是拥有激活函数的功能神经元。

  M-P 神经元是最基本的神经网络结构之一，只有一个功能单元；单层感知机的输入线性组合由单个 M-P 神经元构成，只能解决线性的二分类问题；多层感知机具有多个 M-P 神经元，可以解决部分非线性分类问题；多隐层前馈神经网络以层为功能单位模块，同层神经元之间无连接，上层与下层实现全连接，但无跨层连接。输入层只负责接收信号输入，无数据处理功能，隐藏层和输出层是由具有信号处理功能的神经元构成。

  如图 2-13 所示，多隐层前馈神经网络通过引入隐藏层及激活函数增强神经网络的非线性表征能力，并根据训练数据来学习合适的连接权重和功能神经元阈值。常用的激活函数包括 Sigmoid()函数、Tanh()函数、ReLU()函数及其改进型。

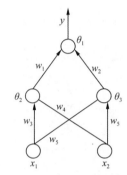

图 2-12 多层感知机模型示意

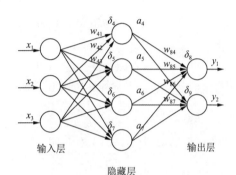

图 2-13 典型多隐层前馈神经网络模型示意

  典型的多隐层前馈神经网络具有以下三个部分：

  （1）结构：指神经网络模型中的学习参数及其拓扑关系；

  （2）激励函数：用来定义神经网络模型中神经元如何根据其他神经元活动来改变激励值的动力学规则；

  （3）学习规则：指定了神经网络中权重随时间推进的调整策略。

  从宏观看，神经网络模型的权重和阈值等参数是学到的"知识"，并分布式地存储于神经网络中，即同一输入特征可由多个神经元共同表示，单个神经元可按不同权重出现在不同输入的特征表示中。这种多对多的映射就是分布式表征的核心，是神经网络发展历程中的一个重要思想。但随着隐藏层和网络参数体量增加，神经网络学习到的"智慧"该如何"修炼"呢？

  从本质上讲，神经网络的"学习"与大脑的学习类似，按照训练的方式，利用数据集、网络训练算法实现"智能"。在训练多层神经网络时，简单感知机的学习训练方法不再适用，基于学习过程中信息的正向传播和误差的反向传播形成的反向传播算法（Back Propagation，BP）是各种类型神经网络训练的重要思想。1974 年，Werbos 首次将反向传播思想用于神经网络研究，1986 年，Rumelhart、Hinton 等正式将 BP 算法用于神经网络训练。

如图 2-14 所示，BP 算法首先随机初始化权重和阈值参数，然后将训练样本输入到输入层神经元，将各层输出逐层向前传递，直到输出层产生输出值；根据输出值计算误差，将误差逆向传播到隐藏层神经元；最终根据误差来调整各层连接权重和神经元阈值。基于 BP 算法的前馈神经网络训练过程如下：

（1）前馈计算每一层输入和激活值，直到最后一层；

（2）反向传播计算每一层的误差值；

（3）计算每一层参数的偏导数，并更新参数；

（4）迭代直至满足终止条件。

> **输入：**训练集 $\mathcal{D} = \{(x^{(n)}, y^{(n)})\}, n = 1, \cdots, N$，验证集 $\mathcal{V}$，学习率 α
>
> 1 随机初始化 θ;
> 2 **repeat**
> 3   对训练集 $\mathcal{D}$ 中的样本随机重排序；
> 4   **for** $n = 1 \cdots N$ **do**
> 5   从训练集 $\mathcal{D}$ 中选取样本 $(x^{(n)}, y^{(n)})$;
>   // 更新参数
> 6 $\theta \leftarrow \theta - \alpha \dfrac{\partial \mathcal{L}(\theta; x^{(n)}, y^{(n)})}{\partial \theta}$;
> 7   **end**
> 8 **until** 模型 $f(x, \theta)$ 在验证集 $\mathcal{V}$ 上的错误率不再下降；
> **输出：** θ

图 2-14　反向传播算法训练过程

此外，关于神经网络的优化方法与策略涉及随机梯度下降算法、训练数据集构建策略、模型训练策略等方面，具体内容本书不再赘述，请参见相关资源。

4．深度神经网络

深度神经网络通常指具有一定深度的前馈网络，是具有深层结构的重要机器学习方法，包括深度置信网络、卷积神经网络、循环神经网络、生成对抗网络、图神经网络、胶囊网络等结构，是近年来机器学习领域发展最快的分支之一。2018 年，因在深度神经网络概念和工程上的突破，Geoffrey Hinton、Yann Lecun、Yoshua Bengio 同获图灵奖。

深度神经网络模型的起源可追溯到 1958 年的感知机，后来人工智能学家 Minsky 等发现感知机不能处理异或回路等非线性问题，加之当时计算机的计算能力不足以处理大型神经网络，于是整个神经网络的研究进入停滞期。2012 年，Hinton 教授团队在 ImageNet 大赛中一举夺魁，让神经网络以"深度学习"的名字重生，唤醒了人工智能这头计算机领域沉睡的雄狮。

M-P 神经元、感知机、多隐层前馈神经网络等浅层学习模型的相同点是只包含 1、2 层非线性特征转换单元，通过简单学习的浅层结构，将原始输入信号或特征转换到特定问题的特征空间，对复杂函数的表示能力有限。作为人工智能的关键技术，深度学习的本质是建立和模拟人脑分析学习的神经网络模型，可通过学习深层非线性网络结构来表征输入数据，实现从少数样本中学习数据本质特征的复杂函数逼近能力。

如图 2-15 所示，与传统方法相比，深度学习以数据为驱动，能自动地从数据中提取特征（知识），对于分析非结构化、模式不明多变、跨领域大数据具有显著优势。与传统的神经网络的相同之处在于，深度学习也采用了输入层、隐层（可单层、可多层）、输出层的分层结构，只有相邻层节点间有连接，而同层以及跨层节点间无连接。

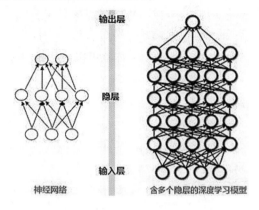

图 2-15　传统神经网络和深度神经网络

深度学习的"深度"是与传统机器学习的"浅层"相对应，浅层学习中隐藏层数量有限，对复杂函数拟合能力不强，大量特征工程操作限制了其推广与应用范围；深度学习模拟人类逻辑思维方式，对原始信号进行由低级到高级特征的抽象迭代过程。例如，在人类视觉认知过程中，瞳孔接收像素级颜色信号刺激，大脑皮层的视觉细胞提取物体的边缘和方向，最终抽象出物体形状的本质属性，完成了点、线、面以及局部到整体的特征提取过程。

以深度学习为代表的人工智能方法已应用于解决计算机视觉、自然语言理解、科学计算、逻辑推理证明、模式识别、智能控制、数据挖掘与知识发现等问题，其关键实现方法包括卷积神经网络、生成式对抗网络、循环神经网络、深度强化学习等。相关介绍如下：

（1）卷积神经网络：源于 1962 年猫脑视觉皮层的探索，兴于 2012 年 ImageNet 大赛中的 AlexNet 架构；卷积神经网络通过卷积、池化等多层非线性变换从数据中自动学习特征，避免了烦琐的手工特征设计过程；

（2）生成式对抗网络：2014 年提出的生成对抗网络不需要有大量标注数据就可以学习数据的深度表征，通过反向传播算法分别更新深度生成网络和深度判别网络的参数，使两个网络竞争学习，从而达到训练的目的；

（3）循环神经网络：包括输入层、循环隐藏层和输出层，所有循环单元节点按链式连接，以序列数据为输入，在序列的演进方向进行循环；

（4）深度强化学习：将深度学习的感知能力和强化学习的决策能力结合，可以直接根据输入数据进行控制与行动反馈，更接近人类思维方式。

【思维拓展】群体智能

生命系统的集体行为是一个复杂且有趣的话题。从单细胞生命体和昆虫，到水生和陆生的哺乳动物，集体行为涉及相当广泛的时间和空间尺度。通常，每一个生命个体都有各自的行为偏好，然而宏观上却涌现出丰富的现象和功能。由于集体运动中个体之间的相互作用，动物群体就可以产生各种复杂的运动模式。群体运动模拟的核心要点包括：

（1）体积排斥：每个模拟个体占据一定体积，但永不相交，避免与最近个体发生碰撞；

（2）速度对齐：每个个体与其近邻个体们保持速度同步；

（3）聚集倾向：粒子不会倾向于独立行动，每个个体会尽量与附近个体靠近，避免被孤立。

2021 年诺贝尔物理学奖得主乔治·帕里西（Giorgio Parisi）曾用统计物理方法分析了数十万只鸟如何形成一个自由变换形状的整体。对鸟群而言，最智能状态恰好处在有序与无序间的某种"团结紧张"状态，该临界点处，一个群体既能保持其稳定性，又能保证个体信息在群体中有效地传递。

从全局上看，系统涌现出与个体完全不同的性质是局部相互作用诱导出的系统秩序。临界特征对生物群体来说有着重要的意义，灵活应变能力体现了生物的某种集体智能，也是简单有序或者无序态难以实现的。在大脑的单体智能中，信息的有效整合需要有"长程关联"。大脑皮层中不同区域间神经信号有关联，甚至较远区域可能出现反关联；因此，大脑也处在临界态。这种特性帮助大脑始终保持在稳定性与可塑性的最佳平衡工作状态，该平衡使大脑恰好处在最具适应性的临界点上。

2.4 人工智能中的隐私保护与安全技术

无论是特征工程，还是数据工程，抑或机器学习与深度学习，人工智能的相关技术和理论中"工程"占比较大，更侧重于应用层面。安全问题却为这些技术的广泛应用提出了严峻挑战，没有强大的自主可控安全技术的支撑，人工智能带来的可能是灾难。下面从技术层面梳理适用于人工智能的隐私保护与安全技术，以期为人工智能安全应用和联邦学习理论学习奠定基础。

2.4.1 信息安全的基石

目前的人工智能是一种数据驱动的智能范式，从字面意义上讲，数据是事物客观属性的记录形式，具有大数据时代智能所需的原始"生产资料"属性。信息更接近于量化客观世界的本源，可"用来消除随机不确定性"，是度量数字化社会的基本单位。因而，信息安全可为人工智能的现实应用提供安全保障和可信的环境支撑。

在互联网环境中，网络安全主要包括网络自身的安全性和网络信息的安全性。就网络信息安全而言，信息是重要的战略资源，信息的获取、处理和安全保障能力成为一个国家综合国力的重要组成部分。下面对人工智能隐私保护与安全涉及的经典密码学、同态加密、安全多方计算、可信执行环境进行讲解。

1. 经典密码学

密码学既是一门古老而年轻的学科，又是一门从应用中来到应用中去的学科，与联邦学习源于人工智能应用，再应用到人工智能中去的思路一致。密码技术是信息安全技术的核心，包括密码编码和密码分析两个分支。前者主要寻求产生安全性高的有效密码算法和协议，以满足消息加密或认证要求；后者主要破译密码或伪造认证信息，实现窃取机密信息或进行诈骗破坏活动。

目前，密码理论与技术分为两类，一类是基于数学的密码理论与技术，包括公钥密码、分组密码、序列密码、认证码、数字签名、Hash()函数、身份识别、密钥管理、PKI技术、VPN 技术等；另一类是非数学的密码理论与技术，包括信息隐藏、量子密码、基于生物特征的识别理论与技术等。

密码学的发展历程经历了两次飞跃，手工阶段和机械阶段使用的密码技术为古典密码技术，采用简单的替换或置换技术。美国数据加密标准（Data Encryption Standard，DES）的公布与公钥密码技术的问世标志着密码学进入高速发展的现代密码学时代。

（1）手工阶段的密码技术与人类战争相伴而生，主要通过替换或者换位进行密码变换；机械方法阶段受限于当时人类计算水平，专用密码机为实现复杂密码算法发挥了重要作用。1949 年，香农的"保密系统的通信理论"给出了密码学的数学基础，证明了"一次一密"密码系统的完备保密性，使密码学成为数学和信息论的一部分，这是密码学的第一次飞跃。

（2）20 世纪 70 年代末，美国政府确定的 DES 算法只依赖于对密钥的保密。1976 年，Diffie 和 Hellman 提出的"密码学新方向"开辟了公钥密码技术体系，使得密钥协商、数字签名等密码问题有了新的解决方法。这推动了密码学的第二次飞跃。

当前，在"人—机—物"协同通信模式中，各类新密码学内容不断诞生。例如，传统一对一模式改变为一对多、多对一、多对多的多方模式。这里的"多"通常是动态的由访问结构定义的"多"和多机构。在传统的 PKI 体制下，用户的公私钥对是自己生成的，因此只存在加密数据的发送方与接收方，并没有其他机构参与用户私钥的生成。

此外，新密码学的计算和处理模式由本地位置向异地位置转变。例如，外包计算、外包信号处理、外包聚合等。现有方案多从研究全同态加密角度出发，试图解决外包聚合、外包计算及外包信号处理问题。然而，现有利用全同态加密方案来直接加密数据的做法是不可行的。此外，如果利用全同态加密方案来加密对称加密密钥，又失去了对加密数据本身实现全同态操作的意义。

2．同态加密

普遍认为，密码学和机器学习是相互对立的。在某种意义上，密码学的目的是防止对信息的访问，而机器学习则试图从数据中提取信息。在机器学习领域，为了实现用户数据的机密性，传统的密码学方法需要计算复杂性非常高的加密和解密过程。而全同态加密允许在加密数据上执行任意操作，无须解密的方案给出了密码学与机器学习的新方向。

基于近世代数中的同态概念，同态加密（Homomorphic Encryption，HE）是支持加密运算和某一代数运算或者混合代数运算交换顺序的加密方案。如图 2-16 所示，即若有加密函数 $E()$，解密函数 $D()$，将明文 A 变为 $E(A)$，明文 B 变为 $E(B)$，则 $A+B = E(A)+E(B)$。

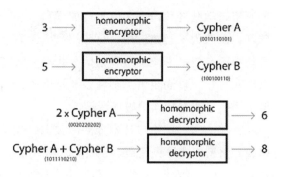

图 2-16　同态加密案例

同态加密主要由电路构造和定义实现，基于"一个电路理论上等价于一个函数"原则，先构造一个能够用电路表示的部分同态加密方案，然后修改电路使其成为自举电路，从而成为全同态加密电路。根据发展阶段、支持密文运算的种类和次数，HE 分为全同态加密、部分同态加密、类同态加密等。

（1）全同态加密（Fully Homomorphic Encryption，FHE）基于理想格理论，支持密文上的加、减、乘、除等算法，执行运算次数不限。但由于自举计算开销大、运算效率低等原因，FHE 不实用，无法直接应用在大数据环境中。

（2）部分同态加密（Partially Homomorphic Encryption，PHE）可以对密文执行有限次的加法和乘法运算，所允许的运算数量有限，只能用于小规模的程序和电路运算场景。例如，Paillier 等加法同态加密方案、El-Gamal 等乘法同态加密方案。

（3）类同态加密（Somewhat Homomorphic Encryption，SHE）只支持有限次加法和乘法运算的同态方案。SHE 比 FHE 方案稍弱，但开销更小，更容易实现。

同态加密允许对密文进行特定形式的代数运算后，得到的仍然是加密的运算结果。其解密所得到的结果与对明文进行同样运算的结果一致。因此，同态加密在数据检索、比较等运算场景，以及简单机器学习算法的训练中具有重要应用。但同态加密不能抵抗自适应选择密文攻击，并不能用于一些需要具有不可关联方案支持的应用场合。

3．安全多方计算

在经典加密体系中，通信双方至少有一方信息可被对方获知，但如何满足通信双方共同完成一种运算，并使对方无法获知自己运算输入的场景需求？为解决上述问题，图灵奖获得者姚期智院士提出了安全两方计算，给出了安全两方计算协议并推广到了安全多方计算，在电子选举、电子投票、电子拍卖、秘密共享等场景具有重要应用。

安全多方计算（Secure Multiparty Computation，SMC）起源于姚氏百万富翁问题，主要用于解决一组互不信任的参与方之间的隐私保护协同计算问题，其形式化描述为假定有多个参与方拥有各自的数据集，在无可信第三方的情况下，如何安全地计算一个约定函数，同时要求每个参与方除了计算结果外不能得到其他参与方的任何输入信息。因此，SMC 具有输入独立性、计算正确性、去中心化等特征。

安全多方计算是国际密码学界近年来的研究热点之一，也是隐私保护的关键技术。目前的研究问题主要包括保密的科学计算、保密的计算几何、保密的数据挖掘、保密的统计分析和安全多方计算应用等，相关基础密码协议包括不经意传输协议（Oblivious Transfer Protocol，OT）、混淆电路协议（Garbled Circuits，GC）、秘密共享协议（Secret Sharing，SS）、GMW（Goldreich-Micali-Wigderson）协议等。

（1）OT 协议是 1981 年提出的两方计算协议，接收方获得了部分信息，但发送方不知道他收到了哪些消息。在恶意敌手模型下，SMC 所需执行的 OT 次数可达百万次。

（2）GC 协议是 1982 年提出的一种通用高效的安全两方计算协议，无论电路大小，只需常数轮交互，是最有效的安全两方计算解决方案之一，但总通信量很高。

（3）SS 协议是 1979 年分别基于 Lagrange 插值多项式和线性几何投影理论所独立提出的，包括 Shamir 秘密共享协议、Blakley 秘密共享协议和中国剩余定理等。

（4）GMW 协议是 1987 年提出的一种通用高效的安全多方计算协议，将函数描述为一个布尔电路，评估电路的每一层布尔门都需要一轮交互。

4．可信计算与可信执行环境

在信息安全实践中，以计算机终端为代表的源头信息安全极为重要，需要从芯片、硬件结构和操作系统等方面综合采取措施，由此便产生了可信计算的基本思想。1999 年，IBM、Intel 等公司发起可信计算平台联盟（Trusted Computing Platform Alliance，TCPA），标志着可信计算高潮阶段的出现；2003 年 TCPA 改组为可信计算组织（Trusted Computing Group，TCG），标志着可信计算技术和应用领域的进一步扩大。至今，该组织制定了关于可信计算平台、可信存储和可信网络连接等一系列技术规范。

可信计算平台具有数据完整性、数据安全存储和平台身份证明等功能，涉及安全输入输出、存储器屏蔽、密封存储和平台身份远程证明等基本技术特征；其基本思想为首先构建一个信任根，再建立一条信任链，从信任根到硬件平台，到操作系统，再到应用，逐级认证，逐级信任，最后扩展到整个计算机系统，从而确保整个计算机系统的可信。一个可信计算机系统由可信根、可信硬件平台、可信操作系统和可信应用系统组成。

在可信计算理念牵引下，建立可信执行环境（Trusted Execution Environment，TEE）是可信计算的重要实现方式。如图 2-17 所示，在设备上独立于不可信操作系统的可信隔离独立执行环境中，构建不可信环境中的隐私数据和敏感计算的安全而机密的空间，其安全性通常通过硬件相关机制来保障。此外，设备安全运行环境搭建可在设备中添加专用硬件安全单元（Secure Element，SE），实现数据加密、身份认证、敏感信息安全存储等功能。

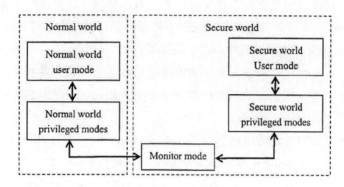

图 2-17　TEE 技术架构

通常，可信执行环境包括三种类型：

- 基于内存加密的可信执行环境，直接在应用层进行隔离；
- 基于 CPU 模式的可信执行环境，通常使用额外的 CPU 模式来实现内存的隔离，独立于不可信操作系统而存在；
- 基于协处理器的可信执行环境，使用额外的协处理器来提供执行环境，这种执行环境有独立的内存，不受主处理器和主内存的影响。

目前，主流的可信执行环境包括 Intel 软件防护扩展（Software Guard Extentions，SGX）、Intel 管理引擎（Management Engine，ME）、x86 系统管理模式（System Management Mode，SMM）、AMD 内存加密（Memory Encryption）技术、AMD 平台安全处理器（Platform Security Processor，PSP）和 ARM TrustZone 技术。

2.4.2　隐私保护应用场景与技术

数据是人工智能的重要原料，然而隐私泄露事件频发，泄露规模连年加剧；如何保证数据的安全与隐私引发科学界和工业界的广泛关注。大数据环境下的隐私保护应用场景包括隐私保护数据发布、隐私保护数据挖掘、隐私保护机器学习等，前文已有过简单提及，下面对相关场景和技术进行详细介绍。

1. 隐私保护数据发布

隐私保护数据发布（Privacy-Preserving Data Publishing，PPDP）起源于 1977 年提出的统计泄露控制概念，其核心思想是通过观察统计数据发布前后的个人信息变化量来判断是否发生隐私泄露。早期隐私保护研究多针对集中式数据发布场景，要求数据持有者向数据收集者提交真实数据，同时假设数据收集者即为数据发布者，将数据统一保存于数据库服务器上，并直接对数据表进行发布。

PPDP 的关键在于实现隐私保护的同时要保证数据发布结果（非数据挖掘结果）的可用性。确保用户隐私信息不被恶意的第三方获取极为重要；一般地，用户更希望攻击者无法从数据中识别出自身，更不用说窃取自身的隐私信息；匿名技术就是这种思想的实现之一，即在确保所发布信息数据公开可用的前提下，隐藏公开数据记录与特定个人之间的对应联系，从而保护个人隐私。

然而，攻击者通过链接攻击（Linking Attack）能根据准标识符连接多个数据集，重新建立用户标识符与数据记录的对应关系。为了防御链接攻击，常见技术有 k-匿名、l-diversity 匿名、t-closeness 匿名及其相关变形为代表的匿名策略。但攻击者的背景知识无法全面地形式化界定，匿名数据集的等价类分组缺乏严格且可证明的数学理论支持。

如何发布具有代表性的数据，而不披露数据的隐私已成为 PPDP 领域的研究热点。基于可信数据管理者假设，PPDP 可分为交互式和非交互式两种模式。如图 2-18 所示，在交互式模式下，统计数据库管理者根据统计查询请求对数据集进行操作和隐私保护响应。在非交互式模式下，统计数据库管理者针对所有可能的查询请求一次性发布所有隐私保护查询结果。

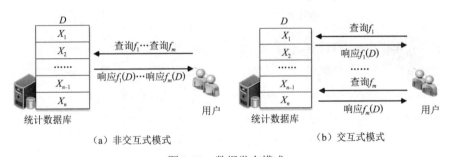

（a）非交互式模式　　　　　　　　（b）交互式模式

图 2-18　数据发布模式

根据非交互式保护框架可知，数据发布策略一般可分为以下两类。

（1）先对原始数据或者原始数据的统计信息添加噪声，然后对加过噪声后的数据采用规划策略（例如，二次规划、凸规划等）进行优化，最后发布优化结果。这类方法的隐私代价通常比较大。

（2）先转换或者压缩原始数据，再对转换后的数据添加噪声。这类方法主要针对如何减少发布误差以及如何提高数据可用性等。尽管这种策略响应查询的精度较高，然而数据转换或者压缩会带来原始数据的信息缺损。

数据发布匿名保护是实现其隐私保护的核心关键技术与基本手段，目前仍处于不断发展与完善阶段。基于上述两类发布策略，已有的发布技术主要分为以直方图为发布标准的方法和基于划分的发布方法两类。

（1）直方图发布使用分箱技术近似描述数据统计信息，将一个比较大的数据集按照某属性划分成不相交的桶，每个桶由一个数字表示其特征。

（2）基于划分的发布方法需设计支持数据划分的索引结构，并依据索引结构发布隐私数据。常用的索引划分结构分为基于树结构和基于网格结构的划分。

2．隐私保护数据挖掘

隐私保护数据挖掘（Privacy Preserving Data Mining，PPDM）是指针对采用数据扰乱等匿名技术处理后仍有足够精度和准确度的数据集，数据挖掘者在不接触实际隐私数据的情况下仍然可以进行有效的挖掘，即在保护隐私的前提下进行数据挖掘。人数据中的隐私保护数据挖掘目前处于起步阶段，大数据的种种特性给数据挖掘中的隐私保护提出了不少难题。

PPDM 主要关注原始数据中的敏感信息和隐含在原始数据集中的敏感规则，主要通过对原始数据集进行必要修改，使得数据接收者不能侵犯他人隐私，或是保护产生模式，限制对大数据中敏感知识的挖掘。如图 2-19 所示，PPDM 可分为接口模式和完全访问模式。接口模式下，数据挖掘者不可信，统计数据库管理者只提供满足隐私保护机制的访问接口。而完全访问模式下，数据挖掘者可以直接访问统计数据库中原始数据并进行数据分析，但最终结果必须经隐私保护处理后才可发布。

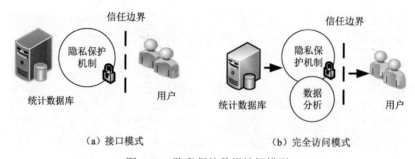

图 2-19　隐私保护数据挖掘模型

下面以关联规则挖掘为例，讨论 PPDM 技术。

关联规则的隐私保护主要有两类方法：第一类是变换（Distortion），即修改支持敏感规则的数据，使得规则支持度和置信度小于一定阈值而实现规则的隐藏；第二类是隐藏（Blocking），该类方法不修改数据，而是对生成敏感规则的频繁项集进行隐藏。这两类方法都对非敏感规则的挖掘有负面影响。

目前，在 PPDM 中，集中式差分隐私和本地化差分隐私技术是该领域的研究热点。集中式差分隐私多应用于基于统计数据发布的 PPDP 技术；然而，这些差分隐私数据发布技术都基于可信管理者假设，面临数据集中式管理造成的潜在隐私泄露风险。随着移动互联网及边缘计算等技术发展，本地场景下的隐私保护需求不断增加。本地场景中，用户不相信任何参与方，数据只能在清洗后才可离开用户本地。

与集中式差分隐私不同，本地化差分隐私（Local Differential Privacy，LDP）基于不可信数据管理者场景，用户在向数据收集者发送个人数据前，先在本地加入满足差分隐私的噪声扰动，最后数据收集者根据收集到的噪声数据，从统计学的角度，近似估计出用户群体的统计特性而非针对具体用户的统计特性推断。LDP 主要特点及优势包括充分考虑了背景知识攻击、量化隐私保护程度、数据本地化加噪、抵御不可信数据管理者攻击等。

依据隐私保护输出结果之间的关联性，LDP 可分为交互式和非交互式两种模式。如图 2-20 所示，交互式 LDP 的数据输出依赖相关输入及前序输出序列，而非交互式 LDP 是交互式模式的简化，适用于隐私数据间无依赖关系的数据分析，例如，离散型数据频数统计查询、均值统计等。

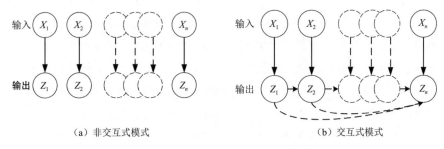

（a）非交互式模式　　　　　　　　　（b）交互式模式

图 2-20　本地化差分隐私的两种模式

目前针对 LDP 的研究方向主要包括隐私保护数据采集、频繁项集挖掘、面向智能终端的隐私保护机器学习算法研究等。LDP 最早由随机应答（Randomized Response，RR）技术实现，RR 是用来保护敏感话题调查参与者隐私的技术，现有基于 RR 技术的 LDP 机制只适用于数值型或范围型数据分析，如何改进 RR 技术以提高在收集群体统计数据而不泄露个体数据方面的性能，已成为目前的研究热点。

3．隐私保护机器学习

隐私保护机器学习（Privacy Preserving Machine Learning，PPML）最早可追溯到 2000 年关于在不泄露隐私前提下，允许两方联合协作进行数据分析提取的方法。随着大规模数据收集带来的机器学习性能提升，以隐私保护为首要前提的模型设计、训练与部署也面临更大挑战，甚至对国家安全构成极大威胁，安全与隐私问题已经成为阻碍人工智能发展的"绊脚石"。

机器学习的"学习"能力主要来源于训练，通常分为集中式和分布式训练。前者在模型训练前统一收集各方数据，尽管易于部署，却存在极大数据隐私与安全隐患；后者将各方数据保留在本地，并同时进行模型训练，然而在训练过程中，模型会记录训练数据，而这些数据往往会涉及个人隐私。此外，在预测阶段，攻击者可以通过修改训练数据的分布从而实施目标模型攻击，甚至引发模型错误。因此，面向隐私保护的数据和模型安全措施是必不可少的。

所谓"知己知彼，百战不殆"，攻击者所采取的具体攻击方式除了数据收集阶段的直接数据访问外，在机器学习的训练阶段，利用模型逆向、成员推断等方式，直接从模型预测结果中提取出训练数据信息，或者判断某成员是否属于某个模型的训练数据集。在预测阶段，攻击者首先窃取模型参数，构建替代模型，并利用该模型提取训练数据集相关信息。针对人工智能的隐私攻击主要包括敌手目标、敌手知识和敌手能力等。

（1）敌手目标是破坏人工智能模型的机密性，即敌手尽力获取机器学习中训练数据、模型隐私与模型预测结果信息。良好的人工智能系统应确保重要信息不被未经授权方获取，当模型本身代表知识产权时，其模型及参数是机密的。

（2）敌手知识是指敌手所掌握的目标模型及其在目标环境中使用的信息量，包括训练数据分布情况、模型结构和参数等，可分为白盒攻击和黑盒攻击。前者是指敌手掌握机器学习模型结构、模型参数、部分或完整的训练数据等信息；后者则假定敌手没有关于模型的相关知识，敌手利用模型的脆弱性以及过去的输入来推断模型的信息。

（3）敌手能力涉及数据收集阶段的直接获取数据，机器学习训练阶段干预模型训练、访问训练数据、收集中间结果等，预测阶段访问模型、获取训练数据等攻击内容和能力方式。强攻击能力包括参与模型的训练、收集模型或训练数据信息；弱敌手不直接参与模型训练，只是使用攻击来收集关于模型特征等信息。

隐私保护机器学习的常见技术包括同态加密技术、安全多方计算和差分隐私等。其中：
- 同态加密常用于保护隐私的外包计算和存储，直接在密态数据上进行操作；
- 适合分布式场景的安全多方计算策略包括基于混淆电路、不经意传输的激活函数等非线性操作计算以及基于秘密共享的多方机器学习网络模型训练或预测等；
- 差分隐私基于严格的数学隐私定义，仅通过噪声添加机制便可以实现隐私保护，但一定程度上会对模型的预测准确性造成影响。

此外，关于 PPDM 的未来发展方向，基于边缘计算的外包计算与隐私保护形成面向联邦学习的 PPDM 框架具有重要价值。其基本构成如下：
（1）本地加密数据发送至本区域负责数据处理的边缘节点；
（2）边缘节点在密文域上执行本地训练，获得并将加密局部参数发送至上层云服务器；
（3）云服务器聚合加密局部参数，获得加密的全局参数并返回至各边缘节点；
（4）各边缘节点重复多轮密文域上的模型训练，直至满足训练目标。

2.5 本章小结

本章基于联邦学习所处时代背景，对进阶联邦学习所需的理论基础知识进行了全面梳理。首先，回顾了人工智能简史，从工程角度阐述了人工智能中的特征工程和数据工程；然后，从机器学习和深度学习角度探讨了"智能"的形成机理；最后，讲解了人工智能中信息安全基石、隐私保护应用场景与技术，为读者展现了联邦学习所需的人工智能和信息安全知识框架。本章是第一篇（背景与基础）的收尾部分，下一章将开启联邦学习原理与技术的深度学习。

第 3 章　联邦学习原理与架构技术解析

联邦学习是一种直面人工智能分布式多端应用场景的架构技术，允许隐私数据在用户本地进行分布式学习，并在不违反法律和道德要求前提下，支持多个隐私数据拥有方参与训练共同的人工智能模型。那么，植根于数据合法合规应用与"人工智能+"的时代背景，联邦学习的本质架构与机器学习（重点是分布式机器学习和支持隐私保护和数据安全的机器学习）有何区别及联系？

带着上述问题，本章将开启联邦学习原理与技术的进阶学习。首先，重温 2016 年联邦学习的开山之作，感悟联邦学习的"初心"；然后，从架构角度思考联邦学习的"联邦"架构优势；最后，讲解联邦学习与其他机器学习相关技术在"学习"方面的异同。本章既从宏观角度勾勒出联邦生态的基本架构，又从理论深度上探究联邦式学习模式的内涵与外延，为后续实践应用奠定坚实基础。

3.1　联邦学习的起源

2016 年，Google 公司的 McMahan 等人发表论文 *Communication-efficient learning of deep networks from decentralized data*（《基于分布式数据的深度神经网络高效通信学习》），首次提出联邦学习概念，界定了联邦优化中数据非独立同分布、样本非均衡、大规模分布式终端、受限通信的典型特征，提出了基于随机梯度下降策略的联邦平均算法。该成果在学术平台 arXiv 上的地址为：https://arxiv.org/abs/1602.05629。

随后，爱丁堡大学的 Konečný 等人发表了适用于大规模分布式节点、数据非独立同分布、样本非均衡场景的联邦优化论文 *Federated optimization: Distributed machine learning for on-device intelligence*（《联邦优化：适用于端上智能的分布式机器学习》），相关开创性成果为联邦学习中通信效率优化问题的研究奠定了基础。该成果在学术平台 arXiv 上的地址为：https://arxiv.org/abs/1610.02527。

联邦学习架构技术起源于 2016 年 Google 公司等科研人员的研究论文，下面对联邦学习的开山之作 *Communication-efficient learning of deep networks from decentralized data* 进行解读，主要涉及研究背景、研究内容等方面，以辅助读者感悟联邦学习的"初心"。

3.1.1　研究背景

随着移动互联网的发展，移动通信设备中承载了大量可以支撑人工智能模型训练，并提升用户体验的数据；然而，这些数据通常较为敏感或者体量庞大，无法直接上传到云端数据中心完成传统的集中式模型训练过程。

在相关学术研究方面，McDonald 等人曾通过迭代平均进行本地感知机模型的分布式训练，也有学者对基于"软"平均的异步方法进行研究。然而，这些工作仅考虑集群和数据中心场景，并未研究适用于联邦学习场景的非均衡、非独立同分布数据需求。

Shokri 和 Shmatikov 的研究曾涉及兼顾数据隐私的深度神经网络训练，并在每一轮通信中仅共享部分参数来降低通信成本；然而，数据非均衡、非独立同分布等特性也并未考虑。在凸优化场景中，分布式优化和估计中的通信效率问题通常要求终端数量小于终端具有的训练样本数量，而且每个终端具有相同的数据量；同时，所有数据需满足独立同分布。此外，神经网络训练中的异步 SGD 算法需要大量参数更新，基于一次简单的参数平均所生成的全局模型并不比在单个终端上训练的模型性能更好。

3.1.2　研究内容

针对上述背景和研究现状，《基于分布式数据的深度神经网络高效通信学习》的主要研究工作包括两方面：一是提出了一种模型训练方法——联邦学习；二是提出了一种基于迭代策略的联邦平均算法。针对前者，联邦学习问题具有如下特征：

（1）基于大量移动设备中真实数据的分布式模型训练比基于数据中心的集中式数据模式具有明显优势；

（2）由于数据的隐私敏感性和大规模性，联邦学习效果比基于数据中心的集中式模型训练效果更好；

（3）对于监督学习任务，可以从用户的操作中自然地推断出数据的标签。

许多移动设备上的智能应用均满足上述特征，例如，用户个人照片或键盘输入的文本数据是敏感的；终端上承载的数据比数据中心汇聚的数据更符合用户特点和使用特征；用户照片和输入的文本可以通过用户的交互操作进行打标签。同时，上述案例非常适合卷积神经网络和循环神经网络等模型进行图像分类和语言模型训练。

在联邦学习的隐私保护方面，通信传输的信息是改进特定模型所必需的最小更新，而且所包含的信息小于原始训练数据，同时，聚合算法无须明确数据来源。与分布式优化问题不同，联邦优化问题的关键属性如下：

（1）数据非独立同分布，尤其是特定用户数据不能代表整体数据分布情况；

（2）用户数据量不平衡，即有的用户数据多，有的用户数据少；

（3）用户规模大，通常用户数量大于每个用户的平均数据量；

（4）用户端设备通信限制，例如，移动设备经常掉线、速度缓慢、通信计费昂贵。

针对第二个研究内容，联邦平均算法的基本思路为：首先将整体架构划分为中央服务器端和多个客户端，假设在各轮通信中客户端更新同步，且客户端集合固定，并拥有固定的本地数据集；在每轮更新开始时，随机选择部分客户端；然后，中央服务器端将当前全局算法状态发送给被选中客户端；每个客户端基于全局状态及其本地数据集执行本地计算，并将参数更新发送到中央服务器端；最后，中央服务器端将这些更新应用于全局状态，迭代重复上述过程，直至算法收敛。

在通信成本与计算成本的平衡方面，基于数据中心的集中式模型优化中，通信成本相对较小，而计算成本占更大比例，可通过 GPU 等硬件算力来降低计算成本；在联邦优化中，通信成本为主，而且通信带宽有限，终端通常在充电、网络连接充沛时自愿参与优化过程，并希望只参与少量的参数更新轮次。此外，联邦优化计算成本相对较小，单个设备上数据集远小于总数据集，并具有相对较好的计算单元。

联邦学习的目标是通过增加计算量来减少模型训练所需的通信次数，可在每个通信轮次间使用更多独立工作的客户端，提高整体的并行性，或者在每个通信轮次间使每个客户端执行更复杂的计算。因此，联邦学习使用相对较少的通信轮次来训练高质量模型是可行的。下一步，通过结合差分隐私、多方安全计算可为联邦学习提供更强的隐私保护能力。

综上所述，联邦学习破解了数据隐私保护难题，也为人工智能技术的发展提供了全新的模型框架，对数据安全和人工智能领域的不断发展和技术落地具有重要意义。

【知识补充】梯度下降算法

在深度神经网络模型参数的优化过程中，梯度下降法（Gradient Descent）是机器学习中使用非常广泛的优化算法，也是众多机器学习算法中最常用的优化方法。其核心思想是在目标函数梯度的相反方向上迭代更新模型参数，使目标函数逐渐收敛到最优值。其中，学习率决定每次迭代的步长，影响达到最优值的迭代次数。目标值沿着梯度的相反方向一直下降，直至得到最优解。由于每次迭代都需要使用所有数据，梯度下降法也常被称为批梯度下降，其迭代公式如下：

$$w' = w - \alpha \frac{\partial L}{\partial w} \tag{3-1}$$

在联邦学习的模型训练中，用户原始数据不离开本地，不在整个架构中共享，只有模型梯度或参数更新等中间计算结果被传输共享；鉴于梯度和模型更新在数学意义上等价，联邦学习采用梯度下降算法寻找模型参数的最优表征，本地模型更新通过梯度和学习率得到，结合反向传播算法更新模型参数，因此，联邦学习实现了参与者隐私的保护。

基于每次学习（更新模型参数）使用的样本个数差异，存在如下三种梯度下降算法框架：

- 每次使用全量的训练集样本来更新模型参数的批量梯度下降（Batch Gradient Descent）；
- 每次从训练集中随机选择一个样本来进行学习的随机梯度下降（Stochastic Gradient

Descent）；

- 每次更新从训练集中随机选择部分样本的小批量梯度下降（Mini-batch Gradient Descent）。

其中，随机梯度下降算法应用最为普遍，其核心思想是随机使用一个样本来更新每次迭代的梯度，而不是直接计算梯度的具体值。随机梯度是真实梯度的无偏估计，计算成本与样本数量无关，并且可以实现亚线性收敛速度，具有学习速度快、支持线更新等特点。随机性导致的更新方向波动，收敛速度容易变慢，同时，得益于波动性，算法跳出局部极值点的能力也增强了。

由于 SGD 每次迭代仅使用一个样本，每次迭代的计算复杂度为 $O(D)$。其中，D 为特征数量。当样本数量较大时，SGD 每次迭代的更新速率都比经典梯度下降的更新速率快得多。所以，SGD 以增加更多的迭代为代价提高了整体优化效率，但是与大量样本导致的高计算复杂度相比，增加的迭代次数微不足道。因此，SGD 可以有效降低计算复杂度并加快收敛速度。

如图 3-1 所示，关于梯度下降算法的改进中，一方面可以通过学习率的尺度缩放因子降低学习率（例如，RMSprop、AdaGrad 方法）；一方面使用梯度的滑动平均（即"动量"）来决定下降方向，例如，Momentum 方法。结合学习率和梯度两者特性的随机梯度下降算法也表现出良好性能，例如，融合 RMSprop 和 Momentum 的 Adam 算法。

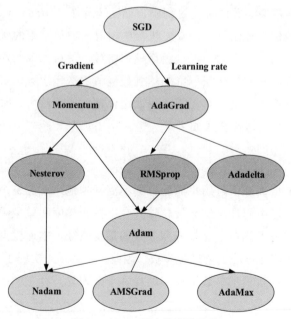

图 3-1　SGD 算法的演进路线

3.2　联邦学习中"联邦"释义

回顾 2016 年正式提出的联邦学习术语，McMahan 等人将该学习模式归因于需要通过中央服务器协调各松散联合设备（即客户端）共同完成的学习任务。因此，联邦学习来源于机器学习场景，以大量客户端和中央服务器为主体，在保持训练数据分散性同时协同训练人工智能模型，按照最小化集中数据收集原理，降低传统集中式机器学习导致的隐私风险并减少成本。

数据不平衡且非独立同分布、通信带宽有限、大量设备不可靠是联邦学习场景的重要挑战。下面从联邦学习相关概念、架构、生态角度对联邦学习中的"联邦"进行解读。

3.2.1　相关概念与定义

在联邦学习概念提出之前，密码学、数据库和机器学习等领域已进行了在不暴露原始数据情况下多个数据所有者间数据分布特征的分析和学习研究，试图使用中央服务器在保护隐私的同时从本地数据中完成学习任务。然而，至今联邦学习也尚未完全解决该领域所涉及的全部挑战。

更重要的是，联邦学习涉及的许多问题本质上是跨学科、跨领域的，需要以合作模式持续推进相关研究，进而形成外在分布松散、任务边界模糊，但功能领域聚焦的架构体系，达到"形散而神不散"，这与"联邦"概念异曲同工。因此，将联邦学习定义为一系列相关挑战、特征及约束较为妥帖。下面对联邦学习涉及的跨学科、跨领域概念进行界定，以避免术语混乱。

（1）人工智能指基于机器执行人类的学习（获取知识）和推理（使用知识解决问题）能力，可以完成特定类型的任务，或具备多任务耦合形成复合能力，甚至像人类一样具备通用认知和行为。

（2）机器学习是人工智能子集，允许计算机直接从案例、数据和经验中学习，利用训练数据构建数学模型，无须进行显式编程。

（3）集中式机器学习在所有训练数据位置建立模型，有利于高性能计算的大型数据集利用，但不适于训练数据共享约束场景。

（4）分布式机器学习通过分布式处理扩展了集中式方法，根据部署需求分配学习过程和推理过程，以克服单机的计算/存储约束。

（5）联邦机器学习是不交换训练数据的协作式训练模式，可用于克服训练数据共享限制或网络带宽约束等。

（6）联邦数据库系统是将多个不同数据库进行集成和整体管理，实现基于分布式存储的多个独立数据库互操作，不涉及隐私保护机制。

自联邦学习提出至今，其定义及发展与移动边缘设备应用密不可分。联邦学习的泛在定义基于机器学习场景。其中，多个实体（客户端）的原始数据不与外界交换或传输，独立存储在本地，在中央服务器协调下高效协作地聚合机器学习所需的最少信息更新。因此，联邦学习可定义为没有集中训练数据的协作式机器学习范式，实现了将机器学习的能力与将数据存储在云中的需求分离的架构技术。

联邦学习的形式化定义基于如下场景：多个数据拥有方 F_i, $i=1,\cdots,N$，各自拥有数据 D_i，传统机器学习方式将数据整合为数据集 $D=\{D\_i, i=1,\cdots,N\}$，通过训练得到模型 M_SUM。联邦学习将各数据拥有方 F_i 数据 D_i 保留在本地，进行模型训练并得到模型 M_FED，该计算过程能够保证模型 M_FED 的效果（V_FED）与模型 M_SUM 的效果（V_SUM）间的差距足够小，即：

$$|V\_FED - V\_SUM| < \delta, \delta 为任意小正值 \qquad (3\text{-}2)$$

从跨机构数据安全联合建模角度，联邦学习可被定义为如下体系：在分布式跨单位联合建模体系中，各机构单位自有数据不出本地，通过加密机制下的参数交换，建立虚拟共享模型，进而保证数据本身不移动，达到数据合规和隐私保护要求。在这种联邦机制下，各个参与者的身份和地位相同，达成数据"共同富裕"的共识。从上述定义可得出，该模式对基于孤岛数据的分布联合建模具有重要意义。

从上述定义可得出联邦学习中"联邦"在跨设备和跨数据孤岛场景的三个显著特点：

- 一是源于训练数据不出本地的隐私保护需求，通过将原始数据映射为模型参数，实现了原始数据隔离的联邦学习，进而满足各类隐私法规要求；
- 二是模型端部定制特性，在边缘计算场景中终端设备上所运行的模型既可以保证模型质量，又可以自适应于本地数据的个性化需求；
- 三是联邦体系参与者的地位对等。因此，不同机构单位间公平协同建模合作在技术上可行。

3.2.2　联邦架构与生态

联邦学习是一种基于多个参与方的本地数据进行联合训练全局模型的隐私保护分布式机器学习框架，其本质能力取向为实现多端分布式联邦建模。在联邦学习的应用场景中，数据特性、参与方数量、网络环境三个层面要素需要重点关注。联邦学习的"联邦"架构与传统机器学习架构具有一定差异，我们从三个方面了解一下。

（1）统计异构性（Statistical heterogeneous）。其是指数据非独立同分布与数据量非均衡。传统机器学习要求数据满足独立同分布，数据模型的更新方式简便；而联邦学习中不同参与者的数据差异较大，单一参与方的数据未必符合所有参与方数据表现的总体分布，所产生模型参数更新方式也有不同。此外，参与传统机器学习的各方数据量分配均匀，而联邦学习中各参与方往往拥有不同大小的数据量。

（2）参与方数量庞大。以智能手机等跨终端场景为例，联邦学习的参与方数量远大于任意参与方所拥有的数据量，参与方的数量和分散程度都远超传统模式。此外，跨机构的联邦学习中参与方数量有限，但数据孤岛效应需要耗费数据对齐、清洗等大量人力操作；此外，数据安全、隐私、公平性等可信度（Trustworthiness）问题不容忽视。

（3）系统约束（System Constraints）。系统约束是指网络低速且不稳定连接。传统机器学习场景数据集中、带宽充沛、算力充裕；在联邦学习架构中，依托无线网络的多参与节点与服务器网络连接不稳定，而有线网络模式会面临基于多种安全保密设备的数据单向流通，甚至物理隔离要求。

尽管保护隐私的数据分析已经历了 50 多年的研究，但仅在过去的十几年中，相关解决方案才得到大规模部署。结合联邦学习应用场景和架构的特点，联邦学习的跨设备架构与跨单位架构（孤岛特征明显）具有较广的适用范围和典型的用户群体。前者在 Google 公司的 Gboard 移动键盘（如图 3-2 所示）和 Apple 公司的 iOS 13 中广泛使用；后者在保险公司财务风险预测、新药发现、电子健康记录挖掘、医疗数据细分和智能制造等领域得到探索试验。

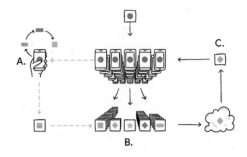

图 3-2　Google 公司的联邦学习框架

根据联邦学习的架构场景差异，联邦学习可分为跨设备（Cross-Device）联邦学习和跨孤岛（Cross-Silo）联邦学习。其中，跨设备联邦学习中的客户端来自不同的移动设备或 IoT 设备组织，分散化的终端数量较多，且所需数据在本地生成；跨孤岛联邦学习在孤立的数据上训练模型，位置或地理分布跨度较大，无法读取其他客户端的数据，且数据不独立或相同分布。

1. 联邦学习的跨设备架构

联邦学习的跨设备架构得益于边缘计算和智能终端的发展。自联邦学习提出至今，其架构发展与移动边缘设备应用密不可分。如图 3-3 所示，搭建在多台边缘设备（如智能电话、视频监控设备等）上的联邦学习，可以保证各个边缘节点在本地独立进行机器学习模型的训练，以协作的形式通过中心服务器（如参数服务器）共同训练预测模型，并对全局模型进行优化合并。整个过程中，隐私数据不离开数据拥有者，且无须与其他节点共享数据，解决了隐私安全、数据安全等问题。

从通信拓扑角度看，联邦学习可按照星型结构进行呈现。其中，中心节点表示中央服务器；边缘节点表示参与方；边表示参与方与中央服务器的通信信道。多个移动终端的原始数据存储在本地，每个移动终端参与方与中央服务器进行通信，在中央服务器协调下高效协作地聚合机器学习中所需的最少信息更新，完成全局模型的训练。

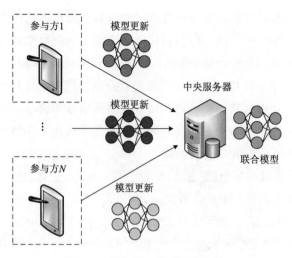

图 3-3　联邦学习的跨设备架构

2．联邦学习的跨孤岛架构

联邦学习的跨孤岛架构源于数据的不同单位权属，并主要基于安全的数据联合建模考虑：具体机制在 3.2.1 小节中关于联邦学习在跨机构数据安全联合建模角度定义时，已有过描述，在此不再赘述。该模式对基于孤岛数据的分布联合建模具有重要意义，尤其在金融领域应用广泛。

如图 3-4 所示，假设有两个数据拥有方（即单位 A 和 B）分别拥有各自数据，拟联合训练一个机器学习模型，此外，单位 B 还拥有模型需要预测的标签数据。但出于数据隐私和安全考虑，A 和 B 无法直接进行数据交换。

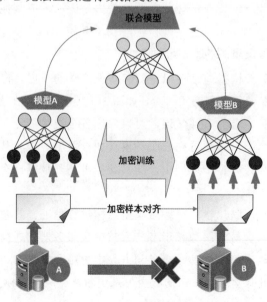

图 3-4　联邦学习系统架构案例

基于上述场景，联邦学习的跨孤岛架构由加密样本对齐、加密样本训练、效果激励等三部分构成，具体如下所述。

（1）加密样本对齐。由于两家单位的用户群体并非完全重合，利用基于加密的用户样本对齐技术，在 A 和 B 不公开各自数据的前提下确认双方的共有用户，并且不暴露不互相重叠的用户，以便联合这些用户的特征进行建模。

（2）加密模型训练。在确定共有用户群体后，就可以利用这些数据训练机器学习模型。为了保证训练过程中数据的保密性，需要借助第三方协作者 C 进行加密训练。以线性回归模型为例，训练过程可分为以下 4 步：

第①步：协作者 C 把公钥分发给 A 和 B，用以对训练过程中需要交换的数据进行加密；

第②步：A 和 B 之间以加密形式交互用于计算梯度的中间结果；

第③步：A 和 B 分别基于加密的梯度值进行计算，同时 B 根据其标签数据计算损失，并把这些结果汇总给 C。C 通过汇总结果计算总梯度并将其解密；

第④步：C 将解密后的梯度分别回传给 A 和 B，A 和 B 根据梯度更新各自模型的参数。

迭代上述步骤直至损失函数收敛，这样就完成了整个训练过程。在样本对齐及模型训练过程中，A 和 B 各自的数据均保留在本地，数据交互也不会导致数据隐私泄露。双方在联邦学习下实现合作训练模型。

（3）效果激励。按照数据提供量来评估各单位贡献，并进行永久记录，以此在联邦机制上对各单位进行反馈，并继续激励更多单位加入整个联邦架构。

从以上三个部分可以看出，联邦学习的跨孤岛架构既考虑了在多个单位间共同建模的隐私保护和效果，又考虑了以共识机制来奖励贡献数据多的单位，形成了联邦学习的"闭环"学习机制。

3．联邦生态

王飞跃研究员团队的研究成果将联邦生态定义为："在分布式联邦节点间，以基于区块链的联邦安全、联邦共识、联邦激励、联邦合约为支撑技术，以联邦数据、联邦控制、联邦管理、联邦服务为核心的面向隐私保护和数据安全、资源协同管理的统一整体。"因此，联邦生态以数据交换时的隐私可控为前提，通过联邦控制和管理实现数据和服务联邦化，并借助人工智能和大数据技术实现群体智能，驱动整个生态的创新和进步。

如图 3-5 所示，按照联邦生态的基本框架，联邦控制负责对联邦数据进行调度控制，实现数据的联邦化；联邦管理则负责对联邦服务进行规则制定，实现服务的联邦化。上述流程均在基于区块链的联邦合约、联邦共识、联邦激励、联邦安全等联邦安全共享协议的支持与约束下进行，保证了整个联邦生态的安全与稳定。总之，联邦生态能够实现从上游数据、中游技术到下游应用的产业链。

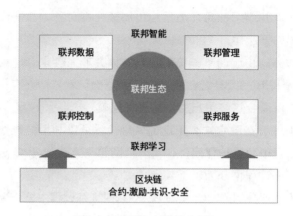

图 3-5　联邦生态的基本框架

结合联邦生态的基本框架，按照系统工程原理，从数据、模型、资源三个角度，搭建联邦生态的核心概念框架。在充分考虑提升整个体系架构的系统功能，并兼顾"云—边—端"的实际计算、通信、能耗等因素约束前提下，可定义联邦生态核心概念框架的实体集合 E 与关系集合 R，其宏观定义为：

$$联邦生态=\{E, R\} \tag{3-3}$$

其中，实体 E 包括云、边、端三个层次的实体域，具体可分别对应分布式云计算数据中心提供的云服务、边缘智能服务、智能终端服务；关系 R 包括三个实体域间联系与实体域内部联系，具体涉及数据、模型、资源三个视角下的三大类关系，如下：

（1）联邦生态内多域实体间多源异构数据的共识、安全信任关系；

（2）分布式人工智能模型推理、训练的协同关系；

（3）计算、存储、网络通信等资源的联合调度关系。

如图 3-6 所示的联邦生态核心概念框架，可采用基于联盟区块链、联邦学习技术解决联邦生态体系中"云—边—端"多域实体间的数据融合、模型联合面临的安全信任、共识协同问题，利用基于深度强化学习的计算迁移和资源调度模型解决计算、存储、网络通信等资源受限的最优化问题。具体可从以下三个方面进行通盘考虑。

（1）从安全性维度建立基于区块链的联邦生态应用体系，利用联邦学习、轻量级联盟区块链建立多域数据、模型、资源的安全联合机制，通过轻量级联盟区块链的共识机制，可以提高体系的容错性、抗恶意攻击能力，保证数据的防篡改、防泄漏、可溯源能力，进而解决跨域可信的数据、模型、资源的安全联合。

（2）兼顾云端充沛资源和边端资源受限的多种环境，联邦生态以神经网络模型训练与推理为重要特征，实现面向多域任务的"云—边—端"智能协同。例如，基于"边—端"的联邦学习模式，面向终端用户数据的个性化训练，微调下发的轻量级模型，以满足跨设备模型的安全训练与推理，解决在远端云服务资源不可用的恶劣条件下，高消耗智能任务执行导致的时间效率难题。

（3）联邦生态"云—边—端"的多维度协同机制，覆盖高度分散的终端节点、冗余完备的边缘节点、强大的云端中心节点，形成动态、弹性的层次结构联邦生态体系，利用不同层级云及同层级云水平方向的协同机制，增强单云的可靠性及突发情况的应对能力；利用端云协同机制解决动态环境下的计算任务迁移问题；利用端间协同机制完成移动设备的计算、存储、网络通信等多维度资源调度协同处理。

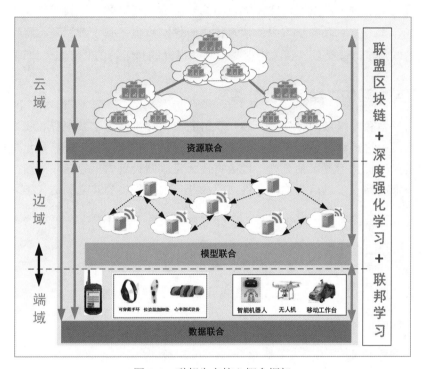

图 3-6　联邦生态核心概念框架

此外，联邦生态面临与数据孤岛问题不同的数据垄断问题，许多重要数据被少数人控制，并被不合理地分配和使用，导致数据流动受限。然而，合理、科学、有序的数据流动将有助于数据资源的优化配置和使用，推动大数据技术的创新。因此，联邦生态旨在联合分布式节点的计算和信息资源，在保障数据隐私可控的前提下，对上层需求提供智能化服务。其核心在于向上对特定需求进行响应，针对社会性问题构建管理机制与应对方案；向下对分布式节点实现有效控制，解决实际系统中的工程性问题。

在联邦生态中，所有个人、企业和组织都可能成为数据供应方，并且能够全权控制本地数据的安全共享与传输，这有利于激励有特定服务需求的各参与方通过安全加密的方式进行数据交换，从而防止数据垄断的发生。在技术层面，区块链技术与联邦学习算法分别从安全协议与训练方法方面为联邦生态提供技术支持。进一步，联邦生态可以辐射诸多下游应用场景，如金融产业、智慧医疗等。

综上所述，联邦架构是对多边缘设备参与方、多单位联合建模场景的刻画，而联邦生态的构建更加有助于在保护数据隐私、满足版权和法规要求的前提下，实现对数据的有效利用，解决信息不对称问题，可以有效防止数据垄断，并建立联邦节点间的信任关系，维系可信任的分布式系统，推动从数据到服务再到智能的自动化转变。

3.3　联邦学习如何"学习"

与传统机器学习技术不同，联邦学习的架构决定了其"学习"模式必须以通信迭代的方式完成。本节针对联邦学习中的学习优化问题，梳理了基于数据分布特性和通信结构等角度的联邦学习分类以及相关流程与机制，探究联邦学习的"学习"原理。

3.3.1　联邦学习中"学习"的分类

依据跨设备和跨孤岛两种架构，联邦学习的架构技术实现了基于分布式多端数据的联合模型训练。这种训练过程就是联邦学习的"学习"优化过程。根据最优化理论，联邦学习中的学习优化问题可抽象为：以数据在大量联网设备本地存储和处理、模型参数定期与中央服务器更新通信为约束条件，完成统一的全局模型建立和迭代学习过程。上述过程通过寻找最优模型参数 w 来最小化如下目标函数 $\min_w F(w)$：

$$F(w) = \sum_{k=1}^{m} p_k F_k(w) \tag{3-4}$$

上述公式中，m 是总设备数或数据孤岛数量；w 是模型参数；p_k 指每个设备或数据孤岛对总体性能的相对影响，$p_k \geqslant 0$，$\sum_k p_k = 1$，通常满足 $p_k = \dfrac{1}{n}$，$n = \sum_k n_k$，n_k 是本地可用样本数，n 是数据总数，F_k 是第 k 个设备或数据孤岛的本地目标函数，即 $F_k\left(w\right) = \dfrac{1}{n_k} \sum_{j_k}^{n_k} = 1 f_{j_k}\left(w; x_{j_k}, y_{j_k}\right)$。

依据每个参与方具有"孤岛"特征的数据分布、标签差异，联邦学习的共性数据特征可概括为：假设参与方 i 拥有的数据集为 D_i，在二维数据表的类矩阵方式表示中，行向量表示样本记录，列向量表示数据的属性特征，参与训练的样本记作 (I, X, Y)。其中，I 表示样本标识；X 表示样本特征空间；Y 表示样本标签空间。以两个数据拥有方的联邦学习为例，数据的共性场景包括以下三种情况：

（1）两个数据集的用户特征重叠部分较大，而用户重叠部分较小；

（2）两个数据集的用户重叠部分较大，而用户特征重叠部分较小；

（3）两个数据集的用户与用户特征重叠部分都比较小。

结合上述数据场景，联邦学习可以分为横向联邦学习，纵向联邦学习和联邦迁移学习，如图 3-7 所示。

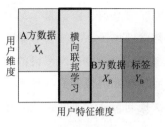

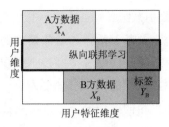

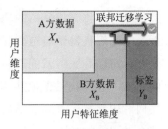

（a）横向联邦学习　　　　　（b）纵向联邦学习　　　　　（c）联邦迁移学习

图 3-7　联邦学习的经典分类

（1）横向联邦学习

横向联邦学习的特征为 $I_i \neq I_j$, $X_i = X_j$, $Y_i = Y_j$，即参与方 i 和 j 特征空间重叠较多，但用户重叠较少，可以通过特征维度的横向切分将两者特征相同而用户不同的部分数据进行训练。例如，不同地区银行的用户群体交集较小，但业务范围内用户特征记录相同。

（2）纵向联邦学习

纵向联邦学习中，用户重叠较多而用户特征重叠较少，其特征为 $I_i = I_j$, $X_i \neq X_j$, $Y_i \neq Y_j$，可以通过特征维度的纵向划分进行更精准地样本刻画和数据训练。例如，某地的银行和电商等不同机构，其用户群体很可能交集较大，包含该区域大部分居民，但银行记录多涉及用户的收支行为与信用评级，电商则多涉及用户的浏览与购买历史，所以用户特征交集较小。

（3）联邦迁移学习

联邦迁移学习中，用户与用户特征重叠都较少，即 $I_i \neq I_j$, $X_i \neq X_j$, $Y_i \neq Y_j$。例如，由于地域限制，某银行与另一国家的电商，用户群体和数据特征交集均很小，为满足上述场景的联合建模需求，必须引入迁移学习解决单边数据规模小和标签样本少的问题。

根据联邦学习训练的任务数量差异，联邦学习中的单一任务联邦学习以各参与方训练各自数据，最终协同完成同一个任务为目标；多任务联邦学习则以各参与方训练各自数据，最终协同完成两个或两个以上的相关任务为目标；同时，根据通信结构差异，联邦学习可分成 C-S 模式的联邦学习和 P2P 模式的联邦学习。

（1）C-S 模式的联邦学习

中央服务器将初始模型发送给各个参与方，各参与方利用本地数据训练各自模型，并将模型参数更新发送到中央服务器；中央服务器将接收到的更新参数进行聚合，并将聚合更新模型反馈给各参与方，直到模型收敛或达到预设条件，结束迭代过程。

（2）P2P 模式的联邦学习

各参与方与服务器的通信由对等通信代替，取消中央服务器的协调和全局状态，其通信结构不再是星型拓扑，而是端到端的拓扑结构；同时，本地更新由本地和邻居的模型参数通信完成，直至所有局部模型收敛，并逐渐达成共识。

此外，将联邦学习的概念加以推广，可以得到相关领域的对等学习、跨语言学习、拆分学习等机器学习范式。与之前基于数据和通信模式的联邦学习场景不同，拆分学习是在客户端和服务器间逐层拆分神经网络模型，每个客户端都将计算深度神经网络的前向输出，直到获得无须共享原始数据的切分层输出为止。然后，按照类似方式从最后一层向后传播梯度直到与前向输出相同的切分层，进而完成一次反向传播，不断迭代直至整个过程收敛。

3.3.2 联邦学习中"学习"的流程

联邦学习与传统机器学习流程基本一致。如图 3-8 所示，在联邦学习模型训练以及各参与者的生命周期中，联邦学习的进程由模型工程师发起，在完成待优化问题识别与判断后，设计各客户端本地训练数据维护和原型仿真策略，然后进行联邦模型训练和联合模型评估，并将模型推送给受约束的客户端，最后进行模型部署、手动质量保证、实时A/B 测试，以及后续的分阶段发布。

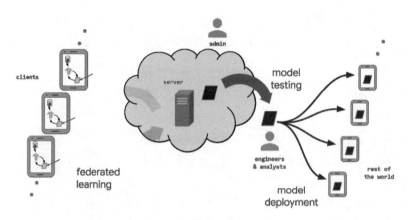

图 3-8　联邦学习生命周期

基于联邦学习的生命周期，联邦学习架构与分布式机器学习中的数据并行化训练具有相似的逻辑结构和相似的"学习"流程：各方首先从服务端下载一个基本的共享模型（例如，神经网络），基于本地数据训练后将更新的模型参数上传至服务端；服务端将来自各方的参数整合至全局模型后再次共享出去；如此反复，直至全局模型收敛或达到停止条件。在上述训练模式下，每个节点兼顾了终端数据安全和多参与方或多计算节点之间高效率的机器学习。

如图 3-9 所示，以一个参数服务器和多个边缘节点组成跨设备联邦学习架构为例，参数服务器负责收集各参加节点上传的梯度，根据优化算法对模型各参数进行更新，维护全局参数；参与节点独立地对本地拥有的敏感数据集进行学习。每轮学习结束后，节点将计算的梯度数据上传至参数服务器，由服务器进行汇总更新全局参数。然后节点从参数服务器下载更新后的参数，覆盖本地模型参数，进行下一轮迭代。在整个学习过程中，节点只与参数服务器通信，除了共同维护的全局参数外，节点无法获取有关其余节点的任何信息，保障了隐私数据的机密性。

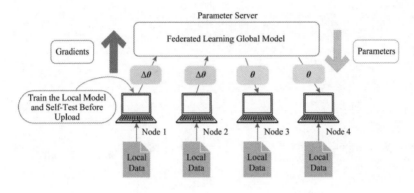

图 3-9　联邦学习的"学习"机制

基于上述流程，为探究联邦学习的"学习"原理，回顾联邦学习的学习优化问题及目标函数，可将式（3-4）改写为如下形式：

$$\min_{w \in R^d} f(w) = \frac{1}{n} \sum_{i=1}^{n} f_i(w)$$
（3-5）

上式中，n 表示训练数据的数量，$w \in R^d$ 表示 d 维的模型参数（例如，神经网络模型权重）。常用最优化问题的求解思路是通过模型参数的调整，使损失函数按照梯度下降的方式不断优化。基于联邦学习架构，联邦平均算法适用于上述有限加权形式的损失函数最优化问题求解，是联邦学习中"学习"的重要组件。

以跨设备联邦学习架构为例，终端设备上的数据集容量较小，但普遍具有较高性能的中央处理器和图形处理器，计算性能高；因此，在其学习优化过程中通常增加额外的计算操作以降低通信次数。相比而言，分布式机器学习训练在拥有高速通信连接的数据中心或计算机集群中进行，这种情况下，通信开销较小，但计算开销会很大。可以推断，由于通信需要依靠网络（甚至是无线网络），在联邦学习的模型训练中，通信代价占更大比例。

因此，在联邦学习的学习过程中，联邦平均算法通常依托增加参与方数量和增加参与方的计算量两种方法来增加额外的计算操作以降低通信次数。对于联邦平均算法，其基本流程如算法 3-1 所示。其中，整个学习过程中的计算量由以下三个关键的参数控制：

（1）参数 C 决定每一轮参与计算的客户端占所有客户端的比重；

（2）参数 E 规定每一轮训练中客户端在本地数据训练的次数；

（3）参数 B 决定客户端更新时所用的 mini-batch 数据量大小。

【算法 3-1】 联邦平均算法

参数设置:
客户端数量为 K,索引为 k;本地训练数据批大小为 B,E 为本地数据训练轮数;μ 为学习率
算法流程:
服务器端:
初始化参数 w
每次迭代中执行:
$m \leftarrow \max(C, K, 1)$;
S_t 为随机的 m 个客户端;
每个客户端并行执行:
$w_{t+1}^k \leftarrow \text{ClientUpdate}(k, w_t)$;

$w_{t+1} \leftarrow \sum_{k=1}^{K} \dfrac{nk}{n} w_{t+1}^k$;

运行于客户端的 $\text{ClientUpdate}(k, w)$:
每批次迭代更新
$w \leftarrow w - \mu \nabla L(w; b)$;
将 w 发送至服务器端

如图 3-10 所示,在联邦学习的学习训练过程中,中央服务器通过重复客户端选择、广播、客户端计算、聚合、模型更新等步骤直到训练过程结束。其中,客户端计算、聚合和模型更新阶段的分离并不是联邦学习的严格要求。以跨设备联邦学习为例,训练过程通常在设备闲置且接通电源时执行。

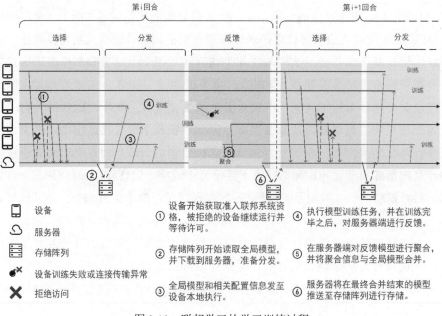

图 3-10 联邦学习的学习训练过程

(1)客户端选择

中央服务器从一组备选客户端中采样。例如,网络性能通畅并处于空闲状态的客户

端可作为加入联邦的候选终端。

（2）广播

选定的客户端从中央服务器下载当前模型权重和训练程序。

（3）客户端计算

每个选定设备通过执行训练程序在本地计算对模型的更新，例如，可以在本地数据上运行随机梯度下降算法。

（4）聚合

中央服务器聚合客户端的更新。聚合方式可采用用于增加隐私的安全聚合，为提升通信效率的有损压缩聚合等。

（5）模型更新

客户端根据中央服务器的聚合共享模型计算本地更新。

在联邦学习的学习过程中，对满足挑选策略的设备进行选择，有助于降低通信成本，实现数据和模型训练的本地操作。如图 3-11 所示，联邦学习的本地更新策略优于分布式 SGD，因为减少了更多的通信成本，节省了采样处理时间，减少通信次数也相应减少了通信的安全风险；因此，联邦学习在安全强度等方面优于分布式机器学习算法。

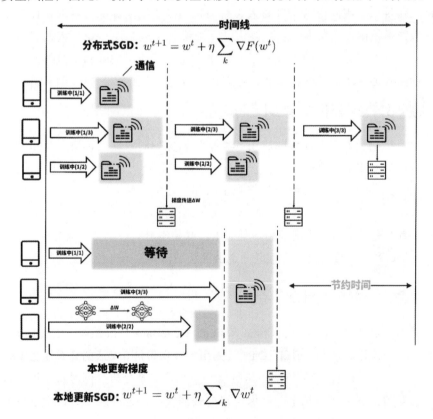

图 3-11　联邦学习的本地更新策略

【知识扩展】联邦学习的标准化

联邦学习的初衷是解决移动终端设备上模型训练所需数据的安全和传输问题，通过本地模型参数更新及云端上传，实现跨终端的模型联合训练和全局模型构建与共享；因此，业界将联邦学习定义为直面人工智能分布式多端应用场景的架构技术。另外，随着数据隐私与安全保密相关法律规范密集出台，跨机构数据共享流通与联合建模面临"数据孤岛"和"数据垄断"的窘境。因此，基于为学术界和产业界共建联邦生态提供规则及通用语言基础、合作依据和联邦学习落地应用技术规范的目的，IEEE 联邦学习国际标准项目应运而生。

2018 年，IEEE 标准协会审批通过关于建立联邦学习标准的提案《联邦学习基础架构与应用标准》（Guide for Architectural Framework and Application of Federated Machine Learning）；2019 年起 IEEE P3652.1（《联邦学习基础架构与应用》）标准工作组已先后召开多次会议；2019 年 6 月，中国人工智能开源软件发展联盟发布国内首个关于联邦学习的团体规范标准——《信息技术服务联邦学习参考架构》；2021 年 3 月联邦学习国际标准（IEEE P3652.1）正式版通过并发布。

技术标准是推广行业应用的通用沟通语言，是引领行业进步的重要指南。联邦学习的标准化工作推动了国际上首个针对人工智能协同技术框架标准的落地，体现了联邦学习这一新兴技术领域正式在国际上获得认可，也预示着在 ToB、ToG 等各大应用场景中，联邦学习应用案例将跨入井喷阶段，以联邦学习为代表的保护隐私和数据安全的人工智能技术将推动人工智能正式进入安全、可靠和可信的"人工智能 3.0"时代。

3.4　联邦学习的"学习"成品

联邦学习实现了人工智能实际应用和数据隐私保护的双赢，解决了分布式框架中参与者无须直接交换数据的前提下，多节点间联合建立全局共享的有效人工智能模型问题。自提出以来，大量企业和开源组织参与到了联邦学习的产品研发中，为满足数据隐私、安全和监管要求，打破"数据孤岛"壁垒，实现高效的数据共享进行了大量的有益探索。

目前，针对联邦学习的不同应用场景需求，联邦学习的"学习"成品——主流解决方案主要涉及生命科学、政府机构、互联网金融等领域，下面结合各方案的特点进行讲解。

3.4.1　生命大数据可信计算平台

国家基因库生命大数据平台（China National GeneBank DataBase，CNGBdb）发布的生命大数据可信计算平台（CODEPLOT）可为用户提供可信、灵活的计算服务（Science as a Service），在没有编程背景的情况下进行自动生物信息学分析；同时，采用区块链、多方安全计算等前沿联邦建模技术，确保用户的数据安全。为打破生命科学领域的"数据孤岛"，开启生命大数据安全共享新模式奠定了重要基础。

如图 3-12 所示，生命大数据可信计算平台 CODEPLOT 集可信计算环境和多元化在线分析工具于一体，将联邦学习、数据加密、区块链、安全多方计算、基因安全容器虚拟化等最新安全策略应用于生命大数据分析利用和合作共享领域，有助于打通各科研机构之间的数据孤岛，突破数据分析门槛，提升数据利用率，促进重大科研项目合作共享及成果转化。

图 3-12　生命大数据可信计算平台（CODEPLOT）

3.4.2　京东智联云联邦学习平台

京东智联云联邦学习平台旨在建立基于分布式数据集的联邦学习模型。在训练过程中，模型信息以加密形式在各机构间交互，交互过程不会暴露任何机构的隐私数据，训练好的模型在各个机构间共享，在调度管理能力、数据处理能力、算法实现、效果及性能以及安全性等方面表现出色。如图 3-13 所示，该平台可以解决政企间数据孤岛林立现象，实现隐私数据安全前提下的多方联合建模和 AI 应用潜能释放。

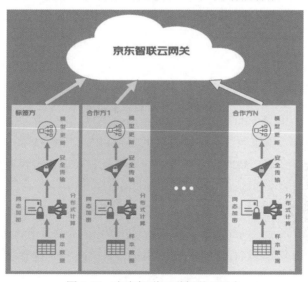

图 3-13　京东智联云联邦学习平台

如图 3-14 所示，京东智联云联邦学习平台具备信息加密、联邦算法、在线预测等功能，由联邦学习客户端和京东智联云网关组成。客户端主要负责数据加密和科学计算工作，网关负责必要的加密参数在各参与方客户端间传输。其本质是依托加密的分布式机器学习技术打通合作方之间的数据孤岛，在数据相互隔离环境下进行联合建模，实现应用场景的深度挖掘与创新。

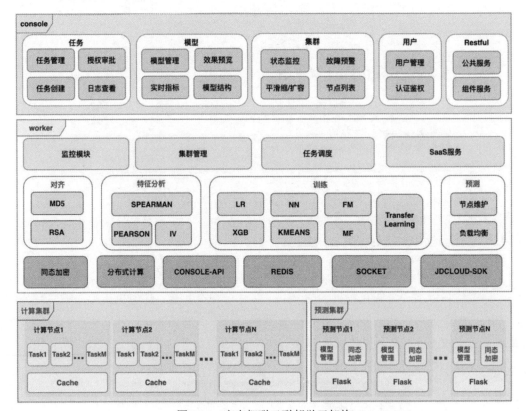

图 3-14 京东智联云联邦学习架构

3.4.3 百度安全联邦计算

百度安全联邦计算（Baidu Federated Computing, BFC）融合了多方安全计算、可信执行环境、差分隐私和数据脱敏等多种领先数据安全和隐私保护技术，可在各方数据不出域的基础上进行联合计算，获取各方所需的计算结果，实现跨组织数据合作"可用不可见，相逢不相识"的安全服务。其技术架构示意如图 3-15 所示。

针对联邦深度学习场景，百度开源了基于飞桨（PaddlePaddle）的联邦学习框架 PaddleFL。如图 3-16 所示，PaddleFL 架构包括联邦策略、算法策略、训练策略、分布式配置、任务调度、参数服务器等组件，实现了 DP-SGD、Fed-Avg 等优化算法，支持在 Kubernetes 集群的系统部署。

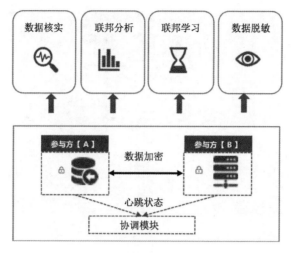

图 3-15 百度安全联邦计算技术架构

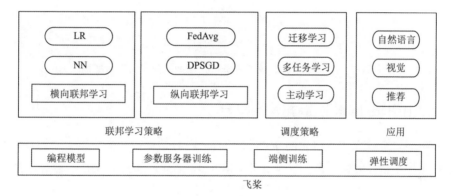

图 3-16 PaddleFL 架构

3.4.4 基于中国乳腺癌标准数据库的联邦学习

中国乳腺癌标准数据库通过多模态数据治理、联邦学习、区块链等技术和框架，解决乳腺癌临床科研场景下单中心科研样本量不足、多中心的数据安全共享问题，打造了覆盖全国的新一代乳腺癌科研协作环境。联邦学习满足用户隐私保护、数据安全的需求，区块链技术可以记录数据变更情况，便于监管与溯源，为科研人员提供通用、便捷、高效的科研数据平台。

如图 3-17 所示，基于中国乳腺癌标准数据库的联邦学习平台的分布式架构，通过横向联邦学习，按样本维度切分，在各参与医院之间开展高效率的机器学习模型训练，医疗数据始终停留在医院端，医院按联邦学习算法进行本地建模，再通过参数传递，将本地模型训练结果上传至全国端中心进行汇总，形成全局模型，从而达到协同训练的效果。

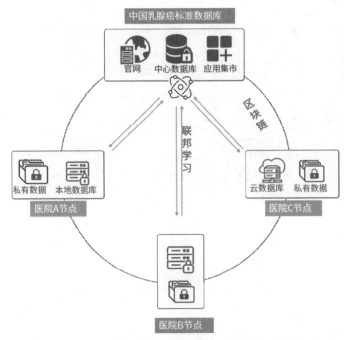

图 3-17 基于中国乳腺癌标准数据库的联邦学习平台架构

3.4.5 火山引擎 Jeddak 联邦学习平台

字节跳动安全研究团队研发的 Jeddak 项目旨在打造面向数据完整生命周期的数据安全与隐私保护平台，融合了多方安全计算（MPC）、全同态加密（FHE）、差分隐私（DP）、可信计算（TEE）等技术，辅以高性能服务支持架构，针对企业互通、云—端协同等场景提供了安全、可靠、高效的联邦数据共享方案，满足数据"可用不可见"的需求，助力实现数据价值的发挥。

基于如图 3-18 所示技术架构，Jeddak 联邦学习平台结合 MPC 技术实现数据分片的匿名化，避免各参与方的数据泄露；结合 TEE 技术和 OPRF 等最新方案安全高效地实现隐私数据求交和数据样本对齐；采用全同态加密 FHE 且支持 GPU 加速的全新解决方案，在速度和带宽等能效方面带来数量级的提升；采用基于 DP 的伪随机置换决策树算法，以及消息压缩的高效同态加密方案，提升联合建模整体性能。

此外，随着新一代信息技术的发展，开放的开源技术成为推动科技和产业革命的不竭动力；同时，开源为联邦学习技术发展提供了重要支持，例如，用于隐私保护的深度学习 Python 库 PySyft、按地理位置或来源划分的跨孤岛数据集 iNaturalist。表 3-1 所示的部分重要联邦学习项目可为读者提供参考。

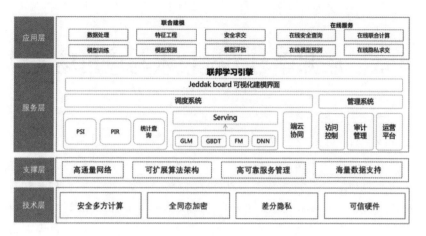

图 3-18　Jeddak 联邦学习平台技术架构

表 3-1　重要联邦学习项目

名　称	特　点
微众银行 FATE	全球首个工业级开源联邦学习项目，使用多方安全计算以及同态加密技术构建底层安全计算协议，支持逻辑回归、深度学习和迁移学习等不同机器学习安全计算
腾讯 AngelFL	采用内存并行计算，支持大规模数据量训练
平安科技"蜂巢"	业内首个面向金融行业的商用联邦学习平台，包括数据层、联邦层、算法层、优化层
谷歌 Tensorflow Federated（TFF）	支持横向联邦学习和用户自定义模型训练算法

3.5　本章小结

　　本章以联邦学习的经典论文起源为逻辑起点，按照"咬文嚼字"的方式，从"联邦"概念与架构、"学习"分类与流程、"学习"成品等方面串讲了联邦学习的架构技术，以架构的讲解引领原理的解析，进而避免理论推导的烦琐。本章是第二篇（原理与技术）的开篇章节，下一章将从联邦学习的关键技术角度，探究支撑跨设备联邦学习和跨孤岛联邦学习等架构技术实现所需的关键理论。

第4章 联邦学习关键技术与应用场景解析

联邦学习的本质是支持多方数据隐私保护的分布式机器学习架构技术，涉及信息安全与隐私保护、机器学习与分布式应用等多个交叉领域。因此，在联邦学习成熟化的过程中，以平衡应用场景需求和性能优化为核心问题，以安全与隐私、计算和通信效率、模型的有效性为架构体系的平衡点，进而实现隐私数据保护和关键技术安全的最大价值。

本章按照"是什么、怎么样、能干什么"的"灵魂三问"逻辑，讲解面向应用场景和基于性能优化的联邦学习关键技术，回答联邦学习可以解决什么问题、怎么解决问题、如何落地应用以及未来面临哪些挑战等重要问题，为后续编程实战描绘应用场景，并奠定必备的理论基础。

4.1 面向应用场景的关键技术

在上一章中我们讲过，联邦学习因支撑模型训练的数据特征差异而划分了横向、纵向、迁移三个典型分类，加之强化学习、区块链等技术的发展，新兴联邦学习模式结合自然语言理解、计算机视觉、最优控制决策、分布式信任等应用场景，孕育了大量联邦学习关键技术。下面我们对相关技术进行梳理，包括横向联邦学习，纵向联邦学习，联邦迁移学习、联邦强化学习和链式联邦学习等，并对它们差异进行细致阐述。

4.1.1 横向联邦学习

横向联邦学习与其他联邦学习类型的本质区别在于用于"学习"的数据样本分布于多个用户终端，而且所有数据样本具有相同的数据特征（例如关系表中的属性列）。典型的应用场景包括最早应用于谷歌输入法的单词预测功能，以及目前研究较为广泛的图像分类和图像检测场景。

1. To C：谷歌公司 GBoard 输入法的下一个单词预测

典型的横向联邦学习场景起源于谷歌的 To C 模式，即在跨设备联邦学习架构下，针对 C 端用户终端设备上的单词预测模型（out-of-vocabulary，OOV）训练问题而提出。在 C 端用户手机上，智能软件服务需要人工智能模型的支持，而模型的训练依靠用户数据完成。例如，如图 4-1 所示，手机输入法可以根据用户的输入习惯，更新匹配用

图 4-1 输入法的输入预测

户的打字习惯，提升用户体验和输入法智能化水平。

在传统手机输入法模型训练中，谷歌基于上亿终端用户和先进的数据中心、云计算服务等基础设施，将用户行为数据全部上传至云端服务器，利用分布式集群在云端训练和更新模型，最终通过云端服务请求响应实际应用需求。通过分析可知，大量安卓手机用户数据特征重叠维度较多，基于重合维度对齐操作，可获取参与方数据中特征相同而用户不完全相同的部分数据特征，实现了联合多参与方相同数据特征以增加训练样本数量。

如图 4-2 所示，在谷歌公司的联邦学习方案中，用户数据不离开本地，所有本地模型训练在用户设备中进行，然后将模型参数加密上传至云端，云端模型将所有参数值统一聚合形成全局模型。最后，将新结果下发到用户本地，本地设备基于此更新得到新模型。在上述横向联邦学习中，参与方凭借相同特征空间数据训练本地模型，按照分布式机器学习模式，在云服务器的协调下更新汇总各参与方模型参数，联合训练共享的全局模型，实现多方对不同目标相同特征的描述、提取和训练，从而提高了全局模型的准确率。

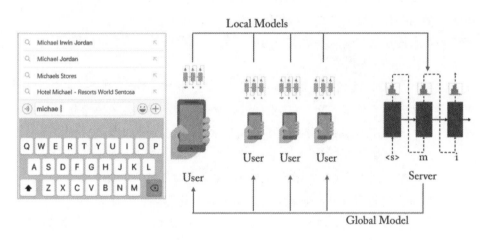

图 4-2　联邦单词预测模型架构

在上述应用场景和模型训练过程中，本地模型和云端模型样本数据可以不一样，但数据特征必须一致。例如，本地模型使用的用户特征相同，但每个本地模型只能使用本地用户数据，无法使用其他用户数据进行训练。这就是横向联邦学习的本质特征，通过分布式模型训练既可以保护用户本地隐私，又能将训练好的云端模型下发到用户本地应用，甚至可以克服网络性能差的约束。

谷歌公司利用横向联邦学习改善了输入法预测效果，实现了在不同设备数据拥有者不暴露自己数据的基础上联合训练下一个单词的预测模型。在如图 4-3 所示的论文中，GBoard 中应用联邦学习的过程为每个手机接收云端分发的初始模型，用本地数据进行训练，并把更新模型传回云端；云端对来自各个手机端的数据进行聚合，形成新模型再下发。其目标为在保护本地数据隐私前提下，与传统收集所有数据统一训练模型获得相近效果，同时节省上传本地数据的网络消耗。

FEDERATED LEARNING FOR MOBILE KEYBOARD PREDICTION

Andrew Hard, Kanishka Rao, Rajiv Mathews, Swaroop Ramaswamy, Françoise Beaufays
Sean Augenstein, Hubert Eichner, Chloé Kiddon, Daniel Ramage

Google LLC,
Mountain View, CA, U.S.A.
{harda, kanishkarao, mathews, swaroopram, fsb
saugenst, huberte, loeki, dramage}@google.com

图 4-3 GBoard 中应用联邦学习的论文

基于横向联邦学习的输入法预测模型训练采用联邦平均算法，每一轮训练中，云端首先向参与者下发全局模型，参与者根据本地数据（例如，用户输入法使用记录）进行模型训练，计算梯度并更新模型参数，待模型收敛后传回云端。云端基于参与者的模型更新对参数求平均值，并生成新的模型；如图 4-4 所示。

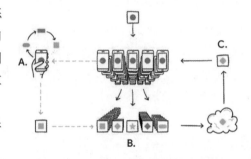

图 4-4　横向联邦学习训练过程示意

上述过程中，输入法预测模型的训练使用 Gboard 设备中本地缓存的输入文本，该数据可以反映真实的用户输入数据分布情况。同时，仅当设备充电、连接到 Wi-Fi 网络且处于空闲状态时，才进行模型训练，保证了训练的无感性。除此之外，云端模型汇总后，来自终端设备的权重向量会立即被丢弃，避免隐私泄露顾虑。此外，在跨设备横向联邦学习架构中，需考虑如下实际场景需求：

（1）手机等用户设备处于闲置状态时，本地模型进行训练更新和上传加密参数，与之相似，人体睡眠时会出现长高和做梦现象，以及大脑认知的更新和人体的成长发育；

（2）模型在用户设备端本地部署时，需要经过模型压缩和模型特征剪枝等操作，过大模型无法下放到用户本地；

（3）用户设备上传的数据可以是模型特征参数或模型训练的梯度；

（4）上传数据的加密操作有助于抵御推导攻击，云端基于加密数据进行模型更新计算。

在跨设备联邦学习中，通信代价远高于计算代价。因此，为更好地训练模型，并降低通信代价，需尽量让各个终端并行多轮迭代，得到较好的参数后再与云端同步。此外，联邦平均算法适用于目标函数为有限个样本误差累加形式的函数，有助于解决数据集非独立同分布下的参数加权平均融合。

基于客户端（用户终端）—服务器（云端）的横向联邦学习架构如图 4-5 所示。其中常用的异步随机梯度下降算法（SGD）流程如下：

（1）在用户终端，各个用户终端从云端得到最新参数；利用本地的数据和模型参数，计算当前用户终端上样本的梯度并向云端发送；

（2）在云端，从用户终端上获得梯度，然后通过联邦平均更新模型参数。

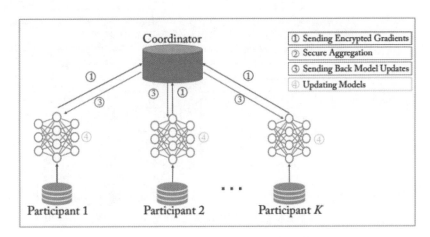

图 4-5　基于客户端—服务器的横向联邦学习架构

2．联邦视觉

计算机视觉不但是工程和科学领域极具挑战性的重要课题，更是一门涉及计算机、信号处理、应用数学、神经生理、认知科学的综合性学科，包括图像分类（Classification）、定位（Location）、检测（Detection）、分割（Segmentation）等任务。其中，目标检测是计算机视觉的核心问题之一，其任务是找出图像中所有感兴趣目标的位置和大小，在自主导航、智能安防、视频监控、工业检测、航空航天等诸多领域应用广泛。

从 2012 年的 AlexNet 起，以深度学习为代表的算法模型开始在计算机视觉领域占据绝对主导地位，加之大数据和硬件算力的发展，人工智能在计算机视觉领域出现爆发性增长。如图 4-6 所示，传统目标检测任务需要首先将数据集中存放在中心数据库；然后利用预处理的数据进行集中化模型训练；最后，将训练好的模型部署到用户终端。

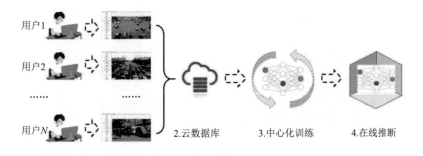

图 4-6　集中式计算机视觉模型训练流程

典型的视觉目标检测技术包括基于视频图像的目标检测和基于静态图片的目标检测；如图 4-7 所示，可分为区域建议、特征表示和区域分类等三个步骤，算法的主要性能指标包括检测准确度和速度，其中，准确度主要考虑物体的定位以及分类的准确度。

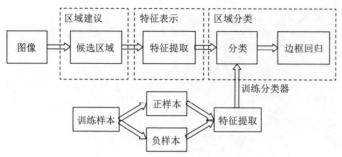

图 4-7　典型视觉目标检测流程

　　然而，集中式视觉模型训练模式在落地和部署过程面临诸多困难和挑战，特别是在安防、医疗等领域，用户数据具有高度的隐私性，导致数据割裂、无法共享，严重影响机器学习模型效果。即使各数据源将数据集中上传至中心数据库，由于网络和设备性能差异，云端与用户端数据同步困难，难以满足实时响应场景。同时，各数据源中数据分布、质量和大小各不相同，模型的联合训练面临困境。

　　除了传统集中式视觉模型训练的不足，模型提供方和数据提供方的安全威胁较为突出，数据提供方无法保证数据在离开本地后不被其他人窃取；同时，上传至中心数据库的过程，进一步增加了数据泄露的风险和问题排查的难度。因此，兼顾数据不离开本地和模型训练性能，基于横向联邦学习的联邦视觉方案应运而生。如图 4-8 所示，联邦视觉可以基于街景地图的监控摄像头场景进行部署验证。

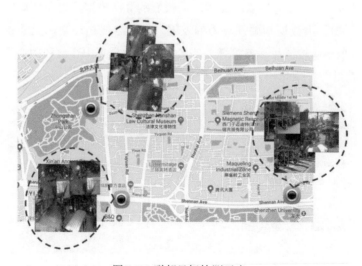

图 4-8　联邦目标检测示意

　　如图 4-9 所示，以基于联邦学习的视觉目标检测模型训练为例，在整体工作流程中，参与联邦学习的主体包括用户端、云端两大类，基于相同的联邦学习框架，各用户端对本地数据进行预处理、模型训练，云端实时监控用户端网络连接情况，挑选参与训练的用户端，并对上传模型进行聚合和更新全局模型，分发到当前用户端进行本地部署预测，使得联邦学习的参与方受益。

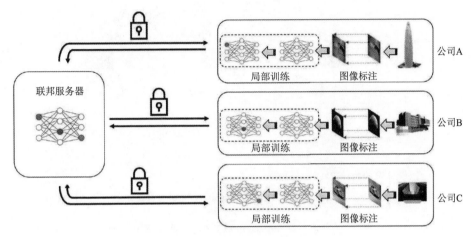

图 4-9　横向联邦视觉流程

相比于集中式模型训练模式，基于联邦学习的视觉目标检测模型可以确保数据的产生、处理都在本地进行，提高了数据的隐私安全。在如图 4-10 所示的模型训练过程中，各用户参与方独立完成数据采集到训练，自主发起联邦学习请求，可以避免数据统一上传处理的漫长流程。将图像、视频等原始数据上传到云端会消耗大量网络带宽，而联邦视觉的模型参数传输量较小，能有效节省网络带宽。

微众银行 AI 团队基于 FATE 框架发布了业内首个解决计算机视觉领域数据孤岛与数据缺失、隐私

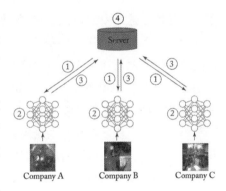

图 4-10　联邦视觉模型训练基本流程

安全、政策约束等问题的联邦视觉系统 FedVision。以监控摄像头中的火焰识别为例，通过对摄像头中是否有燃烧现象进行检测，分析火灾发生的可能性，实现火灾预警。但受网络带宽、图像质量不稳定、图像来源涉及隐私等因素的影响，单个机构的识别模型准确度难以提升，不能简单使用多家机构数据共享的方式。

FedVision 将机器学习需求与在云端存储大量数据的需求分离开，在保证模型训练的同时，可以兼顾数据的隐私性以及安全性。FedVision 平台的工作流程主要包括图像标注、联邦学习模型训练、联邦学习模型更新三个步骤。如图 4-11 所示，FedVision 的联邦模型训练包含以下六个模块。

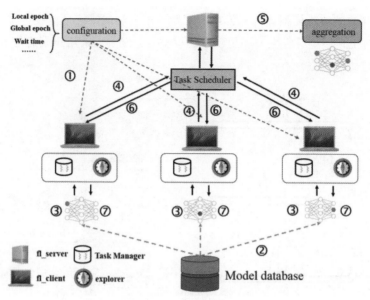

图 4-11　FedVision 联邦模型训练过程

（1）配置模块：用于配置训练信息，例如迭代次数、重连接次数、用于更新模型参数的服务器端的 URL 和其他关键参数。

（2）任务调度模块：用于执行全局的分发调度，可以协调联邦学习服务器和客户端之间的通信，从而在联邦模型训练的过程中平衡本地计算资源的使用。

（3）任务管理模块：当多个算法模型被客户端同时训练时，该模块会对这些并存的联邦模型训练过程进行调度。

（4）监督模块：在客户端侧监督资源使用状况（例如 CPU 使用、内存使用、网络负载等），并将这些信息通知任务调度模块来帮助其进行负载均衡的决策。

（5）联邦学习服务端：作为联邦学习的服务器，负责联邦学习中模型参数的更新、模型聚合和模型分发等重要步骤。

（6）联邦学习客户端：承载任务管理模块和监督模块的工作，以及执行本地模型训练等步骤。

在联邦视觉系统中，参与各方在不披露底层数据和底层数据加密形态的前提下共建模型，依托本地建模，在保证各方数据不"出"本地的情况下，共同训练 AI 算法，增强模型识别能力；在这样的机制下，成功打通数据孤岛，保证模型效果无损失，提升建模效率，实现"共同发展"的目标和数据隐私保护下的共赢联邦生态。

在传统的视觉检测方法中，用户只是人工智能的旁观者，仅能使用产品，无法参与模型构建过程；而在联邦学习场景下，每个人都是人工智能发展的参与者（见图 4-12），发挥"群体智能"的力量，进而升级和变革行业，有助于 AI 行业从 To-C 到 To-B 模式的演进。

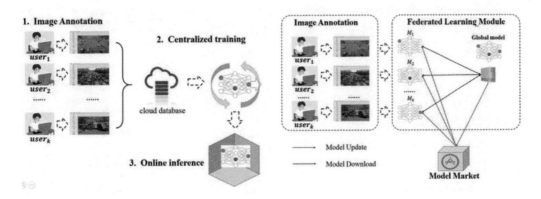

图 4-12　联邦学习场景下的人工参与

此外，针对标签数量少、数据质量差、数据分散等问题，微众银行与百度 Paddle 团队基于 Python 实现首个轻量级、模型可复用、架构可扩展的视觉横向联邦开源框架 FedVision v0.1，内置 PaddleFL/PaddleDetection 插件，支持多种常用的视觉检测模型。具体来讲，FedVision 结合 PaddleFL 项目的部分能力，实现视觉领域的横向联邦建模功能。基于百度 Paddle 的丰富生态，FedVision 可直接使用 PaddleDetection 项目的视觉检测模型。

4.1.2　纵向联邦学习

纵向联邦学习与传统联邦系统关系密切。20 世纪 90 年代兴起的联邦数据库系统是合作互利的自治数据库集合，具有自治性、异构性和分布性；随着云计算发展，联邦云面向对多个外部和内部云计算服务的部署和管理需求，以成本外包、资源迁移、资源冗余为主要特征，不同资源的分配调度是联邦云系统设计的关键因素。

可以看出，传统联邦系统面向多个独立部署、异质、自治模型的协作需求，但各分布式系统的数据共享、协作和约束方式会影响系统的效率。其中，联邦数据库专注于分布式数据的管理，联邦云专注于资源的分配调度；而联邦学习更关注多方之间的安全计算，其大规模落地需面对数据隐私保护与安全管控、低成本、流程再造、组织变革等挑战。

相比于横向联邦学习，纵向联邦学习以 To-B 为主要模式，有助于解决跨域数据孤岛问题。数据封闭，优质数据缺乏，有场景缺数据、有数据难共享，形成了大量信息孤岛。联邦学习有助于改善数据质量，打破数据源间壁垒，利用整个数据联邦内的数据资源，提高每个成员的模型表现，形成学习"闭环"，获得共同成长。

如图 4-13 所示，纵向联邦学习中用户重合较多，根据用户 ID 进行匹配，基于参与方数据中用户相同而特征不完全相同的部分进行联合训练。这相当于扩大用户特征的范围，从而提高参与方的本地模型准确率。其典型应用场景包括同一地区的银行和电商平台，其本质是将多方对相同目标的不同特征描述进行训练提取。

在图 4-13 所示的纵向联邦学习场景中,基于具有公信力的第三方,利用用户样本加密对齐技术,完成加密样本对齐和各参与方的共有样本集构建。然后,进行加密的数据训练和加密的梯度交换汇总,最后进行相应的模型参数更新。基于纵向联邦学习框架传输的数据为加密的模型训练中间结果,不保存相关原始数据,实现了 To-C 端应用向 To-B 端应用的拓展。

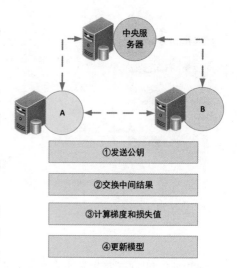

图 4-13　纵向联邦学习的训练过程

作为纵向联邦学习的重要应用场景,推荐系统用户请求通常不明确;因此,推荐系统的本质是信息匹配,即将内容库的信息实例与具备历史特征的用户请求进行匹配。同时,多方参与的推荐系统面临着直接数据共享不安全、不合规以及数据孤岛等问题,具有重要的数据隐私安全需求:多个具有个性化推荐业务需求的互联网企业,用户对象重叠较大,但不同业务积累了不同维度的用户特征信息,如消费记录、网页访问记录和视频观看记录等。为提升推荐效果,需要参与方保护用户隐私数据安全,跨机构利用多方本地数据进行联合建模。

通常的推荐系统包括用户数据、特征编码、匹配预测、结果过滤、应用接口等部分,其基本流程为对于一定数量用户,在某一特定场景下,针对海量信息实例特征,构建可以预测某一用户对特定信息实例数值化偏好程度的函数,再根据数值化偏好程度对内容库中信息实例进行排序,生成推荐列表。如图 4-14 所示,协同过滤作为推荐系统的重要组成,物品、用户向量的联邦协同过滤算法可以基于客户端和服务器模式实现。

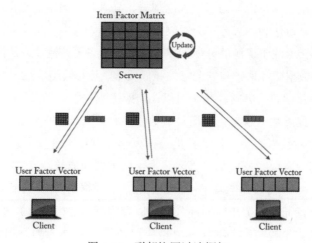

图 4-14　联邦协同过滤框架

基于纵向联邦学习的推荐系统，可以提高多方参与的推荐系统数据隐私安全性。如图 4-15 所示，基于联邦学习的隐式反馈协同过滤框架中，用户与客户端等价表示，基于本地数据更新用户隐向量，计算本地物品隐向量梯度，并上传到中心服务器，最终聚合物品隐向量，进而实现整体物品隐矩阵的更新。

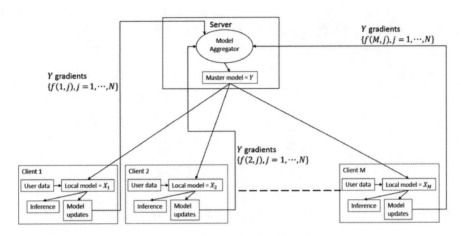

图 4-15　经典联邦推荐系统架构

4.1.3　联邦迁移学习

传统机器学习方法通常依赖于数据生成机制不随环境改变的假设；然而该假设过于严格而难以拓展机器学习的应用领域。迁移学习放宽了传统机器学习中训练数据和测试数据必须服从独立同分布的约束，能够在彼此不同但又相互关联的两个领域间挖掘领域不变的本质特征和结构，使得标注数据等有监督信息可以在领域间实现迁移和复用。

如图 4-16 所示，迁移学习放宽了训练数据和测试数据服从独立同分布这一假设，使得参与学习的领域或任务可以服从不同的边缘概率分布或条件概率分布。其主要思想是从相关的辅助领域中迁移标注数据或知识结构，完成或改进目标领域或任务的学习效果。因此，迁移学习在解决标注数据稀缺性、非平稳泛化误差分析等方面具有重要实践价值。

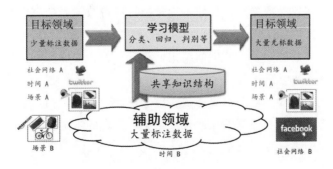

图 4-16　迁移学习模式

迁移学习具有利用丰富标注的辅助领域来提高标注缺失的目标领域的泛化能力，这与联邦学习"What-How-Who"的"灵魂三问"模式异曲同工。同时，联邦学习所解决的数据迁移和共享问题与生物体基因的交换与移动模式相似，例如，分散在不同细胞的基因能够在不同细胞间横向转移。

如图 4-17 所示，基于神经网络架构的源域和目标域迁移学习可作为挖掘领域间共享知识结构，促进标注信息从辅助领域迁移到目标领域的桥梁；相似地，联邦学习架构允许分布式数据和模型在合规安全的前提下进行迁移流动。

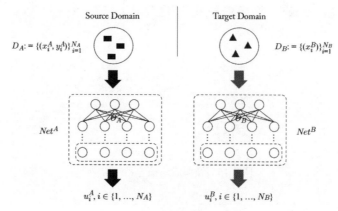

图 4-17　神经网络架构的源域和目标域迁移学习

相关研究表明，联邦迁移学习不需要主服务器作为各参与方间的协调者，旨在让模型具备举一反三能力，在各参与方样本空间以及特征空间均存在较少交叉信息的情况下，使用迁移学习算法互助地构建模型，可解决标签样本少和数据集不足的问题，例如，某国电商平台与其他国家银行间的数据迁移场景，联邦迁移学习可以很好地解决数据交流问题。

联邦迁移学习模式使用某参与方在当前迭代中已训练好的模型参数，迁移到另外一个参与方上，协助其进行新一轮模型训练。如图 4-18 所示，联邦迁移学习的主要步骤如下：

（1）参与方根据自身数据集，构建本地模型，获得数据表征，以及一组中间结果，加密后发送给其他参与方；

（2）其他参与方利用接收到的中间结果计算模型的加密梯度和损失值，加入掩码后发给原参与方，解密并更新各自的模型。

不断重复以上的步骤，直至损失函数收敛。在此过程中，相当于每个参与方都利用了其他参与方的当前模型和数据潜在的表征来更新各自的本地模型，实现了迁移学习的联邦模式，即联邦迁移学习。

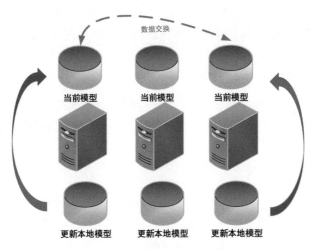

图 4-18 联邦迁移学习架构

一般而言，联邦迁移学习可分为基于样本的联邦迁移学习、基于特征的联邦迁移学习、基于参数的联邦迁移学习以及基于相关性的联邦迁移学习。

（1）基于样本的联邦迁移学习

各参与方通过有选择地调整用于训练的样本权重来减少不同参与方样本之间分布的差异性，并以此协同地训练得到一个联邦迁移模型。

（2）基于特征的联邦迁移学习

通过最小化不同参与方之间的样本分布差异性或特征差异性来协同学习一个共同的特征空间，并以此特征空间来降低分类类别数或回归误差来实现联邦迁移模型的构建。

（3）基于参数的联邦迁移学习

各参与方利用其他参与方的模型信息或先验关系来初始化或更新本地模型，以此借鉴其他参与方的数据表征和知识。

（4）基于相关性的联邦迁移学习

对不同参与方的知识或特征空间进行相关性映射，并按照相关性顺序来利用其他参与方的知识映射更新本地模型，以此借鉴更多的知识。

总之，相较于传统的迁移学习，联邦迁移学习最大的特点是：基于多参与方的数据表征进行建模，但各参与方的原始数据不允许流向其他参与方，有效保护用户数据的隐私性和安全性。

4.1.4 联邦强化学习

作为引爆人工智能大潮的关键事件，谷歌公司的 DeepMind 团队提出了 AlphaGo 和 AlphaGo Zero，其关键支撑技术为深度强化学习；因此，强化学习与深度神经网络的结合是人工智能历史上新的里程碑，其中，强化学习通过与环境的交互来使智能体不断学习，并定义了智能应用问题优化的目标；深度神经网络则给出优化问题的表征方式以及求解方法。可以说，深度强化学习是最接近于通用人工智能（AGI）的范式之一。

如图 4-19 所示，强化学习的本质是基于智能体（Agent）、环境（Environment）、状态（State）、回报（Reward）的智能决策问题。智能体根据当前所处状态（即环境状态的观察），按照某种策略选择下一步动作，并从环境中得到奖励，通过最优策略或值函数，改进行动方案以适应环境，达到奖励回报最大化或实现特定目标。

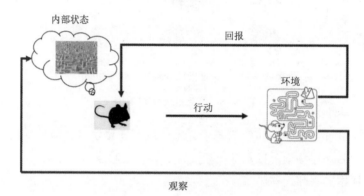

图 4-19　强化学习框架

在强化学习中，智能体通过观察环境的状态以及获取的奖励来学会作决策，智能体执行动作、接收状态、获得奖励，而环境收到动作、发出状态、发送奖励。其中，策略是智能体的行为函数，即状态到行为的映射；价值函数是基于当前状态和动作对未来奖励的预测；模型是智能体对环境的表征与从经验中学习的过程。

以边缘计算场景下计算资源和网络资源分配为例，介绍利用联邦学习框架分布式地训练智能体的联邦强化学习框架。在边缘网络的资源分配优化过程中，待优化考虑的因素包括能耗和时延两方面，能耗指边缘网络中的传输能耗和服务响应端的计算能耗；时延则为边缘网络中的数据传输时延和服务响应端计算时延。因此，资源分配的有效性和适应性可以转化成服务请求的平均能耗最小化、平均服务时延最小化和资源分配的均衡性问题。

如图 4-20 所示，在基于强化学习的横向联邦学习架构中，可以采用 DDQN（Double Deep Q Network）设计智能资源分配算法联合控制边缘节点的资源分配行为。其中，联邦强化学习的状态包含请求产生位置信息、可用服务器位置信息、拟卸载任务信息、信道占用情况、服务器计算资源剩余情况；行为与状态对应，当前的行为将对下一个的状态产生影响；奖励反映智能资源分配算法的目的，即最小化系统能耗开销、最小化平均服务时延、平衡网络资源和计算资源的分配。

强化学习与联邦学习的结合使资源分配更加智能。如图 4-21 所示，在 DDQN 的训练过程中，通过联邦强化学习框架训练共享的深度强化学习模型。首先，随机选择客户端，从中心服务器下载深度强化学习模型的参数；然后，利用本地数据训练智能体模型，使实际 Q 值接近目标 Q 值，上传更新的 MainNet 模型权重参数；最后，聚合客户端上传更新以进一步改进模型。

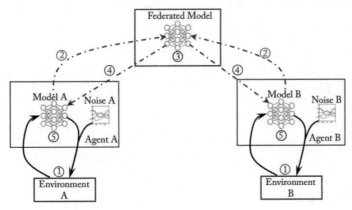

图 4-20　基于强化学习的横向联邦学习架构

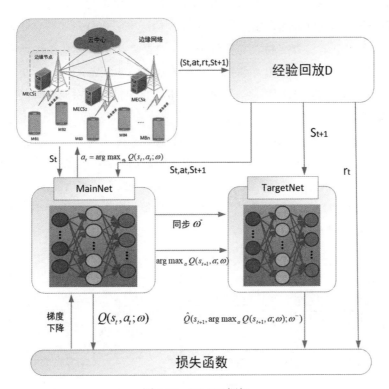

图 4-21　DDQN 框架

如图 4-22 所示，联邦强化学习有助于解决大量数据传输的问题，体现在如下方面：

（1）在本地训练智能体，只需向服务器上传数据量很小的训练结果；

（2）解决训练数据的非独立同分布问题，避免单独训练单一数据源数据；

（3）减小通信条件影响，仅需部分客户端在一轮训练中上传更新，避免无法预测的离线问题；

（4）避免将敏感隐私信息的原始数据上传到服务器。

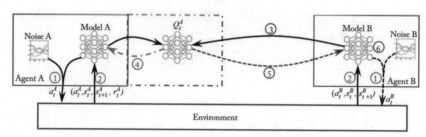

图 4-22　联邦强化学习训练过程

4.1.5　链式联邦学习

自 2008 年比特币诞生以来，区块链作为比特币的底层框架开始被学术界和工业界深入研究。区块链（Block Chain，BC）是一个开放的泛中心化分布式数字账本，以可验证且不可篡改的方式记录各方交易。与传统中心化数据库相比，区块链中所有参与节点通过共识算法共同维护分布式账本，并按照严格的数据结构规范，确保历史事务记录的完整性与一致性，已成为集 P2P 网络、分布式账本、共识机制、密码学等技术于一体的新型数据安全解决方案。

常见的区块链结构是以比特币为代表的一系列事务区块链表，一个区块由区块头和包含一系列事务的区块体组成，每个区块包含一组新的事务和前驱区块的散列函数值，以便将当前区块链接到前驱区块，如图 4-23（a）所示。此外，在基于有向无环图（Directed Acyclic Graph，DAG）的新型区块链中，每个交易都是分布式账本中不受单一主链约束的单个节点，如图 4-23（b）所示。

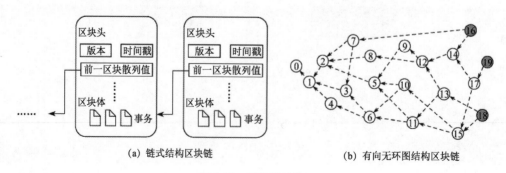

（a）链式结构区块链　　　　　　　　　（b）有向无环图结构区块链

图 4-23　区块链结构

区块链的三种形式中（见图 4-24），联盟区块链（Consortium Blockchain）仅允许系统内的机构读取、写入数据和发送交易。由于节点较少，联盟区块链具有交易速度快、权限控制强、交易成本低等优点，在保留利益差异的同时更容易寻求共同点。因此，联盟区块链更符合联邦学习所需的安全信任要求，同时联盟区块链还可以在应用中最大化区块链技术的数据管理特性，从而降低数据共享场景下不同单位在非信任环境中交易的信任成本。

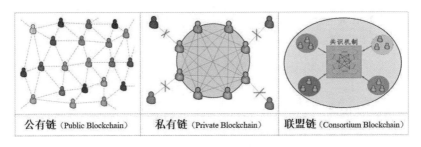

公有链（Public Blockchain）　　私有链（Private Blockchain）　　联盟链（Consortium Blockchain）

图 4-24　区块链的三种类型

联邦学习与区块链在应用领域、架构特点、隐私保护机制等方面具有很强的共性、互补性和契合度。在传统的联邦学习架构中，中央服务器的稳定性会受到云服务提供商的影响，存在偏袒某些客户端、进行模型投毒或者收集客户端隐私信息等风险。若去掉中央服务器，由客户端节点来处理相应任务，这与区块链技术本身特点相符。

现有联邦学习隐私保护方案仍存在跨设备的中间参数隐私泄露以及多方互信问题，节点本身和相互通信的过程都可能遭到恶意攻击，参与联邦学习的节点可能存在自身作恶或者因缺乏合理的激励机制而产生"搭便车"行为。同时，基于中心化拓扑的联邦学习结构鲁棒性不高，容易出现网络带宽利用率低、通信负载压力较大、易受恶意数据的毒害等问题。此外，去中心化联邦学习面临的威胁除恶意节点数据毒害外，还有恶意节点篡改通信的模型参数或者梯度问题。

如何大幅降低网络通信量，并在数据隐私保护和全局模型性能寻找一个平衡点以及防止通信信息的篡改是去中心化联邦学习算法面临实际应用的关键挑战。结合区块链与联邦学习的链式联邦学习本质为去中心化分布式信任的数据共享框架，通过共享数据模型而非原始数据实现数据的"可用不可见"，利用区块链以透明且不可篡改的方式记录数据交易过程，实现数据共享全流程可验证、可追溯、可审计。

如图 4-25 所示，基于区块链的联邦学习分布式可信计算框架，可以增强节点间的互信与聚合模型的可信性，将中心化的参数服务器构建为去中心化的参数聚合链，参与训练的节点将中间参数上传至区块链，通过共识算法与智能合约进行参数验证和聚合，进而避免单点故障攻击，还为训练过程提供可审计能力。

　　有一点需要注意，直接在去中心化联邦学习中引入区块链作为底层架构仍然会产生一系列的问题。由于区块链对每个区块大小的限制，本地训练更新无法直接在区块链存储。另外，在区块链中存储的交易信息虽然无法被篡改，但是区块中的信息却是公开可见的，构成区块链的节点能够无限制地访问任意区块中的信息，造成算法复杂度、时间开销高，通信成本也大幅增加。

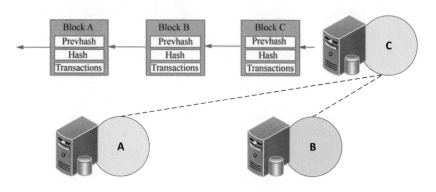

图 4-25　引入区块链的联邦学习

　　因此，联邦学习技术更适合与区块链的集成来提高边缘智能领域的安全性和效率。链式联邦学习在边缘计算中的具体应用：使用联邦学习技术利用物联网边缘节点（例如移动设备）的分布式个性化数据集来进行本地训练，同时为边缘节点提供隐私保护，边缘服务器通过使用从边缘节点收集的本地训练数据参数来更新全局模型；使用区块链技术在不否认和篡改的情况下实现对整个过程中交互数据的安全管理。因此，联邦学习可提高计算效率，区块链可提高数据可靠性。

　　在联邦学习的激励机制建立方面，各方可能需要一定的动机来激励它们参与联邦学习系统，但使参与方自愿消耗算力参与到数据联邦中是一项重大的挑战。因此，区块链的不可篡改、安全可验证的特性为联邦学习提供信任与激励机制。例如，在谷歌公司的输入法下一单词预测中，用户也同意上传输入共享数据以享受更高的单词，可以鼓励每个提供数据的用户改善整体模型的性能，进而提升预测准确度。

4.2　面向性能优化的关键技术

　　联邦学习是融合隐私保护、大规模机器学习和分布式优化等技术的交叉领域，需要从系统工程角度去实现整个体系架构的优化和性能提升。例如，分布式机器学习中的通信开销问题、多端接入构成的系统异质性问题、数据的统计异质性挑战以及数据的隐私保护问题在联邦学习中依然需要解决。因此，需要融合多领域技术对联邦学习的性能优化进行关键突破。

4.2.1 通信开销优化

通信开销是影响联邦学习性能的重要因素。联邦学习的通信网络由大量终端设备组成，模型训练参数的网络通信开销可能比本地计算高出几个数量级。针对通信开销优化的关键技术以减少每轮通信传输的数据量和提升联邦学习模型训练速度为目标，主要涉及面向 Non-IID 和非平衡分布数据的本地模型优化、平衡模型精度和通信效率的模型压缩、降低中心服务器通信负载的分层分级训练等方面。

1．本地模型优化

本地模型优化的目的为减少通信回合数，适用于海量客户端、高频率、低容量、数据特征不均的联邦学习环境，有助于降低通信轮数和模型更新数据量。例如，Fed Avg 算法要求客户端在本地多次执行随机梯度下降（SGD）算法，然后与中心服务器交互模型更新，从而使计算量相对于通信量的灵活性大大提高，实现用更少的通信轮数训练出相同精度的模型。

如图 4-26 所示，传统分布式小批量 SGD 在本地设备计算梯度，在服务器上聚合最小批量更新；联邦学习的本地局部模型更新优化中，每个设备立即应用局部更新。在此之后，服务器再执行全局聚合，这种灵活的本地更新和较少的客户端参与模式可以减少通信轮次。

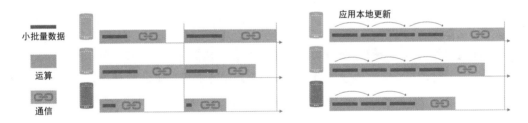

图 4-26　本地模型更新模式

2．模型压缩

模型压缩旨在减小每回合的传输消息量。常用模型压缩包括梯度压缩和全局模型压缩。通常，网络环境的上行链路速度比下载链路速度慢，因此，梯度数据上传阶段的梯度压缩比全局模型压缩效果明显。尽管本地更新方法可以减少通信回合的总数，但稀疏化、二次采样和量化等模型压缩方案可以显著减少每回合传递的消息量。但针对模型更新的量化、随机旋转和子采样等压缩操作会导致 SGD 收敛速度降低。

在联邦学习中，为提升设备的参与性，并兼顾不同分布的本地数据和本地更新需求，可以采用的策略包括强制更新稀疏且等级较低的模型、用结构化随机旋转进行参数量化、通过有损压缩和丢弃来减少通信轮次等。然而，模型压缩算法虽然能够显著降低通信数据大小，但同时会严重影响模型精度；因此，需要在通信效率和模型精度之间平衡联邦学习的任务目标。

3．分层分级训练

分层分级训练主要通过优化通信网络拓扑实现。在联邦学习中，全局模型训练时间分为数据处理时间和通信传输时间两部分。随着计算机设备算力的提升，数据处理时间不断降低，联邦学习的通信传输效率变成限制其训练速度的主要因素。另外，大量本地模型的更新、上传会导致中心服务器通信开销过大，无法满足正常的应用要求，同时相邻的模型更新中可能包含许多重复更新或者与全局模型不相关的更新。

在联邦学习的集中式拓扑与分散式拓扑中（见图 4-27），星型网络由服务器与所有远程设备构成，各设备与服务器的通信是性能瓶颈；分散式拓扑结构在低带宽或高延迟网络状态下，通过层次化分级模式，利用边缘服务器聚合边缘设备的更新，然后边缘服务器充当客户端与中心服务器交互，实现云服务器聚合边缘服务器的更新，从而减轻中央服务器的负担，降低中央服务器的通信成本。

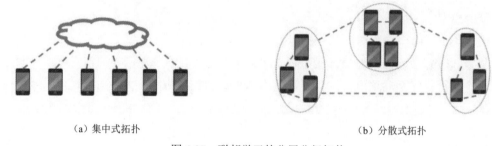

（a）集中式拓扑 　　　　　　　　　　　　　　　（b）分散式拓扑

图 4-27　联邦学习的分层分级拓扑

因此，联邦学习的分层分级模式非常适用于边缘智能场景。其中，部分终端设备缺乏计算资源，边缘计算在云中心和边缘设备之间添加边缘服务器来满足智能决策的低时延响应。联邦学习充分利用智能边缘服务器的计算、存储、传输能力，改变传统集中上传数据进行决策的方式，作为其"操作系统"满足了智能边缘设备实时决策、多点协同、自主可控、隐私保护的要求，为未来多功能集群、跨多智能设备的实时安全决策提供支撑。

4.2.2　系统异构性

联邦学习独特的模型分布式训练方式导致了其独特的异构性，具体为：用户端设备处于不同的分布式网络，导致生成和收集的数据具有统计异构性；用户端设备存储、计算等硬件条件以及电源、网络（3G、4G、5G、Wi-Fi）等方面差异而导致的系统异构性。尽管针对用户端的设备、模型异构性问题进行了 Non-IID 数据偏差、允许部分设备参与、定制个性化联邦学习模型等研究，但在通信成本和模型性能方面仍无法得到有效平衡。

如图 4-28 所示，由于设备在硬件配置、网络连接性和电池电量方面的差异，为达到计算能力、通信速度和存储能力的相同，联邦学习的系统异构性涉及基于网络连接状态的异步通信、有源设备主动采样和容错机制等方面，以满足客户端的低参与率、兼容不同硬件结构、容忍训练设备的中途退出等要求。

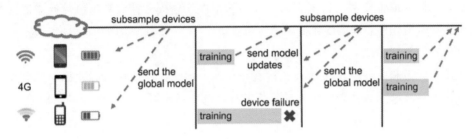

图 4-28　联邦学习的系统异构性

（1）异步通信

在传统集中式模型训练中，同步和异步方案通常用于并行化迭代优化算法。其中，同步方案可以保证等效的串行计算，但易受到攻击噪声影响；异步方案依赖于有界延迟假设，存在参数更新延迟问题。

（2）主动采样

在联邦学习中，参加每一轮训练的设备通常是被动选择的。若在每个回合中主动选择参与设备，并兼顾有代表性设备的采样，可以对实时处理计算和通信延迟有所裨益。

（3）容错机制

在联邦学习的分布式架构中，某些参与设备通常会在给定的训练迭代完成之前的某个时刻退出；因此，容忍设备故障的容错机制变得更加重要。相关研究可以从忽略此类网络设备故障、允许低参与度、算法冗余等方面展开。

4.2.3　数据统计异质性

不同的终端设备生成、存储和传输的数据特征和体量差异大，导致数据呈现 Non-IID 分布和非平衡分布。针对跨设备分布不均的数据联合训练建模问题，根据数据的统计异质属性，可以建立单设备的独立学习模型、面向所有设备的全局模型、相关但不同的学习模型，如图 4-29 所示。

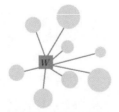
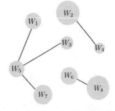

(a) Learn personalized models for each device; do not learn from peers.　　(b) Learn a global model; learn from peers.　　(c) Learn personalized models for each device; learn from peers.

图 4-29　基于数据统计异质性的建模

除了使用通信效率优化的方式解决数据的统计异质性问题，还可以通过多任务学习框架学习不同的局部模型，以支持特定设备的个性化建模。针对数据统计异质性问题，可采用异构数据建模和非 IID 数据融合等方式。

（1）异构数据建模

通过元学习和多任务学习等方法对联邦学习中的统计异质性进行建模，需考虑准确性和公平性等问题。通过启发式方法执行各种局部更新，减少跨设备的模型性能差异。

（2）非 IID 数据融合

当数据在网络中的设备之间分布不完全相同时，统计异质性会影响模型收敛。通过启发式方法，可以共享本地设备数据或某些服务器端代理数据，进行非 IID 数据融合，解决数据的统计异质性。

4.2.4 隐私保护

如图 4-30 所示，联邦学习的隐私保护分为全局隐私（Global Privacy）和本地隐私（Local Privacy）。其中，全局隐私假定中心服务器是安全可信任的，即每轮通信的模型更新中心服务器可见。本地隐私假定中心服务器可能存在恶意行为，各个模型更新对服务器是保密的，因此本地模型更新在上传到中心服务器之前需要进行加密处理。

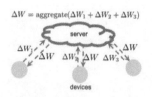 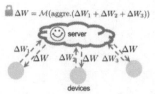 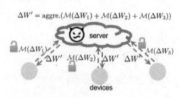

(a) Federated learning without additional privacy protection mechanisms.　　(b) Global privacy, where a trusted server is assumed.　　(c) Local privacy, where the central server might be malicious.

图 4-30　联邦学习的隐私保护

然而，在真实的网络环境中，恶意客户端会修改模型更新，破坏全局模型聚合；恶意分析者会通过对模型更新信息的分析推测源数据隐私信息；恶意服务器会企图获得客户端的源数据，模型反演攻击、成员推理攻击、模型推理攻击层出不穷，参与训练的客户端动机难以判断，中心服务器的可信程度难以保证，仅通过模型更新来保护用户隐私的方式显然是不够的。

例如，基于差分隐私的联邦学习中，模型精度受到较大的影响，虽然在大量客户端参与时能够通过模型加权平均抵消噪声误差，但算法中包含的大量超参数仍然限制了进一步的应用；结合安全多方计算和同态加密技术可以构建无损的全局模型，但同时会造成较大的通信开销，如何平衡通信负担和模型安全是巨大挑战。加之，"不诚实""诚实且好奇"的服务器或者恶意用户端对联邦学习的隐私安全造成巨大的潜在威胁,现阶段联邦学习尚未获得广泛信任。

此外,联邦学习需要依托激励机制吸引大量客户端,以提供足够的训练数据参与训练过程,来保证最终的智能模型质量,并选择优质客户端,提升全局模型精度。因此,如何通过贡献驱动、声誉驱动、资源配置驱动等方式使用户持续参与到联邦学习中,在最大化联邦学习可持续运行的同时最小化用户间的不公平性,是保证联邦学习被广泛推广与应用的关键。

4.3　应用场景

理论研究层面的联邦学习源于大规模分布式智能终端的联合智能学习需求,具有明确的应用场景和任务特点。应用层面的联邦学习直面银行交易、金融信贷、民生医疗等数据高度封闭、隐私属性突出的应用场景;同时,智能化、自动化、数字化水平高度边缘计算场景也极为典型。下面结合联邦学习关键技术对典型应用场景进行介绍。

4.3.1　金融场景

联邦学习已在一些关键的金融领域取得了进展,比如联邦反洗钱建模、联邦信贷风控建模、联邦权益定价建模、联邦客户价值建模等。相较于其他领域,金融领域对数据的管控更为严格,对数据隐私更加重视,因此,也是最需要通过技术手段解决数据孤岛问题的领域。

相较于其他领域,金融应用更着力于对风险的量化。基于联邦学习的风险量化模型能通过扩展数据维度显著改善风险量化能力,从而降低整体金融产品价格,进一步提升金融服务对社会大众而言的可得性,解决该领域样本少、数据质量低的问题,为构建跨企业、跨数据平台以及跨领域的大数据和 AI 系统提供了良好的技术支持。

在联合营销中,利用联邦学习可以帮助机构在不共享原始用户数据的前提下联合构建营销模型,识别高价值用户,制订更精准的营销策略。在联合风控中,利用联邦学习技术可以安全地融合各个机构的数据,构建更加精准的风控模型,共享诈骗、骗贷等黑名单,对信用好的企业及时放款,并减少坏账的发生。

4.3.2　医疗场景

由于涉及隐私等问题,各国都针对医疗数据制定了相关的保护政策,使得多中心数据共同训练变得愈发困难,而这又是医疗 AI 模型开发迭代必需的步骤。在推进智慧医疗的过程中,病症、病理报告、检测结果等病人隐私数据常常分散在多家医院、诊所等跨区域、不同类型的医疗机构中,联邦学习使机构间可以跨地域协作而数据不"出"本地,多方合作建立的预测模型能够更准确地预测癌症、基因疾病等疑难病。

医疗场景的联邦学习基本流程为：本地设备从中央服务器下载初始化模型，进行加密（如同态加密）训练；各医院将其本地训练后的模型参数加密传输至中央服务器聚合，用于下一轮的更新。其中，用于训练的本地数据（如基因诊断数据、药物开发数据以及电子健康记录等）需进行对齐操作。

联邦学习模式还可以推动低效率的分散型数据中心向高效率的集约型数据网络升级，从而更好地助力地区性数据中心或行业标准数据库的建立，横向持续拓展智慧诊疗平台能力服务更多临床业务场景，纵向打通底层技术创新与上层应用的连接，在保证数据安全和患者隐私的基础上，为医疗行业的数字化、智能化以及安全性等方面提供全方位助力。

4.3.3 教育场景

联邦学习有助于实现跨学科教育教学资源的整合，通过覆盖全面的初始模型，整合学习者模型、课程知识等数据资源，拓展延伸以适用于其他学习者，实现定制化教育。

教育场景的联邦学习基本流程可作如下设计：

（1）教育机构利用联邦学习技术，基于学生端移动设备所存储的数据，协同构建一个通用学习计划模型。其一般流程是由各学生端从教育机构下载初始化通用学习计划模型，用于本地模型训练；针对因学生端不同设备而导致的设备异构性问题，可通过引入用户端—边缘端—云端分层联邦学习系统，允许多个边缘服务器执行部分模型聚合，用以减少模型训练时间、通信成本以及学生端设备的能量消耗；

（2）学生端将其模型参数发送给边缘服务器进行部分聚合后，由边缘服务器发送给云端服务器聚合；其次由云端服务器将聚合后的模型参数分发给边缘端；最后由边缘器发送给学生端用于其本地更新。因此，学生端可根据其自身特长、需求以及兴趣等进行本地模型更新，训练出定制化、个性化的学习指导模型。

4.3.4 智能制造场景

智能制造行业面临数据共享过程中的安全性问题。此外，相关数据隐私技术因其技术本身的局限性、数据信息量的约束等因素，未能有效解决数据隐私保护问题。这在一定程度上阻碍了企业之间的数据共享，难以充分发挥数据潜在价值。

针对目前联邦学习在智能制造领域的研究，可以利用工业机器人、智能汽车和无人机等设备构建联邦学习应用框架。其中，多个制造企业数据按其数据的特征/样本对齐划分，企业端从云端服务器下载全局初始模型进行本地模型训练；其次采用边缘计算技术对各企业本地模型进行分割后，加密上传给边缘端进行模型训练；最后云端服务器聚合来自边缘端训练后加密上传的模型参数，用于新一轮的更新。

基于智能制造场景的联邦学习技术，可以在保证企业数据隐私安全的同时，进一步为制造型企业的智能化升级提供技术支撑与智能决策。此外，联邦学习技术的跨域共享特性可为跨部门涉密敏感数据安全共享提供参考。

4.4　联邦学习研究展望

联邦学习是一个开放、活跃、持续的研究领域，也是机器学习、信息安全等领域的交叉产物，有许多关键方向有待探索。同时，联邦学习与边缘智能的"云—边—端"架构、人工智能模型应用安全等方面需求高度吻合，因此，二者的融合式研究大有可为，未来的发展可着眼于以下五个方面

（1）面向资源受限场景的应用研究

联邦学习的本质是一个分布式机器学习框架，网络通信是分布式节点间共同训练机器学习模型的重要基础，然而以边缘计算为代表的资源受限生产环境普遍存在。网络连接状态直接影响通信效率，需要设计灵活的本地模型更新方式、部分联邦学习参与方的选择机制、负载容错机制、模型压缩方法、模型协同训练方式，以解决存储、计算、网络连接、续航能力等资源受限带来的应用问题。

（2）面向云边端一体化的联邦学习

由于 5G 通信、边缘计算等技术的发展，云边端一体化架构已成为信息技术服务的趋势；同时，泛在连接的终端促使大量异构终端接入联邦学习体系；如何高效融合资源，改进联邦学习的架构、机制、模式是重要的研究方向。

（3）联邦学习的数据建模

数据联邦学习面临大量跨设备、非均匀、非独立同分布数据，需要在保证准确性和公平性前提下解决异构数据建模的非凸优化问题；同时，深入研究元学习和多任务学习等方法有助于数据的统计异质性建模。此外，基于异构数据的联邦学习要提升共享模型训练过程的收敛性。

（4）严格的隐私安全

造成数据孤岛的一个重要原因就是数据隐私安全限制，而联邦学习可为各参与方提供数据隐私保护，将私有数据保留在本地。然而这需要在更精细级别上定义隐私，例如，本地或全局级别的隐私，以保证不同场景下联邦学习模型的准确性。此外，可以通过区块链的共识机制解决联邦学习参与方间的信任问题，建立最小信任模型。

（5）开源生态和标准建立

联邦学习已有基于 PyTorch 的 PySyft 框架、基于 TensorFlow 的 TensorFlow Federated 框架、微众银行开源的 FATE 框架、Leaf、百度公司的 PaddleFL、英伟达的 Clara 训练框架、Uber 开源的 Horovod 等开源项目，同时，联邦学习的首个国际标准已由 IEEE 联邦机器学习组发起，这些工作对联邦学习的进一步推广、经验结果的可再现性和解决方案的传播利用具有重要意义。

4.5　本章小结

联邦学习是一个活跃而持续的研究领域，有许多关键的开放方向有待探索。本章聚焦联邦学习的关键使能技术，梳理了面向应用场景的横向、纵向、迁移、强化、链式等联邦学习关键技术，分析了通信开销、系统异构、数据统计异质、隐私保护等性能优化领域的关键技术，并对典型应用场景和研究展望进行了初步总结，厘清了联邦学习从技术到应用的基本脉络。下一章将从编程实战角度，对联邦学习的基本原理、基本流程、基本架构、典型场景应用进行实践讲解。

第5章 开发框架安装实战

联邦学习因数据共享交换和智能应用的实际应用场景需求而生：数据无法自由共享，数据终端大规模分布式存在，而数据挖掘算法和人工智能模型应用需要海量数据支撑。一方面，数据的"供需"矛盾推动了联邦学习泛在联合模式的发展；另一方面，OpenMined等开源社区的开发框架极大地推动了联邦学习技术落地，既带动了科学研究，又推广和普及了联邦学习理念。

本章是继基础原理之后，开发实战的开篇章节，从联邦学习框架 PySyft 的诞生地 OpenMined 开源社区讲起，介绍主流的深度学习框架 Pytorch 和联邦学习框架 PySyft，讲解 PySyft 框架的安装与测试方法，为后续学习基于 PySyft 框架的联邦学习应用实践案例奠定基础。

5.1 OpenMined 开源社区

OpenMined 开源社区（见图 5-1）以"构建所有好问题都得到解答的世界"（A world where every good question is answerd）为口号，其使命和愿景为在开源社区中每个成员能够与他人共享数据，增强开源社区中信息流程体系和结构的透明度，使正确的信息到达所对应的正确的人（数据接收方），同时防止信息流向过程中潜在的信息滥用。

图 5-1 OpenMined 开源社区

为实现上述目标，OpenMined 开源社区致力于开发一种远程数据科学（Remote Data

Science）模式，保证数据科学家在不获得原始数据时也可以完成数据探索，实现共享数据和保护数据间的平衡，促进有益于社会发展的信息正向流动，减少妨碍社会和谐的负向信息流动。目前，OpenMined 开源社区包括以下三个主要项目。

（1）开发项目（Build Program）

过去几年中，有超过 350 人推动了 OpenMined 的核心开源软件 PySyft 的发展，完善了 PyGrid 和 HAGrid 等子系统和命令行工具。其中，PyGrid 以"Host Your Data For Study"（为研究而持久化数据）为目标，用于支撑数据研究，类似于托管的私人数据服务器，可以实现"可用不可下载"的数据使用；PySyft 用于远程数据研究（Study Data Remotely），基于 Numpy 库实现。

（2）教育项目（Educate Program）

远程数据科学是一个全新的研究领域，主要指导数据所有者如何托管他们的数据，以及数据科学家如何使用 PySyft 框架进行研究，提供适合数据科学家、统计学家、工程师和研究人员技术类课程以及适合企业家、投资者和决策者的非技术类课程。

（3）影响力计划（Impact Program）

面向通用与公共、私营和社会组织的合作需求，实现隐私保护等新技术的推广与展示。例如，与联合国隐私增强技术（Privacy Enhancing Technology, PET）实验室合作，基于 PySyft 和 PyGrid 框架实现 5 个参与国家统计局间的联邦数据网络；与 Twitter 合作探索提高算法透明度的研究，并利用 PySyft 授权外部研究人员进行内部算法研究。

此外，OpenMined Blog（见图 5-2）旨在提供最新的 OpenMined 开源项目和人工智能技术生态进展，通过信息共享和代码开源，提供大量最新的联邦学习领域相关研究成果，可作为相关领域爱好者和入门学者的信息交流平台。

图 5-2　OpenMined Blog

OpenMined 社区重点关注隐私保护的机器学习（Privacy-preserving machine learning，PPML）领域，并聚焦密码学和区块链等经典和前沿的安全计算技术，例如，由谷歌公司倡导的联邦学习和由苹果公司倡导的差分隐私技术，以降低隐私保护的 AI 技术入门门槛和去中心化的 AI 应用为目标，支持"不可见"的数据训练或查询，实现加密信息计算而不需要数据解密。

如图 5-3 所示，OpenMined 在 Github 上的开源项目具备 Pytorch、Tensorflow 等框架的建模能力，可以在众包（Crowdsourcing，一种群策群力的分布式协同共享激励模式）体系中，以加密方式获取特定类型的私有数据和加密模型，完成本地模型训练和新模型反馈，并根据各参与方对模型准确度提升的贡献分发相应的奖励。

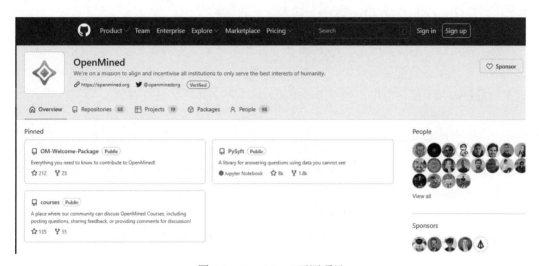

图 5-3　OpenMined 开源项目

此外，作为 OpenMined 的主要贡献者，Facebook 公司（2021 年 10 月更名为 Meta）开源了基于差分隐私的 PyTorch 库——Opacus，旨在推动用于机器学习的人工智能安全计算技术。Opacus 利用 PyTorch 中的 Autograd 钩子计算批处理样本梯度，在计算整个批次梯度向量的同时，优化差分隐私技术的运算速度和性能。

近期，OpenMined 团队继安全计算、联邦学习和差分隐私之后，提出了一种新的隐私保护解决方案——结构化透明度（Structured Transparency），按照输入隐私、输出隐私、流式治理、输入验证、输出验证五项原则（见图 5-4），构建安全的多方计算网络，实现可以在任何设备上训练机器学习模型，并保证用户数据不离开用户本地设备，最终通过模型参数更新，获得类似于蜂巢式思维的共享元模型。

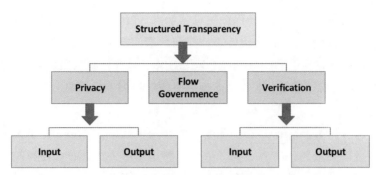

图 5-4　结构化透明度五原则

5.2　Pytorch 与 PySyft 框架

作为深度学习的主流框架，Pytorch 框架在学术界和工业界得到了广泛应用。同时，作为联邦学习生态的重要贡献者，Facebook 积极参与 OpenMined 开源社区建设，对 PySyft 框架的发展起到了推动作用。接下来对 Pytorch 与 PySyft 框架进行讲解。

5.2.1　Pytorch 框架

2017 年，Facebook 人工智能研究院（FAIR）在 GitHub 上开源了 Pytorch 框架，其本质为基于 Python 的科学计算软件包，支持在 Linux、Mac 和 Windows 上编译和运行基于深度学习的张量运算，可以通过 Anaconda 或 pip 实现框架安装。同时，基于 Torch 的全新深度学习框架 PyTorch 拥有丰富的 API，可以快速完成深度神经网络模型的搭建和训练。

与谷歌公司开源的 Tensorflow 框架中静态计算图不同，Pytorch 的计算图是动态的，可以根据计算需要实时改变计算图，具有以下特点：

（1）遵循 tensor→variable(autograd)→nn.Module 三个由低到高的抽象层次，即高维数组（张量）、自动求导（变量）和神经网络（层/模块）；

（2）PyTorch 的灵活性、速度表现胜过 TensorFlow 和 Keras 等框架；

（3）其面向对象接口设计来源于 Torch，API 的设计和模块的接口都与 Torch 高度一致，灵活简易；

（4）PyTorch 具有活跃的社区和完整的文档、指南；同时，Facebook 人工智能研究院对 PyTorch 的持续开发更新提供支撑。

由于在 PySyft 安装过程中会同时安装 Pytorch，因此，在此仅对 Pytorch 是否安装成功进行验证性介绍，输出相应版本则表示安装成功。代码如下：

```
import torch
print(torch.__version__)       #Pytorch 版本
print(torch.version.cuda)      #CUDA 版本，若安装则进行测试
print(torch.backends.cudnn.version())       #CUDNN 版本，若安装则进行测试
```

在 Pytorch 框架使用中, 神经网络中的 Tensor (张量) 是其核心数据结构, 类似于 Numpy 的 ndarrays 数组,可以通过硬件和软件来支持和优化 Tensor 运算速度;同时,Tensor 可以与 Numpy 共享内存, 可根据程序需求和硬件实际设定在 CPU 或 GPU 上进行计算, 并支持 Tensor 微分计算。例如, 构造一个 5×3 矩阵, 代码如下:

```
x = torch.empty(5, 3)
print(x)
```

输出结果为五行三列的张量, 如下:

```
Tensor(1.00000e-04 *
       [[-0.0000,  0.0000,  1.5135],
        [ 0.0000,  0.0000,  0.0000],
        [ 0.0000,  0.0000,  0.0000],
        [ 0.0000,  0.0000,  0.0000],
        [ 0.0000,  0.0000,  0.0000]])
```

调用 rand()方法, 构造一个随机初始化的矩阵, 如下:

```
x = torch.rand(5, 3)
print(x)
```

输出五行三列的随机张量, 如下:

```
tensor([[ 0.6291,  0.2581,  0.6414],
        [ 0.9739,  0.8243,  0.2276],
        [ 0.4184,  0.1815,  0.5131],
        [ 0.5533,  0.5440,  0.0718],
        [ 0.2908,  0.1850,  0.5297]])
```

调用 zeros()方法, 构造一个数据类型为 long 的全 0 矩阵, 如下:

```
x = torch.zeros(5, 3, dtype=torch.long)
print(x)
```

输出五行三列的全零矩阵, 如下:

```
tensor([[ 0,  0,  0],
        [ 0,  0,  0],
        [ 0,  0,  0],
        [ 0,  0,  0],
        [ 0,  0,  0]])
```

直接使用数据构造张量, 如下:

```
x = torch.tensor([5.5, 3])
print(x)
```

输出数据张量, 如下:

```
tensor([ 5.5000,  3.0000])
```

调用 size()方法, 获取张量维度信息, 如下:

```
print(x.size())
torch.Size([5, 3])
```

此外, 任何使张量发生变化的操作都有一个前缀 "_"。例如: x.copy_(y), x.t_()将会 改变 x。关于 Pytorch 的相关开发可参考 Pytorch 官方教程中文版(https://www. pytorch123. com/)。

5.2.2　PySyft 框架

基于 Facebook 开源的深度学习框架 PyTorch，OpenMined 社区发布了第一个用于构建安全和隐私保护的开源联邦学习框架 PySyft。随后，谷歌公司与 OpenMined 社区合作实现了基于差分隐私的隐私保护机器学习框架。如图 5-5 所示，目前，PySyft 在 Github 已经拥有 8000 个 Star。

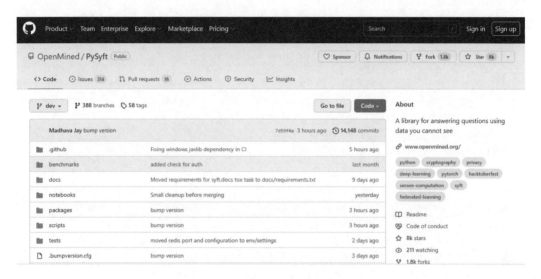

图 5-5　Github 开源的 PySyft 框架

开源的 PySyft 框架支持数据安全加密和隐私保护的深度学习 Python 库（也称为 Syft），可为深度学习提供隐私保护的通用型框架工具，允许多个拥有数据集的计算节点进行联合模型训练。同时，结合安全多方计算、同态加密和差分隐私等技术，可以保证训练过程中模型抵抗逆向工程攻击的能力。目前，PySyft 主要以支持横向联邦学习为主，可将多种隐私策略应用到 PyTorch、Keras 和 TensorFlow 等深度学习开发框架上，如图 5-6 所示。

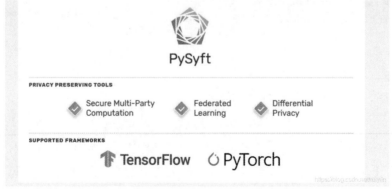

图 5-6　PySyft 的隐私保护工具和支撑框架

在 OpenMined 开源社区的 Blog 功能中，专门开设了 PySyft 板块（https://blog.openmined.org/tag/PySyft/），提供近期最新的 PySyft 研究成果、实验案例和成果汇总，涉及树莓派应用、隐私保护机器学习、多方计算、联邦学习、深度学习等重要前沿领域。

OpenMined 社区开源的 PySyft 框架可提供安全的联邦学习，有助于解决基于"不可见数据"的统计分析与建模开发。在 PySyft 中，Syft 是重要的张量，通过建立 SyftTensor 抽象类来表现张量链的运算或数据状态转换。如图 5-7 所示，张量链的结构中，本地张量类用 SyftTensor 表示，通过 TorchTensor 获得本地 Torch 接口，进而实现基于张量链的运算。

SyftTensor 的重要概念包括本地张量和指针张量，其中，本地张量是在 TorchTensor 上执行本地运算时，通过实例化 TorchTensor 自动被创建。例如，若 multiply 为要执行的运算，则本地 torch 命令 native_multiply 将在本地张量的头部上执行；而指针张量在张量为远程虚拟工作节点（worker）时创建。如图 5-8 所示，在远程模式（Remote）下，worker 发出的张量链在运行中会对本地张量和指针张量产生关联影响。

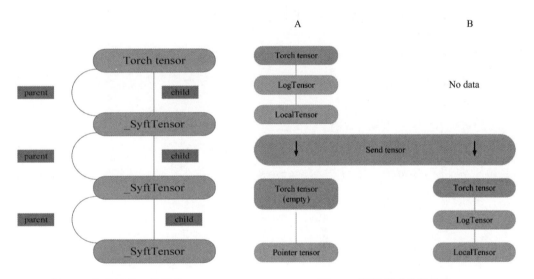

图 5-7　张量链的一般结构　　　　　　图 5-8　远程模式的张量链

从宏观角度看，PySyft 框架（见图 5-9）以指针和解释器为核心来构建张量，对上为 Tools 和 Workers 提供服务，包括隐私工具和安全工具，以及支撑 TEE、Websocket 的多种 worker；对下以 Kera/TEE 和 PyTorch 为底层支撑，分别通过 Keras Hook 和 PyTorch Hook 进行张量拓展，最终实现联邦学习、差分隐私、安全多方计算和同态加密等加密计算方式的模型训练与隐私数据保护的解耦。

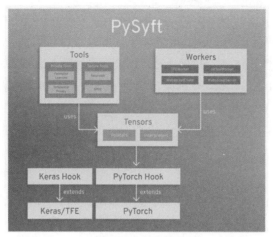

图 5-9　PySyft 架构

我们先来了解一下企业级联邦学习系统构建的七个步骤：

（1）选择联邦学习底层框架（例如，PyTorch 或 TensorFlow）；

（2）确定联邦网络机制（例如，基于 PyTorch 的 PySyft、Flower、Tensorflow Federated 等）；

（3）建立中央服务；

（4）设计客户端系统；

（5）启动训练过程；

（6）建立模型管理系统；

（7）阐明系统的隐私和安全性。

根据以上步骤，我们可以在实践中考虑采用基于 PySyft 的 P2P 平台——PyGrid（见图 5-10），利用 PyGrid 提供的网关（Gateways）功能，为工作节点与数据提供像 DNS 服务一样的路由服务，实现联邦学习和数据科学探索。

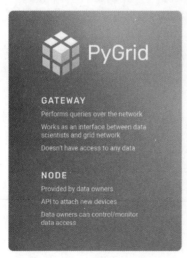

图 5-10　PyGrid 框架

5.3　PySyft 框架的安装

PySyft 框架的安装以目前最稳定的 PySyft 0.5.0 版为主，通常采用 jupyter notebook 为开发工具，以 Python 为编程语言，通过案例化模式和单元式编程，可以帮助初学者探索验证隐私保护、去中心化深度学习等新工具和技术。

5.3.1　环境准备

PySyft 框架的安装主要包括环境准备、安装、测试三个阶段，通常采用科学计算库 Anaconda 准备 PySyft 框架所需的基本环境，涉及 conda 环境启动和在 conda 虚拟环境中安装 PySyft 等步骤。注意，在安装 syft 过程中，更换豆瓣、阿里云、清华大学等国内镜像源有助于提升安装速度和成功率。PySyft 框架安装与运行所需的硬件配置不高，对 GPU 也有支持。下面主要对软件环境的准备进行讲解。

PySyft 框架的安装需要科学计算库 Anaconda 作为包管理工具，可从 Anaconda 官网（https://www.Anaconda.com/products/individual）下载，也可通过 pip 命令安装（命令为：pip install conda），或者通过节省资源空间的 miniconda 实现。其中，Anaconda 提供多种版本的 Python 和 package 管理与切换功能，集成了大多数主流 Python 库，例如，numpy、scipy 等科学计算包，可以方便地解决多版本 Python 并存、切换以及各种第三方包安装问题。

Anaconda 的设计理念是将几乎所有工具、第三方包都当作 Python 的 package 对待，可将其定义为关联、部署应用、环境和包的可执行命令行工具。安装完 Anaconda 后，可以通过 conda 命令进行删除包和缓存、修改配置、创建 conda 环境、安装/卸载包等操作，相关命令用法如下：

```
usage: conda [-h] [-V] command ...
optional arguments:
 -h, --help    Show this help message and exit.#帮助命令
 -V, --version  Show the conda version number and exit.#查看版本
positional arguments:
 command
  clean      Remove unused packages and caches.
  config     Modify configuration values in .condarc. This is modeled
         after the git config command. Writes to the user .condarc
         file (/home/a/.condarc) by default.
  create     Create a new conda environment from a list of specified
         packages. #创建环境
  help      Displays a list of available conda commands and their help
         strings.
  info      Display information about current conda install.
  init      Initialize conda for shell interaction. [Experimental]
  install     Installs a list of packages into a specified conda
         environment. #安装包
```

```
   list      List linked packages in a conda environment.
   package    Low-level conda package utility. (EXPERIMENTAL)
   remove    Remove a list of packages from a specified conda environment.
   uninstall  Alias for conda remove.
   run       Run an executable in a conda environment. [Experimental]
   search    Search for packages and display associated information.
   update    Updates conda packages to the latest compatible version.
   upgrade   Alias for conda update.

conda commands available from other packages:
  build
  convert
  debug
  develop
  env
  index
  inspect
  metapackage
  render
  server
  skeleton
  verify
```

为提升 Anaconda 的包管理效率和下载速度，可以更换 conda 的国内镜像源。以清华源为例，添加/删除镜像源操作如下：

```
conda config --add channels https://mirrors.tuna.tsinghua.edu.cn/ Anaconda/
pkgs/ free/
conda config --add channels https://mirrors.tuna.tsinghua.edu.cn/ Anaconda/
pkgs/ main/
conda config --remove channels https://mirrors.tuna.tsinghua.edu.cn/ Anaconda/
pkgs/ main/
conda config --show channels    #查看 channels 信息
```

以上代码中，conda config --show 能够显示出所有 conda 的配置信息。

国内常用的镜像源地址列举如下：

（1）阿里云：http://mirrors.aliyun.com/pypi/simple/；

（2）中国科技大学：https://pypi.mirrors.ustc.edu.cn/simple/；

（3）豆瓣：http://pypi.douban.com/simple/；

（4）清华大学：https://pypi.tuna.tsinghua.edu.cn/simple /。

当需要临时使用国内源时，可以在 pip 后面加上参数 "-i"，以指定 pip 源地址，例如（以清华源为例）：

```
pip install ×××× -i https://pypi.tuna.tsinghua.edu.cn/simple
```

在开发工具准备方面，开源的交互式 Web 开发工具 Jupyter Notebook 在 Python 程序开发、文档编写、代码运行和展示结果方面较为方便。Jupyter Notebook 的安装方式可以通过 Anaconda 打包集成（命令为：conda install jupyter notebook），也可由 pip 命令安装。

注意，离线环境与在线环境的相关版本要保持一致。

在 Jupyter Notebook 中所有程序的输入和输出都以文档形式体现，表现为扩展名为.ipynb 的 JSON 格式文件。常用快捷键和重要操作包括：在 Jupyter Notebook 的单元格中用感叹号"!"后接 shell 命令即可执行 shell 命令，例如，"!pwd"显示当前文件路径命令；魔术命令的前缀符号是百分号"%"，"%run"命令可以运行任意的 Python 文件，后跟 Python 文件的绝对路径；"%timeit"用来检查一段 Python 代码执行的时间；Shift+Enter 组合键运行代码框；Tab 键将自动补全代码；Shift+Tab 组合键查看代码提示；两次 Shift+Tab 组合键可查看代码详情。

此外，采用捷克软件公司 JetBrains 开发的 PyCharm 集成开发环境（Integrated Development Environment，IDE）可实现工程化的程序调试和项目管理，其专业版和社区版的下载界面如图 5-11 所示。

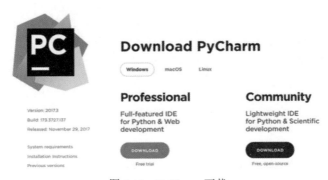

图 5-11　PyCharm 下载

【工具辨析】pip 与 conda

基于 PySyft 的程序以 Python 为编程语言，程序在运行时通过解释器（Interpreter）将程序按照边翻译边解释的方式转变成计算机能理解的机器语言（而 C/C++等语言在程序运行之前通过编译转变为机器语言，编译后的可执行文件完成程序运行）。因此，基于 PySyft 的 Python 程序运行需要 Python 解释器以及引入的模块包（标准 Python 解释器包含 os、sys 等通用包），但其他程序依赖的非标准包需要按需安装和管理。

Pip 是 Python 自带的 Python 包管理（安装）工具，允许在任何环境中从源代码安装 Python 包（Python Wheel 或者源代码包），可以编译源码中的所有内容，从源码安装 Python 包时需要编译器支持，但不支持创建虚拟环境（需要工具包 Virtualenv 支持），通常采用"pip install -r requirements.txt"方式安装，由 Python 社区维护。

conda 是由 Anaconda 或者 miniconda 提供的包（环境）管理器，由 Continuum Analytics 公司提供 Python 发行版，允许在 conda 环境中从二进制文件安装任何语言包（已完成软件包的编译），不需要再次编译，支持创建 Python 虚拟环境，通过 conda install 命令可安装 conda

软件包。在 conda 环境下也能正常使用 pip 安装 Python 包。常用的 conda 命令如下:

```
conda info                          查看 Anaconda 镜像源配置信息
conda info -e                       查看已经安装的环境
conda env list                      查看已经安装的环境
conda create -n  环境名称 Python=x.x   新建虚拟环境,指定 Python 版本
conda install 包==版本号             安装特定版本包
conda activate 环境名称              激活已经安装环境
conda list                          查看已安装包
conda install 包                    安装包
conda install -n 环境名称 package    对特定环境安装包
conda remove -n 环境名称 package     删除特定环境中特定包
conda uninstall 包                  卸载包
conda deactivate                    退出虚拟环境
conda remove -n 环境名称 --all       删除环境和包
conda update conda                  更新 conda
conda update Anaconda               更新 Anaconda
conda update --all                  更新所有包
conda update [package-name1]        更新指定包
conda update Python                 升级 Python
```

5.3.2　安装与测试

安装完包管理器 Anaconda 和程序开发工具 Jupyter Notebook 后,即可创建 PySyft 虚拟环境,进行 PySyft 安装和后续测试。首先,在 conda 中,基于 Python 3.7 创建 py3-syft 虚拟环境(虚拟环境的参考位置为/home/a/Anaconda3/envs/py3-syft),命令如下:

```
conda create -n py3-syft Python=3.7 -yes
```

在创建虚拟环境时,会收集 Python 包的元数据,同时提示进行 anaconda 版本更新(可忽略),激活刚建立的 py3-syft 虚拟环境,命令如下:

```
conda activate py3-syft
```

安装 PySyft 框架,可使用豆瓣源,命令如下:

```
pip install syft[udacity] -i https://pypi.doubanio.com/simple/
```

安装完 PySyft 框架,下面进行测试。首先,进入 Python 环境,例如,在命令行中输入 Python 命令,然后导入 syft,测试 PySyft 安装状态。代码如下:

```
Python 3.7.9 (default, Aug 31 2020, 12:42:55)
[GCC 7.3.0] :: Anaconda, Inc. on linux
Type "help", "copyright", "credits" or "license" for more information.
>>> import syft as sy
>>> exit()
```

import syft 成功,则 PySyft 框架安装顺利完成。若 import syft 出现报错"AttributeError: type object 'Tensor' has no attribute 'fft'"提示信息,则通常是 PySyft 版本与默认安装的 torch 不兼容导致。其处理方法是将 torch 版本降级,同时,结合硬件环境的 GPU 情况,

选择是否安装 CUDA。

使用 CUDA 的命令格式如下：

```
pip install torch===XXX torchvision=== XXX torchaudio=== XXX -f https://
XXX
```

不使用 CUDA 的命令格式如下：

```
pip install torch== XXX +cpu torchvision== XXX +cpu torchaudio=== XXX -f
https:// XXX
```

后续为开发 PySyft 代码，需在 anaconda 环境中打开 Jupyter Notebook 工具，代码如下：

```
(py3-syft) a@a:~/PycharmProjects/PythonProject$ jupyter notebook
```

此外，为支撑计算机视觉领域的建模需求，安装 opencv（依赖 numpy 库）命令如下：

```
(py3-syft) a@a:~/PycharmProjects/PythonProject$ conda install opencv
```

完成上述各步骤，就安装好了开源联邦学习的 Python 库——PySyft 框架及相关依赖库。为支撑深度学习模型开发，PySyft 框架可以与 PyTorch 联合建模，为能够使用 PyTorch 的强大功能，使用 TorchHook() 方法创建一个重写 PyTorchTensor 操作的钩子（hook）。下面利用 Jupyter Notebook 开发工具按照如下步骤对 PySyft 框架进行基本测试。

（1）导入 PySyft 和依赖库，即 syft 和 torch，并使用 syft hook 替换（建立钩子）标准的 torch 模块，代码如下：

```
import syft as sy
from syft.workers.node_client import NodeClient
import torch as th
```

（2）通过 IP 地址连接虚拟工作节点。这里以案例自带的医院节点为例，代码如下：

```
hospital_datacluster = NodeClient(hook,"ws://localhost:3000")
Hospital_datacluster
Federated Worker<id: Hospital_datacluster >
```

（3）准备即将发布到医院节点的数据集，并进行基本描述，以解释数据的含义和数据结构；例如，发布到医院节点上的数据为每月婴儿的出生记录（数据为 5 行 3 列的张量）；代码如下：

```
Data_description = """Description:
                    This dataset represents the birth records for the Month
of February.

                    Columns:
                        Gender:0-Male, 1-Female
                        Weight:Float
                        Height:Float
                    Shape: (5×3)"""
Monthly_birth_records = th.tensor([[1,3,5,47],
                                    [1,3,5,47],
                                    [1,3,5,47],
                                    [1,3,5,47],
                                    [1,3,5,47]])
```

（4）设置上述数据的用户访问规则和权限，授权用户为 Bob、Ana、Alice；代码如下：

```
Private_dataset = monthly_birth_record.private_tensor(allowed_user=(
```

```
                                                         "Bob",
                                                         "Ana",
                                                         "Alice"))
```

（5）为数据添加标签，以便于数据查询。例如，添加用于标识月份的 February 和出生记录的 birth-records 标签；代码如下：

```
Private_dataset = private_dataset.tag("#February",
                        "#birth-records").describe(data_description)
(Wrapper)>PrivateTensor>tensor([[1,3,5,47],
                                 [1,3,5,47],
                                 [1,3,5,47],
                                 [1,3,5,47],
                                 [1,3,5,47]])
```

（6）使用 Bob 的权限在前期建立的节点上发布 private_dataset 数据，通过查看 data_pointer 数据获得数据的指针张量（PointerTensor）信息、数据标签（Tags）、张量尺寸和基本数据描述；代码如下：

```
data_pointer = private_dataset.send(hospital_datacluster,user=("Bob")
data_pointer
(Wrapper)>[PointerTensor | me: 8233333444-> hospital-datacluster:71899884]
        Tags:#February # birth-records
        Shape:torch.Size([5,3])
        Description:……
```

至此，完成了利用 TorchHook() 方法的 PySyft 和 PyTorch 联合数据发布，通过建立虚拟节点完成了张量数据信息的基本操作。在后续章节和案例中会对上述函数和方法进行详细讲解，在此读者只需了解 PySyft 进行张量处理的基本流程即可。

【基础夯实】Python 编程强化

为便于读者尽快入门 PySyft 和 PyTorch，在此对 Python 的快速入门知识进行梳理（Python 的基本编程知识在本书附录部分有详细讲解）。1989 年发布的 Python 语言具备面向对象、解释执行、跨平台等特点，有"胶水语言"之称，主要因为 Python 可以整合不同代码库，尤其调用性强、易上手的特性因大量模块和包的操作而得到加强。

因此，建议读者在学习 Python 时，尽量早些进入 Python 模块和包的学习，不仅可以避免传统程序设计语言学习中"重语法，轻应用"的弊病，更可以加速 Python 程序设计的进度。在 Python 中，模块（module）就是一个包含变量、函数、类及其他语句的程序（脚本）文件，其导入主要有以下形式：

```
import 模块名称
import 模块名称 as 别名
from 模块名称 import *
from 模块名称 import 导入对象名称
from 模块名称 import 导入对象名称 as 别名
```

import 语句用于导入整个模块，可用 as 为导入的模块指定一个新的名称。使用 import

语句导入模块后，模块中的对象均以"模块名称.对象名称"的方式来引用。from 语句用于导入模块中的指定对象。导入的对象直接使用，不需要使用模块名称作为限定符。注意，导入的变量和函数不要与当前文件中的重复。使用星号（*）时，可导入模块顶层所有的全局变量和函数。

在作为导入模块使用时，模块_name_（注意，此处下划线为两个短横）的属性值为模块文件名。当模块作为主程序独立运行时，_name_属性值为"_main_"。通过检查_name_属性值是否为"_main_"，可以判定该模块文件是作为模块被调用，还是作为主程序独立运行。

相比于模块，包是一个包含名为"_init_.py"文件的目录，可以嵌套使用，其所在顶层目录应包含在 Python 的搜索路径中，在第一次导入包中的模块时，会执行"_init_.py"中的代码，其中的变量和函数等也会自动导入。"_init_.py"文件可以包含执行包初始化工作的代码，可以设置_all_变量来指定包中可导入的模块。

了解了模块和包的基本操作和含义后，下面介绍五个重要的 Python 库（即包）。

（1）Scikit-learn 是开源的机器学习 Python 库，建立在 NumPy、SciPy 和 matplotlib 之上，功能包括分类、回归、聚类、降维、预处理等模块，算法包括支持向量机、随机森林、梯度提升、k 均值和密度聚类算法。

（2）Numpy 是 Python 的开源科学数值计算扩展库，在 Anaconda 中已预安装。Numpy 支持矩阵数据、矢量处理、线性代数、傅里叶变换、随机数等功能，提供了多维数组的计算和操作。

（3）Pandas（Python Data Analysis Library）库是基于 Numpy 的一种工具，可实现数据统计分析，擅长处理多维结构化数据。其名称来自面板数据（Panel Data）和数据分析（Data Analysis）。Pandas 具有与 Numpy 中 Array 及 Python 中 List 类似的一维数组 Series、二维表格 DataFrame 和三维数组结构。

（4）Matplotlib 是一个基于 Python 的数据可视化工具，可以绘制线图、散点图、等高线图、条形图、柱形图、3D 图形等，提供面向对象的 API。其中，Pyplot 作为 Matplotlib 的模块，是一个与 Matlab 类似的专业绘图工具库。

（5）PyQt 是基于 Python 的 GUI 应用 Qt 开发库。其中，Qt 是跨平台 C++的面向对象图形用户界面应用程序开发框架。

【思维拓展】TensorFlow 联邦学习框架

谷歌公司推出的 TensorFlow Federated（TFF）是一种新型分布式联邦学习框架，具有联邦计算接口（Federated Computation API，FC API）)、高层次库及封装接口（Higher-level libraries/canned APIs）、运行时及模拟组件。如图 5-12 所示，TFF 库以一次执行、多地运行为目标，支持本地、分布式、跨数据孤岛、跨移动终端设备的联邦计算（Federated

Computations，FC）。

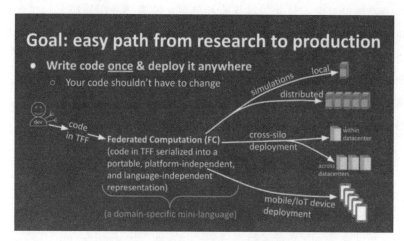

图 5-12　TensorFlow 联邦学习框架的目标

下面以 TFF 在终端上运行物联网数据的联邦计算为例，进行 TensorFlow 联邦学习框架 API 的初步讲解，如下代码展示了联邦平均和阈值函数的调用。

```
@tf.function  #阈值函数
def exceeds_threshold_fn(reading,threshold):#on-device processing
    return tf.to_float(reading > threshold)
@tff.federated_computation
def get_fraction_over_threshold(readings, threshold):#联邦平均
return tff.federated_mean( #collective operations
    tff.federated_map( #collective communication
        tff.tf_computation(exceeds_threshold_fn),
        [readings, tff.federated_broadcast(threshold)]))
```

TFF 具有良好的封装特性，一行代码即可完成 API 的调用，如下：

```
# Just plug in your Keras model
train = tff.learning.build_federated_averaging_process(...)
```

在 TFF 中，模型的训练、程序控制结构等方式与 Python 函数调用一样，代码如下：

```
state = train.initilaize()
for _ in range(5):
    train_data = _ #pick random clients
    state, metrics = train.next(state, train_data)
    print(metrics.loss)
```

此外，除了 PySyft、TFF 等联邦学习框架，OpenMined 开源社区发布了面向 Web 和移动设备的联邦学习库。例如，基于浏览器的 syft.js、基于 Android 设备的 KotlinSyft、基于 iOS 设备的 SwiftSyft 以及跨深度学习框架的 Threepio 库等。

【新的尝试】基于 Windows10 内置 Linux 子系统安装 PySyft 框架

Windows 10 支持 Linux 子系统，可以避免烦琐的双系统、虚拟机安装，通过 Windows 10

内置 Linux 子系统（Windows Subsystem for Linux，WSL）进行 PySyft 框架安装，可作为读者对 Windows 和 Linux 系统的尝试。利用 Windows 自带的 Linux 子系统安装 PySyft 0.2.9 版本包括启动 Windows 自带 Linux 子系统、安装 Ubuntu 系统、安装 Anaonda、安装 PySyft 等四个步骤。

（1）在 Windows 搜索框中搜索"Turn Windows features on or off"，如图 5-13 所示。

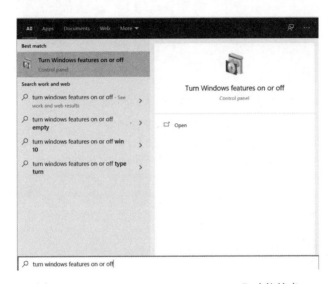

图 5-13　"Turn Windows features on or off"功能搜索

（2）在弹出的对话框中勾选"Windows Subsystem for Linux"，单击 OK 按钮，如图 5-14 所示。

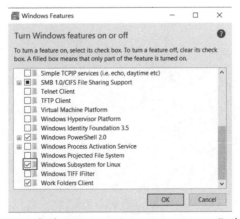

图 5-14　勾选"Windows Subsystem for Linux"功能

（3）在弹出的对话框中单击并安装 Ubuntu 系统，在 Microsoft 商店中查找"Linux"，如图 5-15 所示。

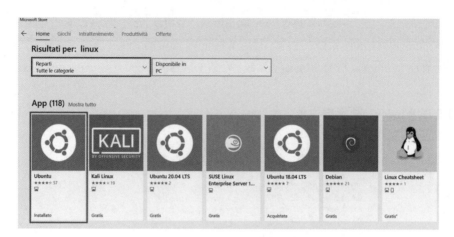

图 5-15　Linux 系统搜索

（4）选择 Ubuntu 版本，不低于 18.04 LTS，如图 5-16 所示。

图 5-16　选择 Ubuntu 版本

（5）进行 Ubuntu 系统安装，设置 username 和 password，如图 5-17 所示。

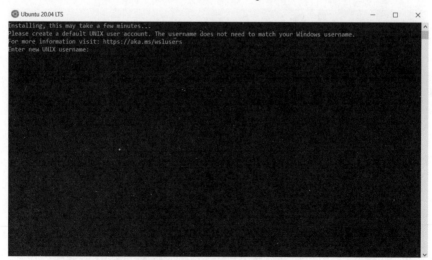

图 5-17　Ubuntu 系统安装

（6）基于安装好的 Ubuntu 系统，利用 Python 3.7 下载 PySyft 需要的 Anaconda 最新

版本，代码如下：

```
cd $HOME
wget https://repo.Anaconda.com/archive/Anaconda3-2020.07-Linux-x86_64.sh
```

（7）安装 Anaconda 包管理器，代码如下：

```
chmod +x Anaconda3-2020.07-Linux-x86_64.sh
./Anaconda3-2020.07-Linux-x86_64.sh
```

（8）安装 PySyft 框架，代码如下：

```
conda create --name syft_Python Python=3.7
```

（9）激活 Anaconda 的 syft_Python 虚拟环境，代码如下：

```
conda activate syft_Python
```

（10）克隆 PySyft 库，代码如下：

```
git clone https://github.com/OpenMined/PySyft.git
```

（11）安装 PySyft 依赖，代码如下：

```
sudo apt-get update
sudo apt-get upgrade
sudo apt-get install gcc g++
cd $HOME/PySyft/pip-dep
pip install -r requirements.txt
```

按照相关依赖（requirements.txt）过程如图 5-18 所示。

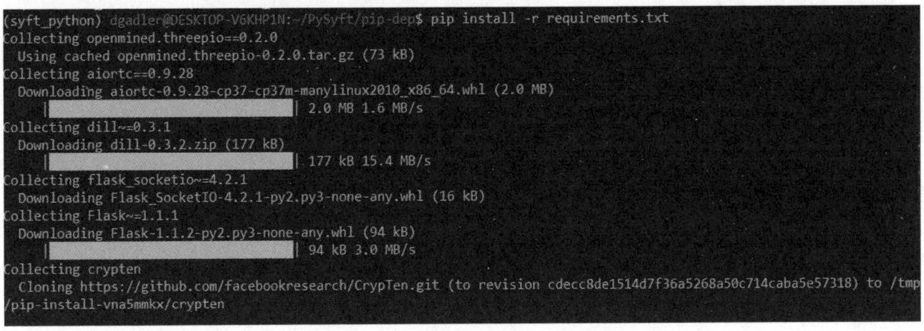

图 5-18　相关依赖安装过程

（12）安装 PySyft 框架，代码如下：

```
cd $HOME/PySyft
Python setup.py install –user
```

（13）导入 PySyft，完成测试，如图 5-19 所示。

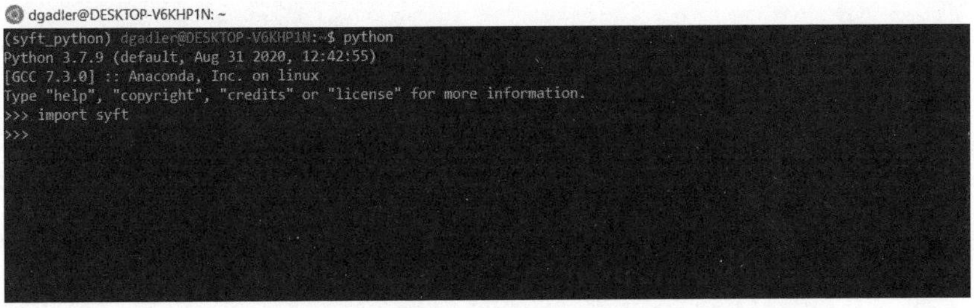

图 5-19　完成 PySyft 测试

5.4 本章小结

本章是 PySyft 开发实战的开篇章节,梳理了开源社区 OpenMined 的基本情况,简单了解了基于深度学习框架 Pytorch 和联邦学习框架 PySyft,重点讲解了基于 Anaconda 的 PySyft 安装与测试,并强调了 PySyft 开发所必须的基础 Python 编程知识。后续章节将对 PySyft 的基本组件操作和多方安全计算、深度学习等案例进行实战讲解。

第 6 章　PySyft 基本操作实战

　　联邦学习以"数据不动，计算动"为理念，一方面可以保证本地数据的隐私特性，另一方面完成远程的隐私计算需求。基于此目标，PySyft 框架遵循联邦学习中数据张量处理模式，利用张量指针完成张量链的运算或数据状态转换操作，既兼顾了标量、向量、矩阵等多种张量操作需求，又实现了"数据可用不可见"的隐私保护。

　　本章基于 PySyft 框架和 Pytorch 框架，重点对张量指针涉及的发送、回收、移动等方法进行讲解，并通过三个综合案例引导读者理解 PySyft 基本操作中不同内置方法和操作的基本原理与使用技巧，为后续高阶联邦学习算法案例的实现奠定基础。

6.1　相关概念梳理

　　联邦学习的本质为支持隐私保护的分布式机器学习框架，具有机器学习的共性特点和严格的数学理论基础。与数学的抽象本质类似，机器学习也是期望通过映射关系描述事物间的内在关系。作为机器学习的基础，数学中的线性代数与矩阵论具有重要作用，通过向量、向量空间（或称线性空间）、线性变换和有限维的线性方程组进行机器学习问题的描述与研究。向量空间及变换运算与机器学习输入端的样本特征向量高度相关，为便于读者后续学习，下面对相关概念进行讲解。

6.1.1　向量

　　向量是高等数学、线性代数中的数学概念，但它同时又在力学、电磁学等许多领域中被广泛应用。电子信息学科的电磁场理论课程就以向量分析和场论作为数学基础。物理量分为矢量和标量，相应地，数学上对应为向量（Vector）和标量。其中，标量是只有大小而没有方向的量，而向量是既有大小又有方向的量。向量的形式为一行或一列数字的排列，可以用数组表示，数组的大小为向量的维数。

　　因此，向量是一个有方向的量。在平面解析几何中，向量坐标表示为从原点出发到平面上的一点 (a,b)，数据对 (a,b) 称为一个二维向量；立体解析几何中，则向量坐标表示为 (a,b,c)，数据组 (a,b,c) 称为三维向量。线性代数推广了这一概念，提出了 n 维向量概念；在线性代数中，n 维向量用含有 n 个元素的数据组表示。

　　在向量的基本运算中，内积与外积尤为重要。向量 a 与 b 的内积为 $a \times b = |a||b|\cos\angle(a, b)$，可以表征或计算两个向量之间的夹角；向量 b 在向量 a 方向上的投影。向量的外积为 $a \times b$，结果为一个垂直于 a 和 b 所构成平面的向量，其长度为 $|a \times b| = |a||b|\sin\angle(a,b)$，其方

向正交于 a 与 b。此外，在二维空间中，外积的模 $|a×b|$ 在数值上等于向量 a 和 b 构成的平行四边形面积。

6.1.2 矩阵

在数学中，矩阵（Matrix）是一个以阵列形式排列的复数或实数集合。19 世纪，英国数学家 Cayley 最早利用矩阵来描述方程组的系数方阵。直观地讲，矩阵就是 m 行 n 列的数字方阵，可以看作是 n 个 m 维列向量由左至右并排组成，也可以看成是 m 个 n 维行向量从上到下排列构成。在线性空间中，当一组基确定后，可以用一个向量来描述空间中的任一对象，可以用矩阵来描述该空间中任一运动（变换），即用向量刻画对象，用矩阵刻画对象的运动，用矩阵与向量的乘法改变运动。

在机器学习（包含联邦学习）中，深度神经网络训练的最基本操作是矩阵求导（Derivative）。在高等数学中，导数是函数的局部性质，描述函数在某一点附近的变化率，即切线斜率，其本质是通过极限的概念对函数进行局部的线性逼近。在机器学习中，需要对多元函数求偏导，即关于其中一个变量的导数而保持其他变量恒定。为了便于理解矩阵求导，先给出函数梯度概念。设 $f(X)$ 是定义在实数域上的可微函数，则函数 $f(X)$ 在 X 处的梯度 $\nabla f(X)$。

$$\nabla f(X) = \left(\frac{\partial f(X)}{\partial x_1}, \frac{\partial f(X)}{\partial x_2}, \cdots, \frac{\partial f(X)}{\partial x_n} \right)^{\mathrm{T}} \tag{6-1}$$

梯度方向是函数 $f(X)$ 在点 X 处增长最快的方向，即函数变化率最大的方向；负梯度方向是函数 $f(X)$ 在 X 处下降最快的方向。向量和矩阵求导的基本描述如下：

（1）行（列）向量对元素求导

设 $y^{\mathrm{T}} = [y_1, \cdots, y_n]$ 是 n 维行（列）向量，x 是元素，则有：

$$\frac{\partial y^{\mathrm{T}}}{\partial x} = \left[\frac{\partial y_1}{\partial x}, \cdots, \frac{\partial y_n}{\partial x} \right] \tag{6-2}$$

（2）矩阵对元素求导

设 $Y = \begin{bmatrix} y_{11} & \cdots & y_{1n} \\ \cdots & & \cdots \\ y_{m1} & \cdots & y_{mn} \end{bmatrix}$ 是 $m×n$ 矩阵，x 是元素，则有：

$$\frac{\partial Y}{\partial x} = \begin{bmatrix} \dfrac{\partial y_{11}}{\partial x} & \cdots & \dfrac{\partial y_{1n}}{\partial x} \\ \cdots & & \cdots \\ \dfrac{\partial y_{m1}}{\partial x} & \cdots & \dfrac{\partial y_{mn}}{\partial x} \end{bmatrix} \tag{6-3}$$

PyTorch 等框架集成了大量矩阵操作 API，使用过程中进行按需调用即可，在此不作赘述。

6.1.3　概率

概率（Probability）是研究随机现象数量规律的重要数学概念，主要涉及在随机变量分布已知的情况下，随机变量分布（如分布函数、分布律、分布密度等）的性质和随机变量数字特征（如数学期望、方差、相关系数等）的性质及其应用。下面我们来看一下与联邦学习中深度神经网络直接相关的概率概念。

（1）统计概率

统计概率建立在频率理论基础之上，对于相互独立的 n 次随机试验，其相对频率的极限值则为统计概率。

（2）条件概率

在事件 B 确定发生后，事件 A 会发生的概率为 B 之于 A 的条件概率。

（3）概率分布

概率分布（Probability Distribution）是指用于表述随机变量取值的概率规律。试验的全部可能结果及各种可能结果发生的概率，即为随机试验的概率分布。

在统计学领域，回归分析（Regression Analysis）是确定两种或两种以上变量间相互依赖关系的重要方法，主要名为线性回归、岭回归和 Lasso 回归。其中：

（1）线性回归（Linear Regression）通过使用最佳的拟合直线拟合所有的数据点，最小化函数值与真实值误差的平方，建立因变量和一个或多个自变量之间的关系；

（2）岭回归（Ridge Regression）通过目标函数中二范数正则项降低标准误差，在保证最佳拟合误差的同时，增强模型的泛化能力（即不过分拟合训练数据）；

（3）Lasso（Least Absolute Shrinkage and Selection Operator）回归采用一范数约束，其约束空间为正方形，使得非零参数达到最少。

此外，随机过程（Stochastic Process）是依赖时间参数的随机变量集合。其中的马尔可夫过程（Markov Process）是研究离散事件动态状态空间的重要方法，是深度强化学习等领域的重要分析工具。相互关联的事件概率序列构成马尔可夫链，无记忆性是其重要性质，可以模拟和描述变量的长期趋势。

6.2　PySyft 中张量与指针的基本操作

PySyft 框架中的指针即张量指针，是基于 PySyft 框架实现联邦学习算法的基础。本节将展示实现联邦学习所需的张量和指针等基础工具。

当前几乎所有机器学习系统都使用张量（Tensor）作为基本数据结构，例如，在 Pytorch 框架中，所有数据都通过张量表示，张量本质为多维数组，它是神经网络的核心数据结构；在 PySyft 中，通过建立 SyftTensor 抽象类来表现张量链的运算或数据状态转换。因此，可以将张量比作类似数据容器的多维数组。相关的标量、向量、矩阵、多维张量概念比对如下：

（1）标量（0 维张量），仅包含一个数值的张量（Scalar）；

（2）向量（1 维张量），由数值组成的数组叫作向量（Vector）或一维张量；

（3）矩阵（2 维张量），由向量组成的数组叫作矩阵（matrix）或二维张量。

（4）3 维张量，将多个矩阵组合成一个新的数组，可以得到一个 3 维张量，可以看成是一个立方体。

在 PySyft 中，指针是张量的核心概念（见图 6-1）。为便于读者理解，我们通过 C 语言程序设计中的指针概念进行对比式讲解。公认地，指针是 C 语言的灵魂，其本质为物理内存单元地址的编号，同时，指针也是一个变量，只是这个变量的值比较特殊，用于存放变量的地址。因为，编程的主要目的之一是处理数据，根据冯·诺依曼体系结构，程序和数据都存储于存储器中。相应地，内存会为数据赋予地址编号。因此，指针的值为地

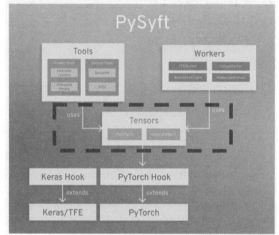

图 6-1　PySyft 中的指针地位

址，指针的类型为地址中所存放数据的类型。此外，在函数调用中，指针可以修改参数传递的值，这是与经典单向值传递（基本的形参/实参问题）思想的不同之处。

基于 PySyft 框架实现联邦学习的分布式数据处理与计算，首先需要实现数据的发送与回收，完成数据到其他虚拟工作节点的移动。在 PySyft 中，数据分为本地数据和远端数据两种模式，数据在本地使用时为 Pytorch 的张量形式；将张量发送到远端机器（例如，名为 Bob 的虚拟工作节点）时，该数据不再使用 Torch 张量，而是指向张量的指针。

下面对 PySyft 中数据的本地模式和远端模式进行讲解，以便于读者理解张量与指针等重要概念。首先创建虚拟机器工作节点，其持有人为 Bob，假定虚拟机器工作节点 Bob 为空。因此，需要先创建本地张量数据 x 和 y，然后发送给 Bob，代码如下：

```
bob = sy.VirtualWorker(hook, id="Bob")
x = torch.tensor([1,2,3])
y = torch.tensor([1,1,1])
x_ptr = x.send(bob)   #张量指向 Bob，发送数据，返回指针
y_ptr = y.send(bob)
```

上述操作后，创建了空的虚拟机器工作节点 Bob，通过 send()方法将两个张量数据 x 和 y 发送给了 Bob，同时返回两个指针张量 x_ptr 和 y_ptr。因此，Bob 目前具有两个张量，可以通过 Bob._objects 进行查询。查询结果如下：

```
{12402139389: tensor([1, 2, 3]), 74728116624: tensor([1, 1, 1])}
```

现在对本地张量 *x* 和 *y* 执行加法计算操作，并赋给变量 *z*，即 $z = x\_ptr + y\_ptr$，在 Bob 处得到如下结果：

```
{12402139389: tensor([1, 2, 3]),
 40617175568: tensor([1, 1, 1]),
 74728116624: tensor([2, 3, 4])}
```

可以发现，Bob 现在有三个张量，在原有 x 和 y 的基础上，新生成了从本地节点指向 Bob 的张量指针 z。上述过程中，调用了 x.send()方法，返回了指向张量的指针对象，并用指针存储张量的地址（类似于张量的元数据）。PySyft 中的张量指针支持工作节点使用张量计算函数 API。具体讲，张量指针对象（以 x_ptr 为例）所包含的元数据属性如下：

- x_ptr.location：张量指针指向的位置，例如，虚拟机器工作节点 Bob；
- x_ptr.id_at_location：标记张量存储位置的随机整数；
- x_ptr.id：张量指针本身随机分配的 id，是随机整数；
- x_ptr.owner：持有指针张量的虚拟机器工作节点。

注意，在调用 hook = sy.TorchHook()方法时，会自动新建一个本地虚拟机器工作节点，如下代码所示：

```
me = sy.local_worker
me # <VirtualWorker id:me #objects:0>
me == x_ptr.owner # True，持有指针张量的虚拟机器工作节点为 me
```

在 PySyft 中，数据发送和回收的基本操作通过 send()和 get()方法实现，例如，数据发送后，在指针张量上执行 get()即可收回数据。

```
x_ptr.get() # tensor([1, 2, 3])
y_ptr.get() # tensor([1, 1, 1])
z.get() #
```

执行 get()方法后，查看 Bob._objects，发现 Bob 的张量数据已全部取回，已经为{}。

在远程机器上的张量操作可以通过张量指针实现，例如：

```
x = torch.tensor([1,2,3]).send(Bob)
y = torch.tensor([1,1,1]).send(Bob)
z = x + y
print(z) # (Wrapper)>[PointerTensor | me:79809659665 -> Bob:91095934903]
z.get() # 将数据从 Bob 取回到本地, tensor([2, 3, 4])
```

上述过程的加法不是在本地执行，而是在 *x* 和 *y* 发送给 Bob 后，在远端的 Bob 上执行了加法计算操作，创建了张量 *z*，并返回了一个指针到本地机器，最后，通过 get()方法取回结果到本地机器。

PySyft 框架的 API 设计灵活，能够远程执行大量 PyTorch 中的操作，例如，PySyft 的 API 扩展了 Torch 中变量加法、梯度反向传播等操作。

（1）变量加法，代码如下：

```
torch.add(x,y)
z = torch.add(x,y)
z.get() # tensor([2, 3, 4])
```

（2）变量梯度反向传播，代码如下：

```
x = torch.tensor([1,2,3], requires_grad=True).send(bob)
y = torch.tensor([1,1,1], requires_grad=True).send(bob)
z = (x + y).sum() # 标量
z.backward() # 执行反向传播
x = x.get()
x.grad # tensor([1., 1., 1])
y = y.get()
y.grad # tensor([1., 1., 1])
```

6.3　PySyft 基本操作综合案例

本案例综合运用 PySyft 和 Pytorch 框架，创建钩子（hook）和虚拟工作节点（Worker），按照联邦学习模式，将 Torch 张量发送给虚拟联邦学习节点，实现数据在虚拟节点间的移动和相关运算。

6.3.1　简单的张量加法案例

下面以实现工作节点间的加法运算为例，回顾联邦学习的基本操作。

首先，引入 PySyft 和 Pytorch 框架及相关依赖。代码如下：

```
import syft as sy
from syft.frameworks.torch.pointers import PointerTensor
from syft.frameworks.torch.tensors.decorators import LoggingTensor
import sys
import torch
from torch.nn import Parameter
import torch.nn as nn
import torch.nn.functional as F
```

创建连接 PySyft 和 Pytorch 的钩子（hook），并创建虚拟工作节点 bob；代码如下：

```
hook = sy.TorchHook(torch)
#创建一个虚拟联邦学习节点（worker）
bob = sy.VirtualWorker(hook, id='bob')
##展示虚拟联邦学习节点
print('bob = ', bob)
```

生成 torch 张量数据 x 和 y，为下一步将张量数据按照联邦学习模式发送给工作节点 bob 做准备；代码如下：

```
x = torch.tensor([1,2,3])
y = torch.tensor([1,1,1])
#先查看bob拥有的对象objs数量，为空
print('bob._objects = ', bob._objects)
```

然后，将张量 x 和 y 发送给 bob，查看返回指针所指向的位置和所有者，代码如下：

```
x_ptr = x.send(bob)
y_ptr = y.send(bob)
print('bob._objects = ', bob._objects, 'after send')
```

```
print('x_ptr = ', x_ptr)        #查看指针 x_ptr 的指向
print('y_ptr = ', y_ptr)        #查看指针 y_ptr 的指向
print('x_ptr.location = ', x_ptr.location)
print('x_ptr.owner = ', x_ptr.owner)
```

查看加法操作后，我们看一下指针 z 的指向变化，同时查看 bob 所拥有的对象数量变化情况；代码如下：

```
z = x_ptr + y_ptr
print('z = ', z)
print('bob._objects = ', bob._objects, 'after add')
```

上述案例通过查看张量指针、虚拟工作节点等数据在调用 send()方法前后的变化情况，完成了基于 PySyft 框架的加法操作。

6.3.2　基于指针的远程操作案例

下面利用指针实现"数据不动，计算动"的高阶远程操作。按照联邦学习模式。通过调用 send()和 get()方法，使用指针把张量发送到训练数据所在位置，利用 get()方法将数据更新（例如，梯度）带回到本地。为达到隐私保护目标，可以在 get()方法前对梯度取均值。首先导入 torch 和 syft，并建立二者的钩子。代码如下：

```
import torch
import syft as sy
hook = sy.TorchHook(torch)
```

下面基于 PySyft 框架基本操作流程，利用多台虚拟工作节点间的通信实验分析指针张量与普通张量间的差异。如图 6-2 所示，定义两个虚拟工作节点 bob 和 alice，并把张量 x 发送给 bob，在本地机器上会创建指针 x_ptr；代码如下：

```
bob = sy.VirtualWorker(hook, id='bob')
alice = sy.VirtualWorker(hook, id='alice')
x = torch.tensor([1,2,3])
# 发送给 bob
x_ptr = x.send(bob)
```

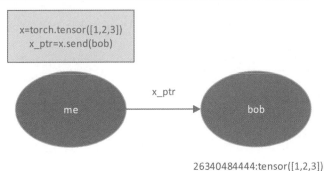

26340484444:tensor([1,2,3])

图 6-2　张量发送与指针创建

调用 x_ptr.send(alice)，将指针发送给 alice。但这个操作不会将数据移动，只将数据

的指针指向进行了移动；代码如下：

```
#创建新指针 pointer_to_x_ptr
pointer_to_x_ptr = x_ptr.send(alice)
```

此时，alice 指向了 bob，代码如下：

```
{54094289085: (Wrapper)>[PointerTensor | alice:54094289085 -> bob:
26340484444]}
```

如图 6-3 所示，数据仍然在 Bob，alice 具有了从 alice→bob 的指针。可以得出，x_ptr 是 me→bob 的指针，pointer_to_x_ptr 是 me→alice 的指针。注意，x_ptr 发送给 alice 后，实际数据 x 还是原始 Torch 张量数据，还在 bob，仍然可以进行 Torch 张量操作；同时，只能在指针张量上执行 get()方法，不能在 Torch 张量上执行 get()方法。

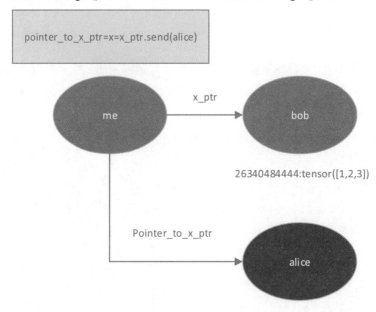

图 6-3　指向指针的指针

下面从 alice 处取回指针 x_ptr，即 alice 为空，执行 x_ptr.send(alice)时并不会修改 x_ptr 的走向，而是创造了一个新的张量指针 pointer_to_x_ptr。因此，张量指针因 send()产生，随着 get()而结束；代码如下：

```
# and we can use .get() to get x_ptr back from Alice
x_ptr = pointer_to_x_ptr.get()
x_ptr # me -> bob
x = x_ptr.get()
x # tensor([1,2,3])
```

6.3.3　基于指针的链式操作案例

无论何时调用 send()和 get()方法都会直接在本地张量上执行相关操作。如果有链式指针，则需要在指针链的最后指针上执行 get()和 send()方法，比如直接从一个节点发送张量数据到另一个节点，PySyft 框架提供了 move()方法来满足上述需求。

首先，为 bob 发送张量 x，并清空 alice；代码如下：

```
bob.clear_objects()
alice.clear_objects()
x = torch.tensor([1,2,3]).send(bob)
print(' bob:', bob._objects)
print('alice:',alice._objects)
```

此时，bob 和 alice 的张量数据如下：

```
bob: {20487310723: tensor([1, 2, 3])}
alice: {}
```

张量 x 执行 move()操作，代码如下：

```
x = x.move(alice)
print('bob:', bob._objects)
print('alice:',alice._objects)
```

此时，bob 的张量数据为空，alice 有张量数据；代码如下：

```
bob: {}
alice: {35784567011: tensor([1, 2, 3])}
```

下面进行三个工作节点的指针操作测试。

首先，建立三个空的虚拟工作节点 dave、bob 和 alice，代码如下：

```
bob.clear_objects()
alice.clear_objects()
# new worker
dave = sy.VirtualWorker(hook, id="dave")
print(dave._objects) # {}
print(bob._objects) # {}
print(alice._objects) # {}
```

然后，将张量数据 x 按张量指针模式发送给 bob、alice 和 dave，代码如下：

```
x = torch.tensor([3,2,1]).send(bob).send(alice).send(dave)
print("dave's objectes: ", dave._objects)
print("bob's objects: ", bob._objects)
print("alice's objects: ", alice._objects)
```

输出结果为：dave 指向 alice，bob 拥有张量数据，alice 指向 bob，代码如下：

```
dave's objectes: {33752271556: (Wrapper)>[PointerTensor | dave: 33752271556
-> alice: 59739931794]}
 bob's objects: {12862726412: tensor([3, 2, 1])}
 alice's objects: {59739931794: (Wrapper)>[PointerTensor | alice: 59739931794
-> bob: 12862726412]}
```

如图 6-4 所示，在上述过程中，引入新结点 fiona，并执行 move()操作；代码如下：

```
x = x.move(fiona)
print("dave's objectes: ", dave._objects)
print("bob's objects: ", bob._objects)
print("alice's objects: ", alice._objects)
print("fiona's objects: ", fiona._objects)
```

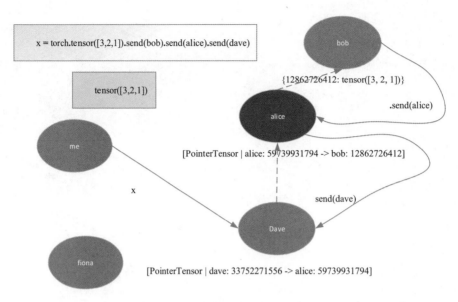

图 6-4 链式指针引入新节点

通过调用 move()方法，dave 数据为空；如图 6-5 所示，可以看出 move()操作只改变了最后部分的指针指向，即 dave 指向 alice 的指针移动到了 fiona 处；具体代码如下：

```
dave's objectes: {}
bob's objects: {12862726412: tensor([3, 2, 1])}
alice's objects: {59739931794: (Wrapper)>[PointerTensor | alice: 59739931794
-> bob: 12862726412]}
fiona's objects: {68356435789: (Wrapper)>[PointerTensor | fiona:43578968356
-> alice: 59739931794]}
```

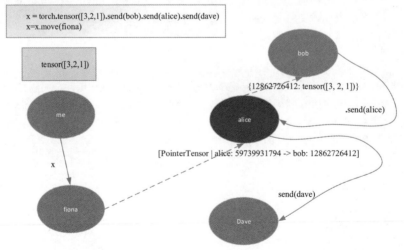

图 6-5 基于 move()操作的张量指针变化

上述场景中的指针与 C 语言中的二级指针类似，首先利用指向张量指针的指针（即二级张量指针）定义虚拟工作节点和张量数据，然后，调用 send()方法构建指向工作节点的指针。例如，一个指针由本地指向工作节点 bob，另一个由本地指向二级指针，两个指针的输出示例如下：

```
(Wrapper)>[PointerTensor | me: 5367168449 -> bob: 15582338722]
(Wrapper)>[PointerTensor | me: 78716778024 -> alice: 5367168449]
```

在上述的指针输出示例代码中，二级张量指针的本质为本地指向 alice 的指针，仅表示指针指向的变化，张量数据依然存放在 bob 处，alice 存放的仅为指针，而且二级指针并不改变指针 x_ptr 的指向，创建了一个由本地指向 alice 的二级指针（me→alice）。二级指针取回数据，需要连续两次调用 get()方法（可以看下面的代码），这样 bob 和 alice 的数据均为空。

```
pointer_to_x_ptr.get().get()
```

以二级张量指针的加法运算为例，工作节点 bob 有[1,2,3]和[2,4,6]两个张量，alice 有两个指向 bob 的指针张量（alice→bob）。

```
p2p2x = torch.tensor([1,2,3,4,5]).send(bob).send(alice)
y = p2p2x + p2p2x
```

二级张量指针的加法运算结果如下：

```
{33947415078: tensor([1, 2, 3]), 34491656865: tensor([ 2, 4, 6])}
{37694019500: (Wrapper)>[PointerTensor | alice: 37694019500 -> bob:
56865344916], 2178928059811: (Wrapper)>[PointerTensor | alice: 17892805981 ->
bob: 56865344916]}
```

通过两次调用 get()函数即可取出张量和 y 的值，结果为 tensor([2,4,6])，此时，bob 的张量数据[1, 2, 3]消失，alice 的张量指针也消失，即 alice 和 bob 都变成{}；具体实现代码如下：

```
print(y.get().get())#
```

若只执行一次 get()操作，print(y.get())的结果中，只有 alice 失去指针，bob 仍保留张量数据[1, 2, 3]。

若调用 move()函数进行操作，则可以实现移动指针指向的操作，指针移动的具体实现代码如下：

```
x = torch.tensor([5,4,3]).send(bob).send(alice).send(dave)
```

可知，张量数据 x 存放在 bob 处，同时，张量指针的指向为 alice→bob，dave→alice，张量 x 直接指向 dave。若此时调用 move()操作，把张量 x 的指向移动到 fiona，则 dave 为空，fiona 获得相应的张量指针；代码如下：

```
x = x.move(fiona)
```

因此，在基于 PySyft 的联邦学习中，通过调用 move()方法，可以改变指针指向，完成数据和模型的聚合。

【思维拓展】结合 TensorFlow 框架的 PySyft 操作

在 OpenMined 开源社区中，发布了基于 TensorFlow 框架的 PySyft 相关成果。如图 6-6 所示，与结合 Pytorch 框架的 PySyft 使用 syft.TorchHook 一样，PySyft 可以利用 syft.TensorFlowHook 实现 TensorFlow 的基本功能，满足"数据不动，模型动"的建模需求。下面我们来看一下具体的操作步骤。

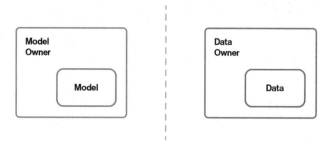

图 6-6　结合 TensorFlow 框架的 PySyft 应用场景

（1）与基于 Pytorch 框架的基本操作类似，在数据处理和模型构建前，需要导入依赖等操作；代码如下：

```
#模块导入
import tensorflow as tf
import syft
hook = syft.TensorFlowHook(tf)
```

（2）建立虚拟工作节点 alice，按照 TensorFlow 接口，利用 send()方法发布张量 x；代码如下：

```
alice = syft.VirtualWorker(hook, "alice")
x = tf.constant([1., 2., 3., 4.])
x_ptr = x.send(alice)
print(x_ptr)
# ==> (Wrapper)>[PointerTensor | me:random_id1 -> alice:random_id2]
```

（3）进行张量指针运算，调用张量计算方法，完成张量处理。代码如下：

```
y_ptr = x_ptr + x_ptr
y = tf.reshape(y_ptr, shape=[2, 2])
id = tf.constant([[1., 0.], [0., 1.]]).send(alice)
z = tf.matmul(y, id).get()
print(z)
# ==> tf.Tensor([[2. 4.]
#                [6. 8.]], shape=(2, 2), dtype=float32)
```

（4）利用 TensorFlow 的 tf.Variable 进行张量处理，代码如下：

```
x = tf.expand_dims(id[0], 0)
# Initialize the weight
w_init = tf.initializers.glorot_normal()
```

```
w = tf.Variable(w_init(shape=(2, 1), dtype=tf.float32)).send(alice)
z = tf.matmul(x, w)
# Manual differentiation & update
dzdx = tf.transpose(x)
w.assign_sub(dzdx)
print("Updated: ", w.get())
```

（5）基于 TensorFlow 丰富的 API，为工作节点 alice 构建手写数字图像 MNIST 数据集；代码如下：

```
mnist = tf.keras.datasets.mnist
(x_train, y_train), (x_test, y_test) = mnist.load_data()
x_train, x_test = x_train / 255.0, x_test / 255.0
# Converting the data from numpy to tf.Tensor in order to have PySyft functionalities.
x_train, y_train = tf.convert_to_tensor(x_train), tf.convert_to_tensor(y_train)
x_test, y_test = tf.convert_to_tensor(x_test), tf.convert_to_tensor(y_test)
# Send data to Alice (for demonstration purposes)
x_train_ptr = x_train.send(alice)
y_train_ptr = y_train.send(alice)
```

（6）按照深度神经网络结构，定义本地神经网络模型；代码如下：

```
model = tf.keras.models.Sequential([
  tf.keras.layers.Flatten(input_shape=(28, 28)),
  tf.keras.layers.Dense(128, activation='relu'),
  tf.keras.layers.Dropout(0.2),
  tf.keras.layers.Dense(10, activation='softmax')
])
# Compile with optimizer, loss and metrics
model.compile(optimizer='adam',
        loss='sparse_categorical_crossentropy',
        metrics=['accuracy'])
```

（7）按照联邦学习架构，将模型张量发送给工作节点 alice，遵照"数据不动，模型动"的建模要求；代码如下：

```
model_ptr = model.send(alice)
print(model_ptr)
# ==> (Wrapper)>[ObjectPointer | me:random_id1 -> alice:random_id2]
```

（8）利用指向张量的指针操作，实现远程的模型训练；代码如下：

```
model_ptr.fit(x_train_ptr, y_train_ptr, epochs=2)
# ==> Train on 60000 samples
# Epoch 1/2
# 60000/60000 [==============================] - 2s 36us/sample - loss: 0.3008 - accuracy: 0.9129
# Epoch 2/2
# 60000/60000 [==============================] - 2s 32us/sample - loss: 0.1449 - accuracy: 0.9569
```

6.4　本章小结

　　本章基于 PySyft 框架对张量与指针涉及的基本理论概念与基本方法（例如，send()、get()和 move()）进行了理论学习与案例实战；重点在于通过 C 语言程序设计中的指针概念，类比学习 PySyft 中的核心概念——张量指针；同时，本章中拓展了基于 TensorFlow 框架的 PySyft 操作案例，以期为后续实现高级联邦学习案例奠定基础。

第 7 章　联邦线性回归实战

万物发展遵循由简到繁，由易到难的规律，联邦学习也不例外。线性回归是用线性模型描述自变量和因变量之间相互依赖关系的统计分析方法，被誉为机器学习入门的"Hello World"。作为联邦学习实践案例，按照机器学习的进阶模式，从联邦线性回归模型开始，探索联邦学习的架构特点、数据分布模式、模型训练过程，符合读者的认知规律。

结合前两章关于联邦学习框架和 PySyft 基本操作的学习，本章基于 PySyft 框架和 Pytorch 框架，按照线性回归理论到线性回归案例实践的顺序，讲解经典线性回归模型实现以及基于信任模式、安全节点、沙盒机制等三种联邦线性回归的实现案例，为读者开启面向机器学习的联邦学习实践提供参考途径。

7.1　线性回归基础理论

在机器学习中，典型的学习过程是建立已知输入和输出预测间的数学映射关系。其中，当数学映射关系为线性时的模型最适合初学者入门。具体讲，当机器学习的输出预测变量为离散类型时，则需要建立决策树、支持向量机等分类模型；若预测的变量是连续类型时，则可归结为回归问题。在统计学中，针对回归问题的回归分析是确定两种或两种以上变量间相互依赖定量关系的一种统计分析方法；在大数据分析中，回归分析是一种研究因变量（目标）和自变量（预测器）间关系的预测性建模技术。

根据自变量的多少，回归分析可分为一元回归和多元回归分析；根据因变量的多少，可分为简单回归分析和多重回归分析；根据自变量和因变量间关系的类型，可分为线性回归分析和非线性回归分析。其中，只包括一个自变量和一个因变量的近似直线关系为一元线性回归分析；包括两个或两个以上自变量，且因变量和自变量间是线性关系的为多元线性回归分析。

顾名思义，线性回归涉及"线性"和"回归"两个概念。前者指线性模型，后者指回归问题，即线性回归是通过线性模型来解决回归问题的一类方法。其中，回归问题主要关注几个变量间的相互变化关系，若变量间关系是线性的，则该问题隶属于线性回归问题，可以采用线性模型进行求解。

简单的线性回归就是利用直线回归来研究两个连续性变量的线性依赖关系，通常利用回归直线来刻画两个变量间的依存关系。其中，被估计的变量为因变量，用 y 表示，自变量用 x 表示。与传统直线方程不同，回归直线的纵坐标是当 x 取某个值时，因变量 y 的平均估计量。因此，x 与 y 并非单值一一对应的函数关系，而是回归关系，即因变量 y

的均值随自变量 x 的改变而呈线性变化。

描述线性变化的方程称为直线回归方程，通过截距（当 $x=0$ 时，y 的平均估计值）、回归直线斜率（回归系数）刻画，可采用最小二乘法实现参数求解。在进行回归分析时，通常基于如下假设：散点图的直线趋势和自变量与因变量间的线性关系、残差服从正态分布且方差齐性、各观测值相互独立等。

线性回归的形式化表达为 $y=wx+e$。其中，误差 e 服从均值为 0 的正态分布。例如，通过求解两个自变量与一个因变量间的线性关系，得到的线性回归方程就可以进行预测和函数拟合。此时，自变量可作为特征值，因变量作为目标值，通过线性函数去拟合变量间的线性关系，通过一组最佳的参数使得预测值最接近真实值。

线性回归模型通常采用最小二乘算法来逼近拟合参数，除了统计估计方法，可以采用与机器学习模型参数求解类似的梯度下降迭代方式，沿着损失函数下降的方向逼近最优值，求解经典的最小二乘问题。其中，梯度下降主要沿着梯度负方向和梯度方向上的搜索步长进行最优值搜索。如图 7-1 所示，线性回归模型适用于数据表类型数据的预测分析。

	总分	高考成绩	入学前经常进行何种运动	文化课总分	平时基本用途	手机使用时长	身高变化	体重变化
0	465	462.00	篮球	362	社交	0.5	1	2.0
1	455	475.00	网球	361	音乐	1.0	0	0.0
2	455	528.00	足球	313	学习	2.0	2	-13.0
3	455	451.75	篮球	334	社交	1.0	1	-2.0
4	445	476.00	足球	349	游戏	1.0	1	-2.0

图 7-1　线性回归模型的数据案例

【实战测试】基于 Pytorch 的线性回归实战

按照线性回归案例所需的基本要素，构建包含 x 和 y 的二维数据集，基于 Pytorch 框架训练一元线性回归模型。利用 Numpy 包生成二维数组，random 模块生成随机数，matplotlib 包实现数据散点图可视化；代码如下：

```
import numpy as np
import random
import matplotlib.pyplot as plt
x = np.arange(200)
y = np.array([5 * x[i] + random.randint(1, 200) for i in range(len(x))])
print(x, y)
plt.xlabel("X")
plt.ylabel("Y")
plt.scatter(x, y)
plt.show()
```

利用 Pytorch 框架的 nn.Module 模块训练一元线性回归模型，在 forward() 方法中调用 linear 模型，最大限度逼近数据张量 x 和 y，使模型与数据的拟合误差达到最小；代码如下：

```
class LinearRegression(torch.nn.Module):
    def __init__(self):
        super(LinearRegression, self).__init__()
        self.linear = torch.nn.Linear(1, 1)
    def forward(self, x):
        return self.linear(x)
```

在线性回归模型中，优化器采用随机梯度下降算法（SGD），损失函数采用均方误差（MSE）函数。随着迭代次数的增加，拟合损失值越来越小，直线拟合效果越来越好；代码如下：

```
model = LinearRegression()
criterion = torch.nn.MSELoss()
optimizer = torch.optim.SGD(model.parameters(), 0.001)
epochs = 10
for i in range(epochs):
    input_data = x_train.unsqueeze(1)
    target = y_train.unsqueeze(1)
    out = model(input_data)
    loss = criterion(out, target)
    optimizer.zero_grad()
    loss.backward()
    optimizer.step()
    print("Epoch:[{}/{}],loss:[{:.4f}]".format(i+1, epochs, loss.item()))
    if (i+1) % 2 == 0:
        predict = model(input_data)
        plt.plot(x_train.data.numpy(), predict.squeeze(1).data.numpy(), "r")
        loss = criterion(predict, target)
        plt.title("Loss:{:.4f}".format(loss.item()))
        plt.xlabel("X")
        plt.ylabel("Y")
        plt.scatter(x_train, y_train)
        plt.show()
```

综上所述，典型线性回归模型的基本流程包括数据集构建、模型构建、超参数设置、模型训练、效果评估等步骤。后续基于联邦学习模式的线性回归模型训练与此过程类似。

【知识拓展】多元线性回归

一元线性回归模型应用场景较窄，多元线性回归模型通常用于研究多个因变量和一个自变量之间的关系，适用场景较多。如果多个因变量间的相关性可用线性形式描述，则可以通过多元线性回归模型进行分析。如图 7-2 所示，多元线性回归模型的基本流程包括构建多元线性回归方程、回归系数显著性检验等步骤。

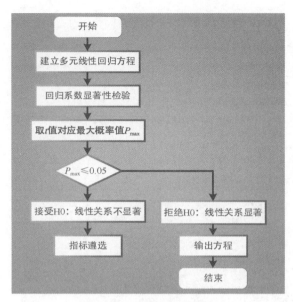

图 7-2　多元线性回归流程

多元线性回归模型的一般形式如下：

$$y = \beta_0 + \beta_1 x_1 + \beta_2 x_2 + \cdots + \beta_p x_p + \varepsilon \qquad (7\text{-}1)$$

$$\sum_{i=1}^{n}(y_i - \overline{y})^2 = \sum_{i=1}^{n}(\hat{y} - \overline{y})^2 + \sum_{i=1}^{n}(y_i - \hat{y})^2 \qquad (7\text{-}2)$$

$$\text{SST} = \text{SSR} + \text{SSE} \qquad (7\text{-}3)$$

$$F = \frac{\text{SSR}/P}{\text{SSE}/(N-P-1)} \qquad (7\text{-}4)$$

$$R^2 = \text{SSR}/\text{SST} = 1 - \text{SSE}/\text{SST} \qquad (7\text{-}5)$$

式（7-1）中，因变量 y 可以近似地表示为自变量 x_1，x_2，$\cdots$ x_m 的线性函数，β_0 为常数项，β_1，β_2，$\cdots$，β_m 为偏回归系数，表示在其他自变量保持不变时，x_i 增加或减少一个单位时 y 的平均变化量，ε 是去除 m 个自变量对 y 影响后的随机误差（残差）。多元回归方程求解的一般步骤如下：

（1）求解偏回归系数 β_0，β_1，β_2，$\cdots$，β_p，列出回归模型 $y = \beta_0 + \beta_1 x + \beta_1 x_2 + \cdots \beta_p x_p + \varepsilon$；

（2）对回归方程进行显著性检验，式（7-2）～式（7-4），可检验自变量从整体上对 y 是否有明显的影响，式（7-5）为 R^2 的拟合优度，其值范围为 0～1，越接近 1，表明回归拟合效果越好；越接近 0，则效果越差。注意，R^2 不能代替 F 检验。

7.2　基于信任的联邦线性回归案例

在横向联邦学习中，数据具备水平分割特性，即各个工作节点上数据的属性列相同。

如图 7-3 所示，横向联邦学习的数据按权属不同划分为不同所有者，各数据具备属性列和标签列，典型的数据表特征明显，适用于多元线性回归建模和预测分析。

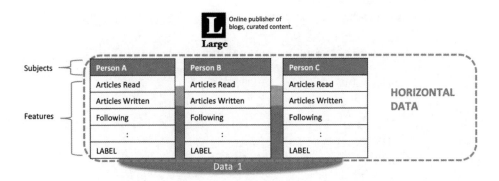

图 7-3　横向联邦学习与数据特性

为便于初学者理解，结合通用线性回归模型和联邦学习特点，本案例的场景为：每个数据拥有者对模型拥有者（可得到模型梯度）保持信任，工作节点 A 部署了线性回归模型，数据拥有者 B 和 C 上分别有两个样本数据集，数据拥有者 A 把线性模型分别送到数据拥有者 B 和 C 上进行"数据不动，模型动"的多轮训练。程序脚本运行在工作节点 A 上，首先，引入 PySyft 框架和 Pytorch 等相关模块；代码如下：

```
import syft as sy
from syft.frameworks.torch.pointers import PointerTensor
from syft.frameworks.torch.tensors.decorators import LoggingTensor
import sys
import torch
from torch.nn import Parameter
import torch.nn as nn
import torch.nn.functional as F
```

然后利用 hook 建立 syft 和 torch 的联系，为后续训练产生的中间变量保存提供支撑。同时，建立用于训练的数据拥有者 bob 和 alice；代码如下：

```
hook = sy.TorchHook(torch)
#两个数据拥有者节点worker
bob = sy.VirtualWorker(hook, id="bob")
alice = sy.VirtualWorker(hook, id="alice")
```

构建训练数据集，其中，data 为样本属性，target 为样本类别，利用 torch.tensor() 函数生成包含数据和标签的张量数据；代码如下：

```
data = torch.tensor([[0,0],[0,1],[1,0],[1,1.]], requires_grad=True)
target = torch.tensor([[0],[0],[1],[1.]], requires_grad=True)
```

将数据集拆分成两部分，前半部分发送给数据拥有者 bob 训练模型，后半部分发给数据拥有者 alice 训练模型；代码如下：

```
#给数据拥有者bob的数据
data_bob = data[0:2]
```

```
target_bob = target[0:2]
#给数据拥有者alice的数据
data_alice = data[2:]
target_alice = target[2:]
#把张量数据发给bob和alice，返回指向bob和alice上数据的指针
p_data_bob = data_bob.send(bob)
p_data_alice = data_alice.send(alice)
p_target_bob = target_bob.send(bob)
p_target_alice = target_alice.send(alice)
```

保存张量指针，完成数据准备工作，开始正式模型训练；代码如下：

```
datasets = [(p_data_bob, p_target_bob), (p_data_alice, p_target_alice)]
```

初始化线性回归模型，代码如下：

```
#初始化线性回归模型，y = w*x+w'*x'+b
model = nn.Linear(2,1)
```

设置线性回归模型的参数优化算法为随机梯度下降算法，即 SGD 优化器，学习率参数设置为 0.1；代码如下：

```
#sgd优化器
opt = optim.SGD(params=model.parameters(),lr=0.1)
```

联邦线性回归的模型训练函数中，迭代次数设置为 10，每轮迭代把训练好的模型发送给工作节点，计算预测结果和损失，并完成模型参数更新；代码如下：

```
#训练过程
def train():
    #10次迭代
    for iter in range(10):
        for data,target in datasets:
            #把上一轮训练好的模型发给工作节点
            model.send(data.location)
            #梯度清零
            opt.zero_grad()
            #计算预测结果
            pred = model(data)
            #计算loss
            loss = ((pred - target)**2).sum()
            #求导
            loss.backward()
            #更新模型参数
            opt.step()
            #更新模型
            model.get()
            #输出训练误差
            print(loss.get())
```

7.3 基于安全节点的联邦线性回归案例

基于信任的联邦线性回归模型梯度参数存在数据泄露风险，因此，可以在最终模型

发回到模型所有者之前，通过安全节点汇聚模型参数，进而保证来自其他节点的模型参数得到隐私保护。此时，联邦学习的工作流程为创建工作节点，获得工作节点指针，将模型发送到张量数据所在节点进行训练，取回模型参数更新，并重复上述过程。

本案例利用 4 个工作节点训练两个线性分类器，实现基于安全节点的联邦平均算法。其中，工作节点 A 运行程序脚本，工作节点 B、C 分别利用自有样本数据集各自训练线性回归模型，工作节点 D 基于工作节点 B 和 C 的模型参数进行联邦平均计算。

首先，导入必要的包，并创建工作节点 bob、alice 以及安全工作节点 secure_worker；代码如下：

```
import torch
import syft as sy
import copy
from torch import nn, optim
#创建 worker
bob = sy.VirtualWorker(hook, id="bob")
alice = sy.VirtualWorker(hook, id="alice")
secure_worker = sy.VirtualWorker(hook, id="secure_worker")
```

虚拟工作节点 alice 和 bob 为数据所有者，安全工作节点 secure_worker 可以通过安全可信硬件实现。在数据准备方面，构建数据集的数据和标签，样本容量为 8（每个工作节点划分 4 组数据），将数据集正序部分发给 bob，逆序部分发给 alice，得到指向工作节点上张量数据的指针；代码如下：

```
#数据集
data = torch.tensor([[0,0], [0,1], [1,0], [1,1.], [0.1,0.1], [0.1,1.1],
[1.1,0.1], [1.1,1.1], ], requires_grad=True)
target = torch.tensor([[0],[0],[1],[1.],[0],[0],[1],[1.]], requires_grad
=True)
#划分数据集，发送给工作节点
bobs_data = data[0:4].send(bob)
bobs_target = target[0:4].send(bob)
alices_data = data[4:].send(alice)
alices_target = target[4:].send(alice)
```

构建线性回归模型，并将模型复制到工作节点 bob 和 alice，设置工作节点上模型的优化器和学习率参数；代码如下：

```
#线性模型
model = nn.Linear(2,1)
#把模型复制到工作节点
bobs_model = model.copy().send(bob)
alices_model = model.copy().send(alice)
#优化器
bobs_opt = optim.SGD(params=bobs_model.parameters(),lr=0.1)
alices_opt = optim.SGD(params=alices_model.parameters(),lr=0.1)
```

在训练模型过程中，迭代次数设置为 10，工作节点 bob 和 alice 分别利用各自数据训练各自模型，利用 get() 方法获得中间过程数据，实现模型的并行训练；代码如下：

```
#10 次迭代
for i in range(10):
    #训练 bob 的模型
    bobs_opt.zero_grad()#删除存在的梯度
    bobs_pred = bobs_model(bobs_data)
    bobs_loss = ((bobs_pred - bobs_target)**2).sum()
    bobs_loss.backward()
    bobs_opt.step()
    bobs_loss = bobs_loss.get().data#标量数据的获取方法
    #训练 alice 的模型
    alices_opt.zero_grad()#删除存在的梯度
    alices_pred = alices_model(alices_data)
    alices_loss = ((alices_pred - alices_target)**2).sum()#计算损失值
    alices_loss.backward()#计算权重梯度变化
    alices_opt.step()#改变权重
    alices_loss = alices_loss.get().data
    print("Bob:" + str(bobs_loss) + " Alice:" + str(alices_loss))
```

类比可信的第三方服务器，将两个节点的模型参数及更新都发送到安全节点。通过调用 move() 方式实现模型到安全节点的发送；代码如下：

```
alices_model.move(secure_worker)
bobs_model.move(secure_worker)
```

基于梯度平均模式，实现工作节点 alice 和 bob 所训练好模型的联邦平均，然后利用该值来更新全局模型参数；代码如下：

```
with torch.no_grad():
    model.weight.set_(((alices_model.weight.data + bobs_model.weight.data) /
2).get())
    model.bias.set_(((alices_model.bias.data + bobs_model.bias.data) /
2).get())
```

在基于安全节点的联邦线性回归程序运行过程中，外层循环控制全局模型的更新轮次（iterations），内层循环控制各节点（alice 和 bob）上模型训练的轮次（worker_iters），然后将训练好的模型移动到安全节点上进行均值计算，解决模型参数的隐私泄露问题。

在最终模型性能测试方面，利用新的数据集对联邦线性回归模型的预测性能进行测试，实现了保护训练数据隐私的模型参数求解；代码如下：

```
preds = model(data)#进行预测
loss = ((preds - target) ** 2).sum()
print(preds)
print(target)
print(loss.data)
```

7.4　基于沙盒机制的波士顿房价预测案例

波士顿房价预测是经典的机器学习项目，所涉及的波士顿房价预测数据集统计了 20 世纪 70 年代中期波士顿郊区房价的中位数，以及 13 个房价影响因素指标，是入门和验证基于沙盒机制的联邦学习算法的优秀案例。下面对案例数据集的基本情况和实现流程进行讲解。

7.4.1　波士顿房价数据集介绍

波士顿房价数据集（Boston House Prices Dataset）是经典的机器学习入门案例数据集，适用于数据探索、相关性分析、线性回归模型开发等实验。数据集分为训练集和测试集，训练集可用于训练回归模型，测试集用于模型预测，并采用均方误差（MSE）作为评价函数。如图 7-4 所示，波士顿房价数据集中房价是连续值，因此，房价预测的回归任务可以通过线性回归模型实现。

图 7-4　Kaggle 中波士顿房价数据集

波士顿房价数据集共有 14 个属性列，包括 13 种可能影响房屋均价的因素，本实验案例中将 506 个样本的 13 个特征组成的矩阵赋值给变量 x，将 506 个样本中的一个预测目标值（房价均值）组成的矩阵赋值给变量 y，构建线性回归模型，并得到 13 个回归系数。图 7-5 所示为波士顿房价预测数据集的前五组数据。

	CRIM	ZN	INDUS	CHAS	NOX	RM	AGE	DIS	RAD	TAX	PTRATIO	B	LSTAT	y
0	0.00632	18.0	2.31	0.0	0.538	6.575	65.2	4.0900	1.0	296.0	15.3	396.90	4.98	24.0
1	0.02731	0.0	7.07	0.0	0.469	6.421	78.9	4.9671	2.0	242.0	17.8	396.90	9.14	21.6
2	0.02729	0.0	7.07	0.0	0.469	7.185	61.1	4.9671	2.0	242.0	17.8	392.83	4.03	34.7
3	0.03237	0.0	2.18	0.0	0.458	6.998	45.8	6.0622	3.0	222.0	18.7	394.63	2.94	33.4
4	0.06905	0.0	2.18	0.0	0.458	7.147	54.2	6.0622	3.0	222.0	18.7	396.90	5.33	36.2

图 7-5　波士顿房价预测数据集的前五组数据

波士顿房价数据集的 13 列数据对应 13 个样本特征（属性）。其中：

- CRIM 属性为城镇人均犯罪率；
- ZN 属性为占地面积超过 2.5 万平方英尺的住宅用地比例；
- INDUS 属性为城镇上非零售业务地区比例；
- CHAS 属性代表是否临近 Charles 河，肯定取值为 1，否则为 0；
- NOX 属性为氮氧化物浓度；
- RM 属性代表平均每个居民房数；

- AGE 属性代表在 1940 年之前建成的房屋比例；
- DIS 属性为房屋到波士顿 5 个中心区域的加权距离；
- RAD 属性指高速公路的靠近指数；
- TAX 属性为每 10000 美元的全值财产税率；
- PTRATIO 属性为城镇师生比例；
- B 属性代表城镇黑色人种比例值；
- LSTAT 属性代表低收入人群比例；
- *y* 属性代表房价中位数（单位：千美元），是线性回归模型的目标变量。

7.4.2　基于沙盒机制的案例实现

基于波士顿房价数据集，在联邦线性回归模型构建中，采用 PySyft 框架的沙盒机制实现。通常，PySyft 框架运行需要初始化 hook 和工作节点，在沙盒机制中，PySyft 框架的沙盒函数可简化上述流程，create_sandbox()方法可建立沙盒的全局变量，完成 syft 与 torch 的钩子、虚拟工作节点和数据集的建立；代码如下：

```
import torch
import syft as sy
sy.create_sandbox(globals())
```

输出结果为：

```
Setting up Sandbox...
    - Hooking PyTorch
    - Creating Virtual Workers:
        - bob
        - theo
        - jason
        - alice
        - andy
        - jon
    Storing hook and workers as global variables...
    Loading datasets from SciKit Learn...
        - Boston Housing Dataset
        - Diabetes Dataset
        - Breast Cancer Dataset
    - Digits Dataset
        - Iris Dataset
        - Wine Dataset
        - Linnerud Dataset
    Distributing Datasets Amongst Workers...
    Collecting workers into a VirtualGrid...
Done!
```

通过沙盒机制，可以创建工作节点和加载测试数据集（包括 Iris、Wine、Linnerud 等），并将数据分散在节点间，便于联邦学习架构的实现。通常包括 bob、theo、jason、alice、 andy、jon 六个虚拟工作节点。基于沙盒机制，工作节点可以查找数据集，例如，在工作节点 bob 上查找波士顿房价预测数据，代码如下：

```
results = bob.search(["#boston", "#housing"])
print(results)
#输出为
[(Wrapper)>[PointerTensor | me:64582921351 -> bob:39948042283]
    Tags: #boston_housing .. #data #boston _boston_dataset: #housing
    Shape: torch.Size([84, 13])
    Description: .. _boston_dataset:...,
```

在 PySyft 框架中集成了虚拟 Grid，即工作节点集合，便于数据集的查找与结合；代码如下：

```
grid = sy.VirtualGrid(*workers)
results, tag_ctr = grid.search('#boston')
```

输出结果为每个工作节点上发布的数据集情况，代码如下：

```
Found 4 results on <VirtualWorker id:bob #objects:17> - [('#boston', 4),
('#housing', 4), ('#boston_housing', 2)]
    Found 2 results on <VirtualWorker id:theo #objects:14> - [('#boston_housing',
2), ('..', 2), ('#boston', 2)]
    Found 2 results on <VirtualWorker id:jason #objects:14> - [('#boston_housing',
2), ('..', 2), ('#boston', 2)]
    Found 2 results on <VirtualWorker id:alice #objects:14> - [('#boston_housing',
2), ('..', 2), ('#boston', 2)]
    Found 2 results on <VirtualWorker id:andy #objects:14> - [('#boston_housing',
2), ('..', 2), ('#boston', 2)]
    Found 2 results on <VirtualWorker id:jon #objects:14> - [('#boston_housing',
2), ('..', 2), ('#boston', 2)]
    Found 14 results in total.
    Tag Profile:
        #boston found 14
        #housing found 14
        #boston_housing found 12
        .. found 12
        _boston_dataset: found 12
        #data found 6
        #target found 6
        #fun found 2
```

在基于沙盒机制的联邦线性回归模型试验中，首先导入 torch 和 syft，设置沙盒机制相关参数；代码如下：

```
import torch as th
import syft as sy
sy.create_sandbox(globals(), verbose=False)
```

接下来查找波士顿房价预测数据集的数据属性和标签，代码如下：

```
boston_data = grid.search("#boston", "#data", verbose=False, return_
counter=False)
    boston_target = grid.search("#boston", "#target", verbose=False, return_
```

```
counter=False)
```

将波士顿房价数据加载到工作节点 alice，构建具有 13 个回归参数（与数据特征对应）的线性回归模型；代码如下：

```
n_features = boston_data['alice'][0].shape[1]
n_targets = 1
model = th.nn.Linear(n_features, n_targets)
```

根据沙盒机制，将数据分散在 bob、theo、jason、alice、andy、jon 六个虚拟工作节点间，代码如下：

```
# Cast the result in BaseDatasets
datasets = []
for worker in boston_data.keys():
    dataset = sy.BaseDataset(boston_data[worker][0], boston_target[worker][0])
    datasets.append(dataset)

# Build the FederatedDataset object
dataset = sy.FederatedDataset(datasets)
print(dataset.workers)
optimizers = {}
```

设置线性回归模型的学习率为 0.01，联邦数据集的训练数据批大小（样本数）为 32；代码如下：

```
for worker in dataset.workers:
    optimizers[worker] = th.optim.Adam(params=model.parameters(),lr=1e-2)
# ['bob', 'theo', 'jason', 'alice', 'andy', 'jon']
train_loader = sy.FederatedDataLoader(dataset, batch_size=32, shuffle=
False, drop_last=False)
```

线性回归模型训练的轮次设置为 30，代码如下：

```
epochs = 30
for epoch in range(1, epochs + 1):
    loss_accum = 0
    for batch_idx, (data, target) in enumerate(train_loader):
        model.send(data.location)
        optimizer = optimizers[data.location.id]
        optimizer.zero_grad()
        pred = model(data)
        loss = ((pred.view(-1) - target)**2).mean()
        loss.backward()
        optimizer.step()
        model.get()
        loss = loss.get()
        loss_accum += float(loss)
        if batch_idx % 8 == 0:
            print('Train Epoch: {} [{}/{} ({:.0f}%)]\tBatch loss: {:.6f}'.format(
                epoch, batch_idx, len(train_loader),
                    100. * batch_idx / len(train_loader), loss.item()))
    print('Total loss', loss_accum)
```

训练结果的日志中，30 次迭代的最终损失值收敛到 791.458062171936，结果如下：

```
……
Train Epoch: 29 [0/16 (0%)]        Batch loss: 27.477512
Train Epoch: 29 [8/16 (50%)]       Batch loss: 40.395863
Train Epoch: 29 [16/16 (100%)]     Batch loss: 14.774746
Total loss 795.4479427337646
Train Epoch: 30 [0/16 (0%)]        Batch loss: 27.379446
Train Epoch: 30 [8/16 (50%)]       Batch loss: 40.051262
Train Epoch: 30 [16/16 (100%)]     Batch loss: 14.631638
Total loss 791.458062171936
```

7.5　本章小结

本章从线性回归基本原理开始，通过简单线性模型为读者打开机器学习的大门。着重对基于 Pytorch 实现简单线性回归模型以及基于信任、安全节点和沙盒机制等三种联邦线性回归模型案例进行分析与实现，以期从多维度解读线性回归与联邦线性回归在联邦学习架构下的异同。

需要特别强调的是常规的安全联邦线性回归算法主要通过同态加密方法实现，为降低初学者入门门槛，本章基于 PySyft 框架实现了联邦学习的三种简单线性回归。

接下来的第 8 章，我们进入联邦卷积神经网络图像识别实战的学习。

第 8 章 联邦卷积神经网络图像识别实战

卷积神经网络是人工智能在计算机视觉领域中获得突破的重要工具，同时，图像识别在联邦学习架构的实现通常为横线联邦学习模式，其核心关键问题为如何在图像数据分布于不同参与训练节点的前提下，实现"数据不动，模型流动"的兼顾隐私保护和智能模型训练的分布式架构应用。

本章详细讲解了卷积神经网络的基本原理和常见结构，分别利用 Pytorch 和 PySyft 框架实现了基于 LeNet 和 RESNET 的手写数字识别与通用图片识别，并针对模型和数据训练过程中的加密强化需求，对 PySyft 框架的加密原语模块进行介绍，以期为读者全面展现基于 PySyft 框架的联邦卷积神经网络图像识别案例和关键技术。

8.1 卷积神经网络基本理论

卷积神经网络在深度学习中的起源可追溯到 1962 年 Hubel 和 Wiesel 对猫大脑视觉系统的探索。1980 年，日本科学家 Kunihiko Fukushima 提出了包含卷积层、池化层的神经网络结构 Neocognitron。1986 年，Hinton 提出利用反向传播算法训练多隐层前馈神经网络。后来，Yann Lecun 利用 BP 算法实现 LeNet-5 的手写体数字识别。直到 2012 年，在 ImageNet 图像识别大赛中，Hinton 领衔的 AlexNet 团队通过全新的深层结构和方法，掀起了以卷积神经网络为代表的人工智能研究热潮，其改进模型已被成功应用于语音、图像、视频等诸多领域。

纵观卷积神经网络的生物机理研究，生物学家对动物大脑视觉皮层的发现表明，视觉皮层中存在对特定方向边缘作出响应的神经细胞，并形成了外侧膝状体→简单细胞→复杂细胞→低阶超复杂细胞→高阶超复杂细胞的层级结构。例如，某些神经元会对垂直边缘作出响应，而其他的神经元则会对水平或者斜边缘作出反应，原因在于这些细胞对视觉输入空间的局部区域（称为"感受野"）很敏感。

相似地，人类视觉系统的信息处理是分级的，如图 8-1 和图 8-2 所示的大脑功能分区和视觉区域，从低级的 V1 区提取边缘特征，到 V2 区提取形状或者目标，再到更高层的整个目标和行为，从低层到高层的特征表示越来越抽象，抽象层面越高，存在的可能猜测就越少，就越利于分类，而且高层特征是低层特征的组合，越来越能表现语义或者意图。

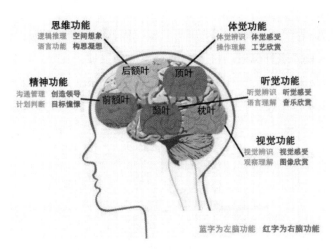

图 8-1 大脑功能区域

基于上述发现,卷积神经网络通过模拟大脑视觉皮层神经元的机理——对边缘信息敏感以及具有特征迁移的能力,利用卷积和感受野等思想实现图像特征的高度抽象。如图 8-3 所示,卷积神经网络的拓扑结构通常由输入层、卷积层、池化层、全连接层及输出层构成。对于输入图像(猫/狗等),通过卷积与池化的多次组合提取抽象特征,形成分类向量和类别标签(猫/狗等)输出。

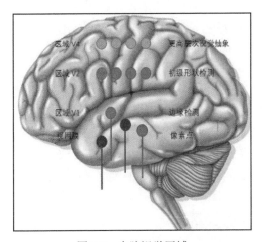

图 8-2 大脑视觉区域

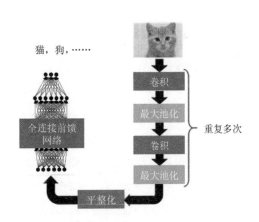

图 8-3 卷积神经网络的拓扑结构

卷积神经网络通过多层卷积等非线性变换,从数据中自动学习特征,代替手工设计特征过程,且深层的结构使其具有很强的表达能力和学习能力,可以更好地拟合目标函数,获得更好的分布式特征。卷积神经网络的主要特点包括局部连接、权值共享、池化操作等。

1. 局部连接

如图 8-4 所示，卷积神经网络利用局部区域扫描整张图像，例如，2×2 的方框（带有连接强弱卷积核）中编号为 0、1、4、5 的节点通过权重 w_1、w_2、w_3、w_4 连接到下一层节点 0（即局部区域与卷积的线性组合），节点加权后，在最后结果上加一个偏移量 b_0。每个神经元只需要局部感知能力；因此，局部连接大大降低了网络连接权值。

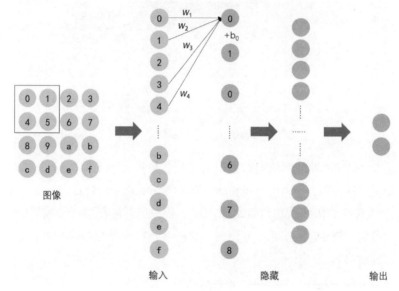

图 8-4　局部连接结构

2. 权值共享

卷积神经网络中，每个卷积核在同一个感受野平面中复用，即相同权重被不同神经元共享，也就是不同神经元之间的连接权重一样。注意，仍然采用梯度下降算法来学习这些共享参数，但共享权重的梯度变为共享参数的梯度之和。这种权重共享方式与稀疏连接一样，可大大减少学习参数的数量，提高学习效率，使神经网络在图像特征的提取、识别等问题上具有很好的泛化能力。如图 8-5 所示，卷积神经网络按照空间维度进行权值共享。

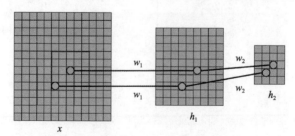

图 8-5　卷积神经网络的权值共享模式

3．池化操作

池化（也称下采样）可以对不同位置的特征进行聚合统计，用某个特定特征的平均值（或最大值）等聚合统计特征代表该区域的概略特性，这样不仅可以降低特征维度，还使卷积神经网络不容易出现过拟合。在卷积神经网络中，池化具有特征不变性，即更加关注是否存在某些特征而不是特征具体的位置；同时，其特征降维作用将输入空间维度范围进行约减，从而可以抽取更加广范围的特征，并减少计算量和参数个数，在一定程度上防止过拟合，促进了卷积神经网络模型的进一步优化。

【知识拓展】走进卷积

卷积是卷积神经网络的关键方法之一，涉及卷积计算和窗口滑动等操作。其中，卷积计算是将卷积核对局部数据的非线性运算过程，通过窗口滑动来完成整体数据的遍历。卷积核大小决定卷积的视野，步长决定卷积核遍历图像时的步子大小，填充决定处理样本时的边界范围。图 8-6 所示解释了卷积深度的概念。

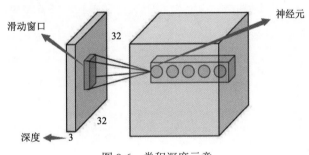

图 8-6　卷积深度示意

卷积是信号处理、图像处理等领域的常用概念，例如，两个函数的卷积是一个函数经过反转和位移后与另一个函数乘积的积分，其定义为：

$$f(t)*g(t) = \int_{-\infty}^{+\infty} f(\tau)g(t-\tau)\mathrm{d}\tau \qquad (8\text{-}1)$$

在深度学习中，卷积的本质是执行逐元素的乘法和加法，不经过反转。卷积的权重是在训练阶段学习得到的。常见的卷积包括 3D 卷积、转置卷积、扩张卷积、可分卷积等。

（1）3D 卷积

3D 卷积是 2D 卷积的泛化，其卷积核大小小于图像通道大小。因此，3D 卷积核可以在图像的高度、宽度、通道三个方向上移动，逐位置的元素乘法和加法都会提供一个数值，所以输出数值也按 3D 空间中滑动的顺序排布，最终输出一个 3D 数据。

（2）转置卷积

转置卷积可将特征图恢复到原图像大小，使网络模型无人工干预地学习到变换规则。如图 8-7 所示，输入数据尺寸为 2×2（周围加了 2×2 的零填充），对其应用核大小为 3×3

的转置卷积。经过转置卷积的采样操作后，输出大小为 4×4。

（3）扩张卷积

扩张卷积是标准的离散卷积，本质上是通过在卷积核元素之间插入空格来使核膨胀。新增参数扩张率表示将卷积核加宽的程度，决定了卷积核中值之间的空间。扩张卷积可用于增大输出单元的感受野，而不会增大其卷积核大小，这在多个扩张卷积彼此堆叠时尤其有效。如图 8-8 所示为扩张率为 1、2、4 时的卷积核大小。

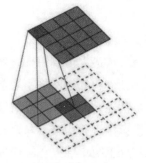

图 8-7　转置卷积

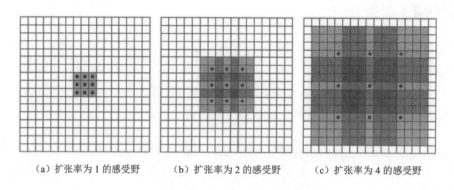

（a）扩张率为 1 的感受野　　（b）扩张率为 2 的感受野　　（c）扩张率为 4 的感受野

图 8-8　扩张卷积的感受野

（4）可分卷积

可分卷积包括空间可分卷积和深度可分卷积。空间可分卷积是将一个卷积分解为两个单独运算。以 Sobel 算子为例，3×3 的 Sobel 核被分成一个 3×1 的核和一个 1×3 的核。空间可分卷积所需的矩阵乘法少于标准卷积的计算量。计算公式如下：

$$\begin{bmatrix} -1 & 0 & 1 \\ -2 & 0 & 2 \\ -1 & 0 & 1 \end{bmatrix} = \begin{bmatrix} 1 \\ 2 \\ 1 \end{bmatrix} \times \begin{bmatrix} -1 & 0 & 1 \end{bmatrix} \tag{8-2}$$

深度可分卷积以 MobileNet 和 Xception 为代表，应用多个 1×1 卷积来实现降低空间维度并保持深度信息的效果。如图 8-9 所示，深度可分卷积相比于 2D 卷积，所需操作要少得多，拥有更高效率；但卷积中参数的数量会相应降低，所以得到的模型可能是次优的。

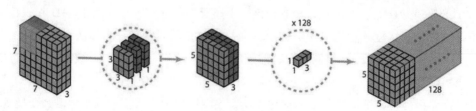

图 8-9　深度可分卷积的全过程

8.2　基于 Pytorch 的卷积神经网络图像识别案例

在手写字识别领域，美国国家标准与技术研究院（National Institute of Standards and Technology，NIST）建立了手写体数字的数据库子集 MNIST 数据集（Mixed National Institute of Standards and Technology database），被誉为深度学习的"Hello World"，是初学者征服深度学习的第一步。

MNIST 数据库（http://yann.lecun.com/exdb/mnist/）包含 10 类（0～9）数字图像，由 250 个不同人的手写数字构成，其中 50% 来自高中学生，50% 来自人口普查局工作人员。MNIST 数据分为训练图像、训练标签、测试图像、测试标签四个部分，具体情况如下：

- 训练图像：train-images-idx3-ubyte.gz（60000 个样本）；
- 训练标签：train-labels-idx1-ubyte.gz（60000 个标签）；
- 测试图像：t10k-images-idx3-ubyte.gz（10000 个样本）；
- 测试标签：t10k-labels-idx1-ubyte.gz（10000 个标签）。

在 MNIST 数据中，训练样本 60000 个，测试样本 10000 个，所有样本图像均以灰度值的形式储存在样本矩阵中。如图 8-10 所示，尺寸为 28×28 的单张图像按像素展成一维的行向量，每行 784 个值，即每行代表一张图像。

作为手写体数字识别的先行者，2019 年图灵奖获得者 LeCun 于 1995 年提出 LeNet 架构，该架构被认为是最早的卷积神经网络模型，它利用卷积操作提取多个位置上的相似特征，并形成卷积、池化和非线性激活函数等完整序列。

图 8-10　手写数字样例

如图 8-11 所示，LeNet 架构包括一个输入层、三个卷积层、两个采样层、一个全连接层（图中包括卷积层、采样层、全连接层）和输出层，因此，LeNet 又被称为 LeNet-5，即 LeNet 是一个 5 层卷积神经网络。其中，C5 层也可以看成是一个全连接层，因为 C5 层的卷积核大小和输入图像的大小一致，都是 5×5。其中，输入为 32×32 像素的手写体图片。由于其模型较为简单，LeNet 的详细网络结构和参数在此不赘述。

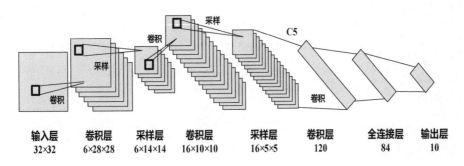

图 8-11　LeNet 网络架构

下面我们来看一下使用 PyTorch 训练 LeNet 网络识别 MNIST 的手写数字的具体步骤。
首先引入相关库，代码如下：

```
import torch
import torchvision
from torch.utils.data import DataLoader
```

准备数据集，定义 n_epochs、learning_rate 和 momentum 等超参数；代码如下：

```
n_epochs = 30
batch_size_train = 32
batch_size_test = 1500
learning_rate = 0.01
momentum = 0.5
log_interval = 10
random_seed = 1
torch.manual_seed(random_seed)
```

基于 TorchVision 的 dataloader 加载 MNIST 数据集，训练的 batch_size=32，测试的 size=1500，调用 Normalize() 方法使 MNIST 数据集的全局平均值和标准偏差为 0.13 和 0.3；代码如下：

```
train_loader = torch.utils.data.DataLoader(
  torchvision.datasets.MNIST('./data/', train=True, download=True,
                      transform=torchvision.transforms.Compose([
                        torchvision.transforms.ToTensor(),
                        torchvision.transforms.Normalize(
                          (0.13,), (0.3,))
                      ])),
  batch_size=batch_size_train, shuffle=True)
test_loader = torch.utils.data.DataLoader(
  torchvision.datasets.MNIST('./data/', train=False, download=True,
                      transform=torchvision.transforms.Compose([
                        torchvision.transforms.ToTensor(),
                        torchvision.transforms.Normalize(
                          (0.13,), (0.3,))
                      ])),
  batch_size=batch_size_test, shuffle=True)
```

使用 matplotlib 绘制样本数据中 28×28 像素的灰度图像，代码如下：

```
import matplotlib.pyplot as plt
fig = plt.figure()
for i in range(3):
  plt.subplot(1,3,i+1)
  plt.tight_layout()
  plt.imshow(example_data[i][0], cmap='gray', interpolation='none')
  plt.title("Ground Truth: {}".format(example_targets[i]))
  plt.xticks([])
  plt.yticks([])
plt.show()
```

效果如图 8-12 所示。

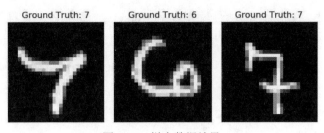

图 8-12 样本数据效果

构建网络时，设置二维卷积层和全连接层，激活函数选择整流线性单元（ReLUs），正则化使用 dropout 实现；代码如下：

```python
import torch.nn as nn
import torch.nn.functional as F
import torch.optim as optim

class Net(nn.Module):
    def __init__(self):
        super(Net, self).__init__()
        self.conv1 = nn.Conv2d(1, 10, kernel_size=5)
        self.conv2 = nn.Conv2d(10, 20, kernel_size=5)
        self.conv2_drop = nn.Dropout2d()
        self.fc1 = nn.Linear(320, 50)
        self.fc2 = nn.Linear(50, 10)
    def forward(self, x):
        x = F.relu(F.max_pool2d(self.conv1(x), 2))
        x = F.relu(F.max_pool2d(self.conv2_drop(self.conv2(x)), 2))
        x = x.view(-1, 320)
        x = F.relu(self.fc1(x))
        x = F.dropout(x, training=self.training)
        x = self.fc2(x)
        return F.log_softmax(x)
```

经过模型训练和测试，可以得到基于 Pytorch 的卷积神经网络手写字识别的基本能力。希望读者在按照步骤复现时，可以思考联邦学习架构下卷积神经网络的异同。

8.3 基于联邦卷积神经网络的图像识别案例

基于联邦卷积神经网络的图像识别是典型的横向联邦学习案例，本节首先以 MNIST 数据集为例，按照联邦学习模式训练 CNN 模型；然后基于 RESNET 实现图像的加密推理案例；最后，基于 PySyft 框架的 connect_to_crypto_provider() 方法，实现卷积神经网络的加密训练实践。

8.3.1 基于 MNIST 数据集的联邦卷积神经网络模型

如图 8-13 所示，为保护数据隐私的所有权，在基于 MNIST 数据集的联邦卷积神经网络模型训练过程中，数据不离开数据生产者（worker），通过 PySyft 框架的 model.send() 方法将模型发送到正确的位置，调用 get() 方法远程更新模型，实现节点间模型共享。

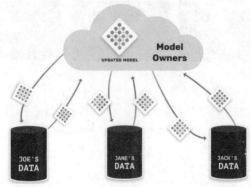

图 8-13　基于 MNIST 数据集的横向联邦学习

准备阶段，导入标准的 PyTorch/TorchVision 包和 PySyft，创建 torch 和 syft 的钩子，以及两个虚拟工作节点 alice 和 bob；代码如下：

```
import torch
import torch.nn as nn
import torch.nn.functional as F
import torch.optim as optim
from torchvision import datasets, transforms
import syft as sy
hook = sy.TorchHook(torch)  #hook
bob = sy.VirtualWorker(hook, id="bob")  # remote worker bob
alice = sy.VirtualWorker(hook, id="alice")
```

定义卷积神经网络模型训练的参数类，包括训练的批大小、学习率、训练轮次、随机种子、优化方法、cuda 支持等超参数。同时，初始化参数类及相关参数；代码如下：

```
class Arguments():
    def __init__(self):
        self.batch_size = 64
        self.test_batch_size = 1000
        self.epochs = 10
        self.lr = 0.01
        self.momentum = 0.5
        self.no_cuda = False
        self.seed = 1
        self.log_interval = 30
        self.save_model = False
args = Arguments()
use_cuda = not args.no_cuda and torch.cuda.is_available()
torch.manual_seed(args.seed)
device = torch.device("cuda" if use_cuda else "cpu")
kwargs = {'num_workers': 1, 'pin_memory': True} if use_cuda else {}
```

基于 PyTorch 框架的标准开发流程，加载 MNIST 数据，将数据集分割并分发到两个工作节点，利用 FederatedDataLoader()方法将训练数据转换为联邦学习用的数据集；代码如下：

```
federated_train_loader = sy.FederatedDataLoader(
datasets.MNIST('../data', train=True, download=True, transform=transforms.
Compose([
transforms.ToTensor(),
transforms.Normalize((0.13,),(0.3,)) # 设置数据集的方差和均值
])).federate((bob, alice)), # 将数据集分发到所有的指定节点，形成联邦数据集
batch_size=args.batch_size, shuffle=True, **kwargs)
```

手写数字训练集和测试集中单张图片的大小是 28×28×1，CNN 模型的最后输出大小是 4×4，即 CNN 将原始图像（28×28）通过最大池化生成大小为 12×12 的特征图，再通过卷积生成大小为 8×8 的特征图，再通过最大池化生成大小为 4×4 的特征图。卷积神经网络构建代码如下：

```
class Net(nn.Module):
    def __init__(self):#定义构建函数
        super(Net, self).__init__()
        self.conv1 = nn.Conv2d(1, 20, 5, 1)
        self.conv2 = nn.Conv2d(20, 50, 5, 1)
        self.fc1 = nn.Linear(4*4*50, 500)
        self.fc2 = nn.Linear(500, 10)

    def forward(self, x):#定义前向传播架构
        x = F.relu(self.conv1(x))
        x = F.max_pool2d(x, 2, 2)
        x = F.relu(self.conv2(x))
        x = F.max_pool2d(x, 2, 2)
        x = x.view(-1, 4*4*50)
        x = F.relu(self.fc1(x))
        x = self.fc2(x)
        return F.log_softmax(x, dim=1)
```

实例化卷积神经网络类，可以输出所构建的网络基本架构及相关参数；代码如下：

```
net = Net()
print(net)
'''
Net(
  (conv1): Conv2d(1, 20, kernel_size=(5, 5), stride=(1, 1))
  (conv2): Conv2d(20, 50, kernel_size=(5, 5), stride=(1, 1))
  (fc1): Linear(in_features=800, out_features=500, bias=True)
  (fc2): Linear(in_features=500, out_features=10, bias=True)
)
'''
```

在基于联邦学习模式的训练过程中，训练数据分布在 alice 和 bob 对应的虚拟工作节点上，每个训练批次将模型发送到相应的节点，远程执行将更新好的模型和损失函数值

取回；代码如下：

```
def train(args, model, device, federated_train_loader, optimizer, epoch):
    model.train() # 设置训练模式
    for batch_index, (data, target) in enumerate(federated_train_loader):
        model.send(data.location)
        data, target = data.to(device), target.to(device) # GPU 计算
        optimizer.zero_grad()
        output = model(data)
        loss = F.nll_loss(output, target)
        loss.backward()          # 计算梯度
        optimizer.step()         # 更新参数
        model.get()              # 取回模型
        if batch_index % args.log_interval == 0:
            loss = loss.get() #取回 loss
            print('Train Epoch: {} [{}/{} ({:.0f}%)]\tLoss: {:.6f}'.format(
                epoch, batch_idx * args.batch_size, len(federated_ train_
loader) * args.batch_size,
                100. * batch_idx / len(federated_train_loader), loss.item())))
```

测试函数调用模型的评估方法，输出训练过程的损失值；代码如下：

```
def test(args, model, device, test_loader):
    model.eval() # 设置评估模式
    test_loss = 0
    correct = 0
    with torch.no_grad():
        for data, target in test_loader:
            data, target = data.to(device), target.to(device)
            output = model(data)
            test_loss += F.nll_loss(output, target, reduction='sum').item()
# sum up batch loss
            pred = output.argmax(1, keepdim=True) # get the index of the max
log-probability
            correct += pred.eq(target.view_as(pred)).sum().item()
    test_loss /= len(test_loader.dataset)
    print('\nTest set: Average loss: {:.4f}, Accuracy: {}/{}
({:.0f}%)\n'.format(
        test_loss, correct, len(test_loader.dataset),
        100. * correct / len(test_loader.dataset)))
```

模型训练和评估流程中，记录程序运行时间，并存储训练好的手写字识别卷积神经网络模型；代码如下：

```
model.train()
model.eval()
%%time
model = Net().to(device)
optimizer = optim.SGD(model.parameters(), lr=args.lr) # TODO momentum is
not supported at the moment
for epoch in range(1, args.epochs + 1):
    train(args, model, device, federated_train_loader, optimizer, epoch)
```

```
    test(args, model, device, test_loader)
if (args.save_model):
    torch.save(model.state_dict(), "mnist_cnn.pt")
```

基于联邦卷积神经网络的手写数字识别模型的训练过程日志记录如下：

```
……
Train Epoch: 4 [59520/60032 (99%)] Loss: 0.057204
Test set: Average loss: 0.0534, Accuracy: 9828/10000 (98%)
Train Epoch: 5 [0/60032 (0%)]  Loss: 0.161142
Train Epoch: 5 [1920/60032 (3%)] Loss: 0.031823
……
```

在以上日志记录中可以看到，在第 4 个 Epoch 中，测试集上的平均损失是 0.0534，准确率为 98%。尽管联邦学习训练方式较为耗时，但准确率可接受，同时达到了隐私保护的效果。

【知识拓展】手写字识别

手写字识别是图像识别领域的重要应用场景。具体来讲，数字或者英文字母识别还是比较容易的，因为数字和字母大小写总共 62 个分类（10+26×2）。而识别手写汉字任务需要面对五万多个中文汉字，其中三千多个常用字，而且汉字笔体多，写法丰富，识别难度非常大。因此，手写字识别中，中文手写字识别难度极大。

常用的公开手写体数据集包括哈尔滨工业大学深圳研究生院的联机手写数据 HIT-OR3C、华南理工的手写数据 SCUT-COUCH 和中科院自动化所的手写数据 CASIA-OLHWDB。三套数据集都包含 3755 个国标一级汉字，其中，数据集 HIT-OR3C 采集了较多的点信息，中科院自动化所数据集 CASIA 的点信息十分稀少，华南理工的 SCUT 数据相对清晰。如图 8-14 所示，手写汉字与手写英文字差异较大。

(a) 手写英文字母　　　　　　　　　　(b) 手写汉字

图 8-14　手写体文字

8.3.2　基于 RESNET 网络模型的图像加密推理

由于神经网络模型越深越容易出现梯度消失问题，微软研究院的何凯明等于 2015 年提出了 RESNET 网络模型。该网络模型借鉴了跨层连接的思想，通过短接的方式，直接把某一层的输入传到输出层，短接的几层称为一个残差块；因此，RESNET 不再学习一个完整的输出，而是将目标定在输出与输入的差值，因此后面的训练目标就是将残差结果逼近 0，避免了随着网络的加深而导致准确率下降。

如图 8-15 所示，通过不断堆叠基本残差模块，构建了 RESNET 模型，成功训练了 152 层超级深的卷积神经网络，效果非常突出，在 ImageNet 大赛中获得多个第一。理论上，RESNET 可以无限堆叠基本残差模块，而不降低神经网络模型性能。

在本案例中，基于 PySyft 框架，利用 RESNET 骨干网络，开展对于蜜蜂和蚂蚁图像的识别，准确率需要达到 95%。按照联邦学习中数据拥有者和模型拥有者的分离要求，其基本模式如图 8-16 所示。

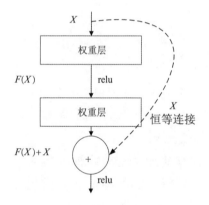

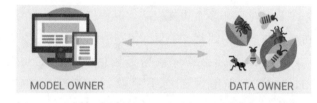

图 8-15　残差神经网络的基本模块　　　　图 8-16　基于 RESNET 的联邦卷积神经网络图像识别

与前期案例一致，程序运行需要导入 PySyft 和 Pytorch 相关库，加载含有蜜蜂和蚂蚁图像的 hymenoptera_data 数据，如图 8-17 所示；将训练过程中的批大小设置为 2，以减低内存压力；代码如下：

```
# 下载数据集（dataset）
!wget https://download.pytorch.org/tutorial/hymenoptera_data.zip
!unzip hymenoptera_data.zip
data_transform = transforms.Compose([
    transforms.Resize(256),
    transforms.CenterCrop(224),
    transforms.ToTensor(),
    transforms.Normalize([0.485, 0.456, 0.406], [0.229, 0.224, 0.225])
])
data_dir = 'hymenoptera_data'
image_dataset = datasets.ImageFolder('hymenoptera_data/val', data_transform)
dataloader = torch.utils.data.DataLoader(image_dataset, batch_size=2,
shuffle=True, num_workers=4)
dataset_size = len(image_dataset)
class_names = image_dataset.classes
```

图 8-17　训练数据集示例

加载预训练模型 ResNet-18 的权重（resnet18_ants_bees.pt），模型的输出类别设置为 2，即蜜蜂和蚂蚁两类；代码如下：

```
#加载预训练模型权重
!wget --no-check-certificate 'https://docs.google.com/uc?export=download&id
=1-1_M81rMYoB1A8_nKXr0BBOwSIKXPp2v' -O resnet18_ants_bees.pt
model = models.resnet18(pretrained=True)
#输出类别设置为 2，即蜜蜂和蚂蚁两类
model.fc = nn.Linear(model.fc.in_features, 2)
state = torch.load("./resnet18_ants_bees.pt", map_location='cpu')
model.load_state_dict(state)
model.eval()
# 连续操作的计算转换
model.maxpool, model.relu = model.relu, model.maxpool
```

按照联邦学习架构，设置 PySyft 的两个虚拟工作节点，即 data_owner 和 model_owner。同时，取消数据压缩设置，以提高训练过程中节点间通信效率；代码如下：

```
import syft as sy
hook = sy.TorchHook(torch)
data_owner = sy.VirtualWorker(hook, id="data_owner")
model_owner = sy.VirtualWorker(hook, id="model_owner")
crypto_provider = sy.VirtualWorker(hook, id="crypto_provider")
# Remove compression to have faster communication
from syft.serde.compression import NO_COMPRESSION
sy.serde.compression.default_compress_scheme = NO_COMPRESSION
```

具体训练过程中，训练数据集放在 data_owner 节点，RESNET 模型放在 model_owner 节点，按照 PySyft 框架的指针模式访问数据；代码如下：

```
data, true_labels = next(iter(dataloader))
data_ptr = data.send(data_owner)
# We store the true output of the model for comparison purpose
true_prediction = model(data)
model_ptr = model.send(model_owner)
```

这里的图像识别模型训练过程中，数据和模型的通信采用 FSS 协议（Function Secret Sharing）作为加密协议，代码如下：

```
encryption_kwargs = dict(
    workers=(data_owner, model_owner), # the workers holding shares of the
secret-shared encrypted data
    crypto_provider=crypto_provider, # a third party providing some
cryptography primitives
```

```
    protocol="fss", # the name of the crypto protocol, fss stands for
"Function Secret Sharing"
    precision_fractional=4, # the encoding fixed precision (i.e. floats are
truncated to the 4th decimal)
    )
```

按照 FSS 加密协议，在模型的训练结果中，加密和解密实现的图像识别准确率可以达到接受程度。

```
start_time = time.time()
encrypted_prediction = encrypted_model(encrypted_data)
encrypted_labels = encrypted_prediction.argmax(dim=1)
print(time.time() - start_time, "seconds")
labels = encrypted_labels.decrypt()
print("Predicted labels:", labels)
print("     True labels:", true_labels)
print(encrypted_prediction.decrypt())
print(true_prediction)
#结果
tensor([[ 1.0316, -0.3674],
        [-1.3748, 2.0235]])
tensor([[ 1.0112, -0.3442],
        [-1.3962, 2.0563]], grad_fn=<AddmmBackward>)
```

【实践拓展】图像识别的加密强化

在经典的联邦学习中，"诚实但好奇"的服务器可以从计算更新中重构原始数，因此，基于 RESNET 网络模型的图像加密推理案例具有重要意义。以加密的 MNIST 图像识别模型的训练过程为例，如图 8-18 所示，图像识别的加密强化流程包括虚拟工作节点构建（Connect workers）、构建分布式模型（Build shares）、交换模型参数（Exchange shares）、汇聚构建共享模型（Send encrypted model）等部分。

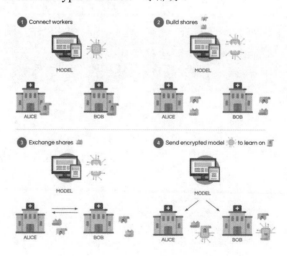

图 8-18　图像识别的加密强化流程

与常规联邦学习框架案例一致，导入依赖库和训练超参数类配置。注意，加密工作节点 crypto_provider 和 connect_to_crypto_provider()方法调用是获取数据并支持隐私保护的关键；代码如下：

```
# We don't use the whole dataset for efficiency purpose, but feel free to
increase these numbers
n_train_items = 640
n_test_items = 640
def get_private_data_loaders(precision_fractional, workers, crypto_provider):
    # Details are in the complete code sample
    return private_train_loader, private_test_loader
private_train_loader, private_test_loader = get_private_data_loaders(
    precision_fractional=args.precision_fractional,
    workers=workers,
    crypto_provider=crypto_provider,
    dataset_sizes=(n_train_items, n_test_items)
)
```

在图像识别过程中，用于加密强化的神经网络模型基础为 LeNet，如图 8-19 所示。所需的卷积神经网络模型训练、测试等完整流程代码如下：

```
model = Net()
model = model.fix_precision().share(*workers, crypto_provider= crypto_
provider, requires_grad=True)
optimizer = optim.SGD(model.parameters(), lr=args.lr)
optimizer = optimizer.fix_precision()

for epoch in range(1, args.epochs + 1):
    train(args, model, private_train_loader, optimizer, epoch)
    test(args, model, private_test_loader)
```

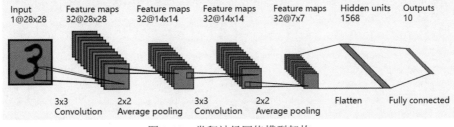

图 8-19 卷积神经网络模型架构

案例的最终结果中，测试集的准确率达到 95%以上；代码如下：

```
Train Epoch: 1 [0/640 (0%)]      Loss: 1.128000 Time: 2.931s
Train Epoch: 1 [64/640 (10%)]    Loss: 1.011000 Time: 3.328s
Train Epoch: 1 [128/640 (20%)]   Loss: 0.990000 Time: 3.289s
Train Epoch: 1 [192/640 (30%)]   Loss: 0.902000 Time: 3.155s
Train Epoch: 1 [256/640 (40%)]   Loss: 0.887000 Time: 3.125s
Train Epoch: 1 [320/640 (50%)]   Loss: 0.875000 Time: 3.395s
Train Epoch: 1 [384/640 (60%)]   Loss: 0.853000 Time: 3.461s
Train Epoch: 1 [448/640 (70%)]   Loss: 0.849000 Time: 3.038s
```

```
Train Epoch: 1 [512/640 (80%)]  Loss: 0.830000  Time: 3.414s
Train Epoch: 1 [576/640 (90%)]  Loss: 0.839000  Time: 3.192s
Test set: Accuracy: 300.0/640 (47%)
...
Train Epoch: 20 [0/640 (0%)]    Loss: 0.227000  Time: 3.457s
Train Epoch: 20 [64/640 (10%)]  Loss: 0.169000  Time: 3.920s
Train Epoch: 20 [128/640 (20%)] Loss: 0.249000  Time: 3.477s
Train Epoch: 20 [192/640 (30%)] Loss: 0.188000  Time: 3.327s
Train Epoch: 20 [256/640 (40%)] Loss: 0.196000  Time: 3.416s
Train Epoch: 20 [320/640 (50%)] Loss: 0.177000  Time: 3.371s
Train Epoch: 20 [384/640 (60%)] Loss: 0.207000  Time: 3.279s
Train Epoch: 20 [448/640 (70%)] Loss: 0.244000  Time: 3.178s
Train Epoch: 20 [512/640 (80%)] Loss: 0.224000  Time: 3.465s
Train Epoch: 20 [576/640 (90%)] Loss: 0.297000  Time: 3.402s
Test set: Accuracy: 610.0/640 (95%).
```

因此，基于 PySyft 框架，调用 crypto_provider 等组件，可以强化图像识别过程的加密能力，并对识别结果的影响控制在较低水平。

8.4 本章小结

本章以图像识别为主要任务，以卷积神经网络为模型工具，基于 MNIST 手写数字数据集和包含蜜蜂和蚂蚁图像的 hymenoptera_data 数据集，对经典的 LeNet 和 RESNET 等卷积神经网络结构进行了联邦卷积神经网络图像识别复现，并从加密角度对联邦学习模型性能进行了对比分析。本章是联邦学习技术在图像识别领域的入门实践，下一章将从终端与网络通信情况角度介绍异步联邦学习的实践案例。

第9章　面向边缘智能的异步联邦学习实战

随着物联网的快速发展，边缘设备每天都会产生大量的数据，本地数据处理并将更多计算处理推送到边缘越来越有吸引力，这推动了联邦学习在网络边缘实现分布式机器学习的应用。然而，资源受限、数据不均、边缘动态等挑战较为突出。因此，面向边缘智能的异步联邦学习从固定数量的边缘节点接收训练完的本地模型后，服务器将聚合这些模型并将更新后的全局模型发送给所有指定边缘节点，较好地克服了边缘计算与联邦学习融合过程中面临的新问题。

本章以泛在智能与联邦学习的结合为出发场景，尝试为读者展现异步联邦学习的基本模式，并强化嵌入式智能开发硬件对联邦学习性能提升（或实际应用）的重要作用；以 Nvidia 开发板为例，讲解基于 PySyft 框架的异步联邦学习案例，以期从实践角度平衡联邦学习的理论难点，激发读者对动手实践的热情。

9.1　泛在智能与联邦学习

从物联网的泛在互联到区块链的分布式去中心化可信存储，再到元宇宙（Metaverse）主推的虚实相生的数字空间。人工智能从集中式厚重的云端，下沉到直面用户需求的本地端，为现实世界中海量的实体提供了泛在智能。其中，联邦学习架构可作为拉通各层级各类实体、数据的宏观模式，助推"云—边—端"通路上泛在智能的实现。

9.1.1　去中心化的泛在智能

2008 年，去中心化的区块链问世，用户通过计算资源来维持虚拟网络运行，以获得虚拟货币和共享交换，形成以挖矿、去中心化和加密为基础的体系。而去中心化意味着人人平等，尤其，系统内部最小单位的共识是去中心化实现的关键。假想矿工在自己的工作机上运行人工模型的某一部分，而不需要训练整个模型或挖矿（寻找随机数），这一场景与联邦学习高度相似！

这一理念的实质是高效地分配训练，利用不同机器的计算资源训练完整的模型，并以去中心化的方式产生结果。这一模式又与泛在智能高度相关！泛在智能是普适计算、移动计算、人机交互、物联网和人工智能等多个领域的交叉方向，通过内嵌在智能手机、手表、可穿戴设备、汽车、家电中的摄像头、加速度传感器、陀螺仪、Wi-Fi、LTE、毫米波雷达、声波收发模块对人和环境进行多模态感知分析，进而为人在合适的时间、合适的地点，提供智能的服务。

随着智能手机、可穿戴设备、无线通信、智能器件成本越来越低，存在越来越普遍，泛在感知在智慧终端、智慧家居、智慧健康医疗、新型人机交互和自动驾驶等领域有了广泛应用，近年来受到了学术界和产业界的关注与重视。

作为泛在智能的重要代表，边缘智能（Edge Intelligence, EI）被誉为人工智能的"最后一公里"。如图 9-1 所示，边缘智能以搭载智能芯片的边缘终端设备为主体，以人工智能为核心，是联合云计算、边缘计算、联邦学习、区块链、5G 通信、智能硬件等技术的"云—边—端"一体化的全链路智能体系。

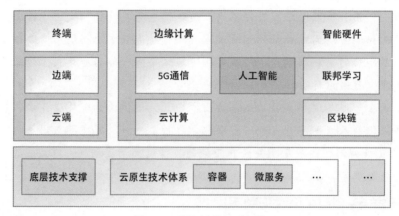

图 9-1　边缘智能体系架构

在边缘智能场景中，人工智能通常以深度学习模型形式体现。终端设备通过将深度学习模型的推理或训练任务卸载到临近的边缘计算节点，以完成终端设备的本地计算与边缘服务器强计算能力的协同互补，进而降低移动设备自身资源消耗、任务推理的时延以及模型训练的能耗，以保证良好的用户体验。

将人工智能部署在边缘设备上，可以为用户提供更加及时的智能应用服务。而且，依托远端的云计算服务模式，根据设备类型和场景需求，可以进行近端边缘设备的大规模安全配置、部署、管理以及服务资源的智能分配，从而让人工智能在云端和边缘之间按需流动。

以边缘智能为代表的泛在智能，在无人驾驶、智能安防、智慧家居、工业机器人等各类场景都有大量的潜在应用。具体来讲，可以从人工智能与边缘计算的行业应用角度去探索，例如，在人工智能领域增加边缘计算技术，形成覆盖更广、性能更优的"云—边—端"全域应用效果；在边缘计算等计算领域中，引入智能硬件与智能算法，形成优化的计算节点部署、高效的任务迁移等多种方案。

9.1.2　异步联邦学习

从去中心化的另一个角度看，联邦学习是分布式机器学习的变种，通过聚合反馈过程训练神经网络,即聚合单元负责接收模型参数,合并神经网络模型,并负责全局模型的推送更新;而本地单元则负责将收集数据进行本地处理,或者是经过一部分有限计算之后,将局部模型或者初始数据上传给聚合单元。

一般情况下,分布式机器学习的通信条件十分稳定,设备集群一般在不同的机房中,通过骨干网进行互相通信,而且数据是独立同分布的。而在联邦学习中,子节点具有较大的自主权,可以自行退出通信网络,并且大部分数据留存在本地。一般上传到聚合点的只有加工过的梯度或者模型。

同时,在联邦学习的应用环境中,通信条件十分不稳定,并且子节点的设备异构性较强,数据一般是非独立同分布的,比如在移动设备上基于图像识别的用户画像分析,以及输入法的预判输入等都可以采用联邦学习的方法来进行。

因此,联邦学习在本质上是一种中心分权的方法,通过赋予子节点更多的自主权来保证更多的数据本地化处理,更少的通信需求,更强的安全强度。一般来说,数据满足以下特性就可以采用联邦学习方法进行处理。

(1)接近底层所获得的真实数据比经过初步处理的数据更有价值,数据实效性强。

(2)数据隐私性比较强,规模比较大,不适合放在中心节点进行计算处理。尤其是在私人设备上,比如手机、个人电脑。

(3)在监督学习中,易于从用户互动中推出数据标签,例如,日常照片。

综上分析,联邦学习与去中心化的泛在智能高度相关;尤其从通信机制角度看,现有联邦学习一般结合随机梯度下降来设计算法,在中心服务器和子节点服务器之间传输梯度和参数信息。其中,梯度信息指子节点经过初步训练之后,上传并用作更新全局模型依据的梯度;而参数信息是指中心服务器计算完全局模型之后,用于更新子节点学习训练策略的模型参数。

联邦学习算法优于分布式机器学习算法的原因之一为本地操作。本地更新策略优于分布式 SGD,因为本地策略减少了更多的通信代价,节省了采样处理时间,而且任务统一规划,更能够进行资源协同配置,让相对关键的任务进行提交修改,减少通信次数也相应减少了通信的安全风险,从而在一定程度上提高了安全强度。

对于隐私安全防护,联邦学习也显著优于其他架构,具体体现在基于信任权重的加密机制。不仅数据留存在本地设备,只提交梯度更新,可以减少数据泄露风险,而且可以根据不同的安全情景,采用不同的加密机制:若此时环境安全等级较高,那么此时无加密;若此时环境存在一定安全风险,则在中心服务器处进行加密;若此时中心服务器不可信,则在通信过程中进行加密。

并且出于某种考虑,在联邦学习过程之中,有些集群出于两种考虑,依托权限控制,形成了较为"松散"的联邦。一是该集群所学习联邦模型没有扩展到全局的必要,且特化性较强;比如某地域人文环境比较特殊,用户使用习惯与其他地域用户有着显著差异,而且合并该地域模型会显著减少全局预测准确率，此时就可不予合并；二是该集群所在环境存在安全风险，合并会带来一定的模型扰动，会使模型预测准确率下降，或者会在传输数据之中嵌入恶意代码，导致模型崩溃或者泄露，那么此时也不予合并。

因此，通过异步联邦学习技术来解决通信质量差问题，对实现去中心化的泛在智能具有重要意义。异步联邦学习是一种基于时序异步的联邦学习算法，采用最简单朴素的时序衰减贡献法进行参数权重分配，上次模型更新时间较长的比更新时间较短的占有更大的更新权重比，这样就可以确保在兼顾历史信息和新信息的情况下，拟合出接近真实数据变化特征的参数模型。

异步联邦学习可以按照分层模式和面向去中心化的泛在智能需求，形成基于"云—边—端"架构的联邦学习架构。数据从底部设备做指定轮数的本地迭代，之后将初步模型参数上传到边缘端进行聚合，边缘端将模型聚合完毕并进行复杂数据加强训练后，将模型上传到云端，云端对数据做最终聚合，形成全局模型，并将全局模型在网络范围内进行广播，保证每一个节点都能接收到模型参数，并进行本地模型更新。

为了能够更好地均衡在异步联邦中的短时和远时合并对总聚合信息组成的贡献，以及体现贡献度因为时间而发生的明显变化，这里采用线性函数作为衰减度函数。具体实现可分为两部分模块，分别为 Server 和 Client，云端为 Server，终端为 Client；而边缘设备根据上传和下载的情况不同，既为 Server 又为 Client，当将信息推送至云端聚合时为 Client，当终端信息需要聚合至边缘设备时为 Server。Server 中开启两个线程，一个负责将模型推送至全局，以及开启刷新全局时间戳的 Scheduler；另外一个负责异步聚合的 Updater，信息从底部聚合时首先经过 Updater 的权值偏重等价转换，而后再进行整个层级的逐层累加。

此外，在面向边缘智能的异步联邦学习方案中，从任意部分（一个或多个）边缘节点收集局部更新模型进行全局聚合，简单且管理（配置）成本低，这有助于克服边缘动态。然而，在每一轮训练中，全局模型在收集到部分本地更新模型后即进行聚合。因此，需要更多的训练轮数以及训练时间来达到与同步方案的类似训练性能（例如分类精度）。此外，参数服务器和工作节点之间的通信频率大大增加，这将导致大量的带宽消耗；不过，大多数现有的解决方案忽略了有限的网络资源对训练效果的影响。因此，针对资源受限、数据不均和边缘动态等问题的异步联邦学习机制具有重要研究意义。

【扩展学习】智能硬件：嵌入式智能

深度神经网络主要基于通用处理器和软件方式实现，而 AI 芯片的模型加速和嵌入式智能实现是泛在智能和联邦学习的重要方向。常用的嵌入式微处理器包括 4/8/16 位单片机、32/64 位 RISC 单片机、32/64 位 CISC 微处理器、DSP 处理器、FPGA 等。其中，FPGA（Field Programmable Gate Array）是专用集成电路（ASIC）领域的一种半定制电路，是可编程的逻辑列阵，能够有效地解决原有的器件门电路数较少的问题。AI 芯片的研发方向包括通用类芯片（CPU、GPU）、基于 FPGA 的半定制化芯片、全定制化 ASIC 芯片、类脑计算芯片等。

基于传统冯·诺依曼架构的 FPGA 和 ASIC 芯片将处理器和存储器分开，而类脑计算芯片模仿人脑神经元结构，将 CPU、内存和通信部件集成在一起。为适应不同场景和功能需求，出现了 TPU（Tensor Processing Unit）、NPU（Neural-network Processing Unit）等新型芯片。

在常规的嵌入式智能开发设备中，树莓派（Raspberry Pi）是搭载轻量级 Liunx 桌面操作系统的 ARM 开发版，由 Raspberry Pi 基金会开发，于 2012 年 3 月正式发售，同时，Windows 10 IoT 可运行 Windows 的树莓派。以 SD/MicroSD 卡为内存硬盘，有 1/2/4 个 USB 接口和一个 10/100 以太网接口，可连接键盘、鼠标和网线，同时拥有视频模拟信号的电视输出接口和 HDMI 高清视频输出接口。

树莓派可以运行深度学习框架，是良好的移动终端应用良好载体。如图 9-2 所示，树莓派 4B 开发板是主控芯片，使用 Type C 供电接口，具有蓝牙 5.0 适配器，两个 USB3.0 接口，支持 4K 高清双屏输出和千兆以太网。操作系统镜像采用官方推荐系统版本 Raspbian，SD 卡采用 16GB。此外，外接扩展模块传感器需要通过 4P 线连接至树莓派拓展板，拓展板供电使用 7.5V 锂电池。

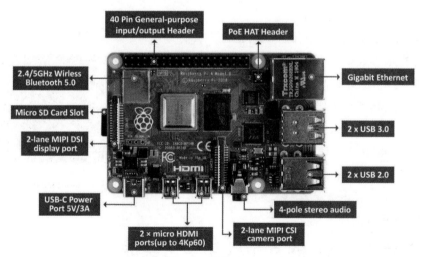

图 9-2　树莓派 4B

基于树莓派的嵌入式智能编程关键为 GPIO（General Purpose Input/Output）接口编程。如图 9-3 所示，树莓派 4B 的 GPIO 接口由 40 个针脚（PIN）组成，每个针脚都可以用杜邦线和外部设备相连，采用 IIC 通信协议。

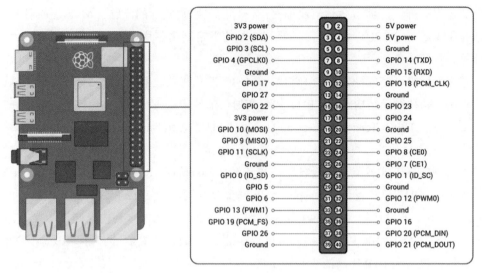

图 9-3　GPIO 针脚

在 GPIO 针脚中，固定输出信号分为 5V（2、4 号 PIN）、3.3V（1、17 号 PIN）和地线（Ground、6、9、14、20、25、30、34、39）。如果一个电路两端接在 5V 和地线之间，该电路就会获得 5V 的输入电压。在树莓派的操作系统中，通常用 GPIO 的编号 14 来指代该 PIN，而不是位置编号的 8。此外，GPIO 引脚 PIN 状态为 1 时，对外输出 3.3V 的高电压，否则输出 0V 的低电压。

此外，Jetson Nano 是英伟达（NVIDIA）公司开发的一款小型人工智能计算机，搭载四核 Cortex-A57 处理器，128 核 Maxwell GPU，4GB 64 位 LPDDR 内存及 16GB 存储空间，支持高分辨率传感器；开发组件包含支持深度学习、计算机视觉、计算机图形和多媒体处理的 40 多个加速库。如图 9-4 所示，Nano 可以提供高达 472 GFLOPS 的浮点运算能力，而且耗电量仅为 5W，特别适合边缘智能应用开发部署。

图 9-4　Jetson Nano

9.2　基于 PySyft 的异步联邦学习实战

概括地讲，异步是两个或两个以上对象或事件不同时发生（或相关事物的发生无须等待前一事物完成）。从通信角度讲，异步是一种不需要通信双方进行时钟同步的方式，即接收方不需要知道发送方何时发送数据，例如邮件。从数据处理角度来看，异步操作允许其他工作完成后再返回当前工作，不需要等待当前工作完成。上述模式符合异步联邦学习的基本逻辑，即参与机器学习的数据所有方异步，模型参数的学习通信过程异步。

9.2.1　基于 Nvidia 终端的异步联邦学习架构设置

本案例中，异步联邦学习架构从宏观上分为云/边端和边端设备两大部分，异步通信通过 websocket 实现，云/边端包括协调器（coordinator）和评估器（Evaluator）。其中，评估器包括手写数字 0～9 全部类别的 1 万个样本。边端设备为三个工作节点，以手写数字数据集 MNIST 分类任务为数据分析对象，每个工作节点拥有不同的数字种类和数量，以模拟训练数据的非均衡分布特性和数据孤岛。

整个异步联邦学习的实验架构符合横向联邦学习模式。基于 PySyft 框架和 Pytorch 框架，搭建 5 层卷积神经网络模型（含有 2 卷积层、2 个池化层、1 个全连接层）。图 9-5 所示的是以 Nvidia 终端开发板为边端设备进行的程序部署。

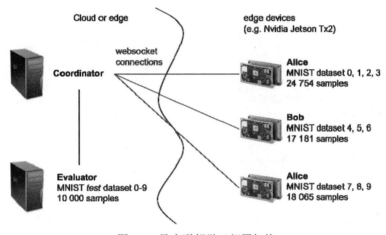

图 9-5　异步联邦学习部署架构

按照 PySyft 框架的联邦学习架构，在初始化虚拟工作节点后，即可查看参与训练的工作节点情况，以工作节点 alice 为例，运行如下命令查看 alice 的数字情况。

```
$ python run_websocket_server.py --id alice --port 8777 --host 0.0.0.0
```

查询结果显示，该节点有 5923 张数字 0，6742 张数字 1，没有数字 4～9，数据总量为 24754；结果如下：

```
MNIST dataset (train set), available numbers on alice:
    0: 5923
    1: 6742
    2: 5958
    3: 6131
    4: 0
    5: 0
    6: 0
    7: 0
    8: 0
    9: 0
```

```
datasets:  {'mnist':  <syft.frameworks.torch.federated.dataset.BaseDataset
object at 0x7fdbcd433748>}
   len(datasets[mnist]): 24754
```

工作节点 bob 有 17181 张数字样本，包括数字 4～6，没有数字 0～3 和 7～9。命令如下：

```
$ python run_websocket_server.py --id bob --port 8778 --host 0.0.0.0
```

工作节点 bob 上的查询结果如下：

```
MNIST dataset (train set), available numbers on bob:
    0: 0
    1: 0
    2: 0
    3: 0
    4: 5842
    5: 5421
    6: 5918
    7: 0
    8: 0
    9: 0
datasets:  {'mnist':  <syft.frameworks.torch.federated.dataset.BaseDataset
object at 0x7fea69678748>}
   len(datasets[mnist]): 17181
```

工作节点 charlie 只有数字 7～9，总数为 18065，命令如下：

```
$ python run_websocket_server.py --id charlie --port 8779 --host 0.0.0.0
```

工作节点 charlie 上的数据查询结果如下：

```
MNIST dataset (train set), available numbers on charlie:
    0: 0
    1: 0
    2: 0
    3: 0
    4: 0
    5: 0
    6: 0
    7: 6265
    8: 5851
    9: 5949
datasets:  {'mnist':  <syft.frameworks.torch.federated.dataset.BaseDataset
object at 0x7f3c6200c748>}
   len(datasets[mnist]): 18065
```

评估节点拥有 MNIST 数据集，包括 10000 张 0～9 的所有数据，命令如下：

```
$ python run_websocket_server.py --id testing --port 8780 --host 0.0.0.0
-testing
```

评估节点上的数据查询结果如下：

```
MNIST dataset (test set), available numbers on testing:
    0: 980
    1: 1135
    2: 1032
    3: 1010
    4: 982
```

```
        5: 892
        6: 958
        7: 1028
        8: 974
        9: 1009
    datasets: {'mnist_testing': <syft.frameworks.torch.federated.dataset.
BaseDataset object at 0x7f3e5846a6a0>}
```

9.2.2　训练及结果

本案例中，异步联邦学习要启动 websocket 完成工作节点和评估器间的网络连接，经过 40 轮训练（命令：$ python run_websocket_client.py），手写数字识别的准确率达到 95.9%。

在第一轮训练结果中，工作节点 alice 的本地数字样本 0～3 参与模型训练，平均损失值为 0.0190，准确率为 28.75%；bob 的本地数字样本 4～6 参与模型训练，平均损失值为 0.0275，准确率为 9.58%；charlie 的本地数字样本 7～9 参与模型训练，平均损失值为 0.0225，准确率为 15.12%。显示结果如下：

```
Training round 1/40
Evaluating models
Model update alice: Percentage numbers 0-3: 100%, 4-6: 0%, 7-9: 0%
Model update alice: Average loss: 0.0190, Accuracy: 2875/10000 (28.75%)
Model update bob: Percentage numbers 0-3: 0%, 4-6: 100%, 7-9: 0%
Model update bob: Average loss: 0.0275, Accuracy: 958/10000 (9.58%)
Model update charlie: Percentage numbers 0-3: 0%, 4-6: 0%, 7-9: 100%
Model update charlie: Average loss: 0.0225, Accuracy: 1512/10000 (15.12%)
Federated model: Percentage numbers 0-3: 0%, 4-6: 86%, 7-9: 12%
Federated model: Average loss: 0.0179, Accuracy: 1719/10000 (17.19%)
```

经过 40 轮训练后，工作节点 alice 的平均损失值为 0.0041，准确率为 82.18%；工作节点 bob 的平均损失值为 0.0039，准确率为 81.55%；工作节点 charlie 的平均损失为 0.0047，准确率为 78.02%，整体模型的平均损失值为 0.0011，准确度为 95.92%。显示结果如下：

```
Training round 32/40
Training round 33/40
Training round 34/40
Training round 35/40
Training round 36/40
Training round 37/40
Training round 38/40
Training round 39/40
Training round 40/40
Evaluating models
Model update alice: Percentage numbers 0-3: 56%, 4-6: 23%, 7-9: 20%
Model update alice: Average loss: 0.0041, Accuracy: 8218/10000 (82.18%)
Model update bob: Percentage numbers 0-3: 33%, 4-6: 45%, 7-9: 20%
Model update bob: Average loss: 0.0039, Accuracy: 8155/10000 (81.55%)
Model update charlie: Percentage numbers 0-3: 32%, 4-6: 17%, 7-9: 50%
Model update charlie: Average loss: 0.0047, Accuracy: 7802/10000 (78.02%)
Federated model: Percentage numbers 0-3: 41%, 4-6: 29%, 7-9: 29%
```

```
Federated model: Average loss: 0.0011, Accuracy: 9592/10000 (95.92%)
```

9.2.3　基于智能手机的异步联邦学习效果分析

为拓展异步联邦学习对不同终端设备的适用性,以智能手机为联邦学习模型训练的部署终端,以尺寸为 28×28 像素灰度图像 MNIST 手写数字数据集为联邦学习数据样本,根据智能手机数量划分 7 个数据子集,训练数据的分布情况如表 9-1 所示。

表 9-1　数据集分布情况

数据子集名称	手写数字类别情况
数据子集 1	数字 0 共 5923 个,数字 1 共 6742 个,合计 12395 个
数据子集 2	数字 1 共 6742 个,数字 2 共 5958 个,数字 3 共 6131 个,合计 17181 个
数据子集 3	数字 2 共 5958 个,数字 3 共 6131 个,合计 12089 个
数据子集 4	数字 4 共 5842 个,数字 5 共 5421 个,数字 6 共 5918 个,合计 17181 个
数据子集 5	数字 1 共 6742 个,数字 2 共 5958 个,数字 7 共 6265 个,合计 18965 个
数据子集 6	数字 8 共 5851 个,数字 9 共 5959 个,合计 11800 个
数据子集 7	数字 0 共 5923 个,数字 1 共 6742 个,数字 3 共 6131 个,合计 18796 个

如图 9-6 所示,实验中采用 7 个智能手机终端,按照表 9-1 所示的数据分布进行数据划分,基于 PySyft 的联邦学习架构协调器由笔记本电脑充当,推理测试节点由另一台笔记本电脑充当。数据模型训练轮次为 40,卷积神经网络模型采用 LeNet 骨干网络。

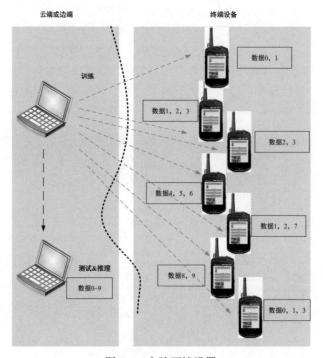

图 9-6　实验环境设置

在模型训练过程中，云端将初始模型通过 websocket 广播给 7 个工作节点，根据本地数据并行训练卷积神经网络模型，然后将训练更新后的模型参数反馈给云端，云端利用联邦平均算法聚合从各节点收到的模型，并将聚合后的模型广播给各工作节点，进行下一轮训练。如图 9-7 所示，经过 40 轮训练，联邦学习模型的平均损失值下降为 0.0015，与集中式学习训练过程中的损失值（0.0012）相近，明确说明了联邦学习训练模式同样具有一定的收敛性。

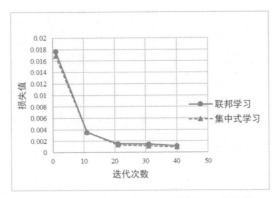

图 9-7　手写字识别模型训练中的损失值变化

如图 9-8 所示，经过多轮迭代训练，集中式模型学习的准确率在 98% 左右，联邦学习的准确率为 95.69%，两者差距并不是很大，基本可以满足模型推理应用需求。尽管联邦学习在模型精度上牺牲了部分性能，但联邦学习避免了大量冗余原始数据的集中汇聚，降低了原始数据汇聚的人工治理复杂度，既可以满足原始数据个性化应用，又可以兼顾本地化数据安全处理。

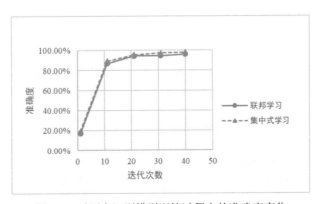

图 9-8　手写字识别模型训练过程中的准确度变化

【硬件实战】树莓派上安装 PySyft

树莓派是实现去中心化泛在智能，以及基于联邦学习的边缘智能的重要嵌入式智能硬件载体。利用 RPi 模拟数据用户端设备，具体采用 Raspberry Pi 4B（8GB 内存），64GB 内存卡，系统镜像为 64 位 Ubuntu 20.04 LTS，可以通过 SSH 或局域网连接 RPi，通过安装 PySyft（syft 0.5.0 版本）和 PyTorch v1.8.1，实现异步联邦学习架构。树莓派的基本操作命令如表 9-2 所示。

表 9-2　树莓派的基本操作命令

命　令	输　出
lsb_release -a	输出 Ubuntu 系统信息
uname -a	输出 Linux raspi 版本相关信息
gcc --version	gcc (Ubuntu 10.2.0-13ubuntu1) 10.2.0
python --version	Python 3.8.5

如图 9-9 所示，基于多个树莓派终端，可以实现跨设备异步联邦学习案例，这里的跨设备是指按照去中心化模式，部署多个树莓派节点，异步联邦学习模式通过 websocket 编程实现异步通信，完成联邦学习的跨设备验证。

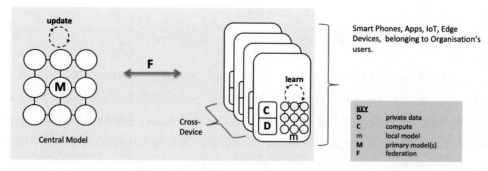

图 9-9　基于树莓派的跨设备异步联邦学习

在案例具体实现中，需要安装 pytorch、av、toml、sycret 等依赖，保证 Pytorch 环境可用；代码如下：

```
pip3 install torch==1.8.1
# Successfully installed numpy-1.21.0 torch-1.8.1
# Python package csprng v0.2.1
cd ~ && git clone https://github.com/pytorch/csprng.git--branch=v0.2.1
cd csprng
python setup.py install or pip install .
# Finished processing dependencies for torchcsprng==0.2.0a0+ab7d33e
# Python package av
sudo apt install -y libavdevice-dev
pip install av>=8.0.0
# Successfully installed av-8.0.3
# Install aiortc dependencies
sudo apt install libavfilter-dev libopus-dev libvpx-dev pkg-config
# Python package toml
```

```
pip install toml
# Successfully installed toml-0.10.2
# Python package sycret
sudo apt install -y rustc
cd ~ && git clone https://github.com/OpenMined/sycret.git && cd sycret
python setup.py install or pip install .
# Successfully installed cffi-1.15.0 pycparser-2.21 sycret-0.2.8
```

在安装 PySyft 时，依然安装 syft 的 0.5.0 版本；同时，注意在树莓派上安装所需的如下依赖库。

```
pip install syft==0.5.0  # (6 min)
# Successfully installed (output formated for an easier overview)
# Jinja2-2.11.3 MarkupSafe-2.0.1
# PyJWT-1.7.1      PyNaCl-1.4.0
# PyYAML-5.4.1     Werkzeug-1.0.1
# aiortc-1.2.0     cachetools-4.2.2
# certifi-2021.5.30 cffi-1.14.5
# chardet-4.0.0 click-7.1.2
# crc32c-2.2.post0 cryptography-3.4.7
# dpcontracts-0.6.0 flask-1.1.4
# forbiddenfruit-0.1.4 idna-2.10
# itsdangerous-1.1.0    joblib-1.0.1
# loguru-0.5.3     names-0.3.0
# nest-asyncio-1.5.1    packaging-21.0
# pandas-1.3.0     pillow-8.3.0
# protobuf-3.17.3 pyarrow-4.0.1
# pycparser-2.20   pyee-8.1.0
# pylibsrtp-0.6.8  pyparsing-2.4.7
# python-dateutil-2.8.1 pytz-2021.1
# requests-2.25.1  requests-toolbelt-0.9.1
# scikit-learn-0.24.2   scipy-1.7.0
# six-1.16.0       sqlitedict-1.7.0
# syft-0.5.0       syft-proto-0.5.3
# threadpoolctl-2.1.0   torchvision-0.9.1
# urllib3-1.26.6   websocket-client-1.1.0
# wrapt-1.12.1
```

完成 Pytorch 和 PySyft 安装后，进入 Python 环境，查看 syft、torch 的版本即完成安装测试；代码如下：

```
import syft
import torch
import torchvision
# Check package versions
print(syft.__version__)  # two under scores
print(torch.__version__)
print(torchvision.__version__)
```

此外，还可以通过 docker 镜像完成 Pytorch 和 PySyft 的所有安装。

完成了上述步骤后，即可对基于树莓派的 PySyft 联邦学习环境进行开发与验证具体实现代码如下：

```
FROM ubuntu:20.04
RUN apt-get update && \
    apt-get upgrade --yes
ENV DEBIAN_FRONTEND=noninteractive
RUN apt-get install --yes software-properties-common python3 python3-pip
&& \
    apt-get install --yes git && \
    apt-get install --yes libavdevice-dev libavfilter-dev libopus-dev
libvpx-dev pkg-config ffmpeg && \
    apt-get install --yes libvpx-dev libopus-dev libffi-dev
# Install torch
RUN pip3 install torch==1.8.0
# Build torchvision from source
RUN git clone https://github.com/pytorch/vision.git --branch=v0.9.0
WORKDIR /vision
RUN python3 setup.py install
# Build aiortc from source
WORKDIR /
RUN git clone https://github.com/aiortc/aiortc.git
WORKDIR /aiortc
RUN python3 setup.py install
# Install syft
RUN pip3 install syft==0.5.0rc1
CMD ["/bin/sh"]
```

【扩展学习】基于 Paddle FL 平台的 FedVision

FedVision 是微众银行与百度 Paddle 团队基于 Python 语言实现的首个轻量级、模型可复用、架构可扩展的视觉横向联邦开源框架，其中内置了 PaddleFL/ PaddleDetection 插件，该框架将机器学习需求与在云端存储大量数据的需求分离，在保证模型训练的同时，可以兼顾数据的隐私性与安全性。FedVision 平台的工作流程主要包括图像标注、联邦学习模型训练、联邦学习模型更新三个步骤。

FedVision 的联邦模型训练包含联邦客户端配置、联合模型初始化、本地模型训练、联邦服务器汇总、联合模型计算、聚合体参数分发、各联邦客户端更新等模块。在 FedVision 实现方面，CentOS 系统对 Fedvision v0.1 支撑较好，Github 开源了 Fedvision 源码（参考：https://github.com/qjing666/PaddleFL，https://gitee.com/yipzcc/FedVision），如图 9-10 所示。

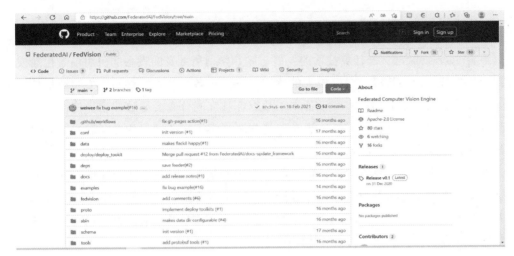

图 9-10　Fedvision 源代码仓库

搭建 FedVision 环境需要安装 fedvision-deploy-toolkit，要求 python virtualenv 和 Python 3.7 以上环境，并完成节点间的 SSH 设置。我们来看一下具体部署步骤。

（1）安装 fedvision deploy toolkit，命令如下：

```
python -m pip install -U pip && python -m pip install fedvision_deploy_toolkit
```

（2）生成部署模板（template），命令如下：

```
fedvision-deploy template standalone
```

（3）根据需求修改 standalone_template.yaml 文件。

（4）运行部署命令如下：

```
fedvision-deploy deploy deploy standalone_template.yaml
```

执行完上述步骤后，就完成了 FedVision 部署，相关服务的启动和关闭命令如下：

```
fedvision-deploy services all start standalone_template.yaml
```

总之，基于百度 Paddle 的丰富生态，FedVision 可直接使用 PaddleDetection 项目的视觉检测模型，实现视觉领域的横向联邦建模功能。在如图 9-11 所示的 paddle_detection 配置中，完成 paddle_fl 的作业参数配置，则可以进行异步联邦视觉模型的联邦学习架构验证，例如，将分布式节点（worker）设置为 2，节点间通信轮次设置为 10。

```
 1   job_type: paddle_fl
 2   job_config:
 3     program: paddle_detection
 4     proposal_wait_time: 5
 5     worker_num: 2
 6     max_iter: 10
 7     inner_step: 1
 8     device: cpu
 9     use_vdl: true
10   algorithm_config: ./yolov3_mobilenet_v1_fruit.yml
```

图 9-11　训练所需的相关参数

9.3　本章小结

随着 5G、物联网、云计算技术的发展，联邦学习所涉及的设备的应用场景也越发多样。异构性成了对传统联邦学习最大的挑战。不同设备在算力、存储能力和通信能力上的差异称为系统资源异构；各个设备本地数据非独立同分布会导致数据异构；不同的应用场景又会带来行为异构。尤其，泛在智能与联邦学习异曲同工的去（弱）中心化，对跨设备和异步性有了强烈需求。

本章结合嵌入式设备在泛在智能和联邦学习中的需求，基于 Nvidia 的嵌入式开发版验证了基于 PySyft 的异步联邦学习，并给出了基于树莓派的 PySyft 安装尝试，最后介绍了基于 PaddleFL 的国产自主可控联邦智能视觉技术的安装与部署案例，以期为读者从实践维度激发探索异步联邦学习的兴趣。

第 10 章　基于联邦学习架构的远程通信实战

Websocket 是 HTML 5 规范的组成部分之一，其资源开销小、实时性强、长连接、不受框架限制、扩展性强等特性极其适用于联邦学习的通信架构。因此，PySyft 框架以 TCP/IP 协议体系中的 Websocket 网络传输协议为重要支撑，实现服务器端与客户端的随时主动双向通信。

本章从远程通信角度，重新审视 PySyft 框架的基本张量与指针操作、经典的秘密共享，以及基于 Websocket 的联邦学习架构实现案例，为读者从通信协议与架构底层展现联邦学习中分布式节点间的通信模式和基本方法，为后续联邦学习性能优化与结构完善提供思路。

10.1　基于远程通信的 PySyft 基本操作

联邦学习的本质是一种分布式架构技术，在去（弱）中心化场景下，多个节点利用本地数据按照网络通信方式完成本地模型训练、模型参数共享，以达到更高层次抽象的数据共享交换。因此，网络通信架构是实现联邦学习的先决条件。因此，在研究联邦学习架构、性能、应用等重要问题时，有必要回顾计算机网络的相关重要理论。

10.1.1　网络通信基本原理

计算机网络体系结构按照分层思想，由网络层次模型和各层拥有的网络通信协议构成；其中，网络层次模型明确定义了各层功能的界限，以及相邻层次间的接口和服务方法；网络通信协议规定了同层次之间通信时建立的规则或约定。如图 10-1 所示，1983 年国际标准化组织制定了开放式系统互联—参考模型（Open System Interconnect-Reference Model，OSI-RM），即 OSI-RM 模型。然而由于该模型过于复杂，在后续的工程实践中简化形成了目前最常用的 TCP/IP 协议体系。

在通信协议方面，基于 PySyft 框架的联邦学习架构以 TCP/IP 协议体系中的 Websocket 网络传输协议为重要支撑。Websocket 协议诞生于 2008 年，是 HTML5 提供的 TCP 全双工（Full-Duplex）应用层通信协议，目前所有主流浏览器都支持该协议，基于二进制帧结构，可以更好地节省服务器资源和带宽，以满足实时通信需求。其中，Socket 是应用层与 TCP/IP 协议簇通信的中间软件抽象层，是应用层和传输层间的一组接口。

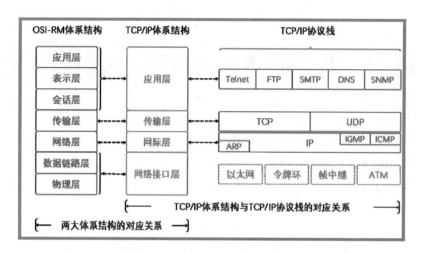

图 10-1 计算机网络体系结构及协议栈

Websocket 是 HTML 5 规范的组成部分之一，基于 HTTP 协议的 101 状态码进行协议切换，并基于 TCP/IP 的应用层协议实现 socket（套接字）通信。相对于半双工的 HTTP 协议，Websocket 协议开销较少，具有实时性强、不受框架限制、扩展性强、长时保持连接状态等特性。如图 10-2 所示，Websocket 协议中，服务器可以随时主动给客户端下发数据，可以双向发送或接收信息。

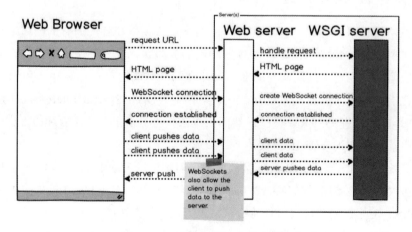

图 10-2 Websocket 协议基本流程

Websocket 与 HTTP/HTTPS 使用相同的 TCP 端口。在默认情况下，Websocket 协议使用 80 端口；运行在 TLS 上时，使用 443 端口。此外，Websocke 适用于实时沟通交流的社交聊天工具、弹幕、在线教育、移动设备中实时位置定位、实时网络数据更新等场景。

我们来看一个典型的 Websocket 握手请求。

客户端请求，代码如下：

```
GET / HTTP/1.1
Upgrade: Websocket
Connection: Upgrade
Host: localhost.com
Origin: http://localhost.com
Sec-Websocket-Key: aN3cRrW/n8NuIgdhy2VJFX==
Sec-Websocket-Version: 13
```

服务器回应，代码如下：

```
HTTP/1.1 101 Switching Protocols
Upgrade: Websocket
Connection: Upgrade
Sec-Websocket-Accept: pFDoeB2FAdLlXgESz0UT2v7hp0s=
Sec-Websocket-Location: ws://localhost.com/
```

在上述代码中，相关分析如下：

- Connection 字段必须为 Upgrade，表示客户端希望连接升级；
- Upgrade 字段必须为 Websocket，表示希望升级到 Websocket 协议；
- Sec-Websocket-Key 值为随机字符串，服务器端基于此构造 SHA-1 信息摘要；
- Sec-Websocket-Version 字段表示支持的 Websocket 版本；
- Websocket 使用 ws 或 wss 统一标识符，其中 wss 表示使用了 TLS 的 Websocket。

10.1.2　PySyft 的远程通信架构

在 PySyft 框架中，联邦学习架构的分布式虚拟工作节点由 Websocket 实现通信，如图 10-3 所示，各个工作节点从云端获取初始化模型，利用本地数据训练进行模型训练，利用云端服务器进行模型共享，聚集生成新的模型。接下来，我们尝试从网络通信角度重新审视基于 PySyft 框架的联邦学习节点通信。

本案例中，PySyft 框架与其他章节一致，基于 Python 3.6 和 PyTorch 1.1.0 环境，初始化 torch 与 syft 间的钩子函数，创建空的虚拟工作节点 jake；代码如下：

```
jake = sy.VirtualWorker(hook, id="jake")
print("Jake has: " + str(jake._objects))
Jake has: {}
```

在联邦学习中，有两类虚拟工作节点：基于网络套接字的工作节点（Network socket workers）和利用浏览器实例化的 Web 套接字工作节点（Web socket workers），下面初始化的虚拟工作节点基于 Websocket 实现，向虚拟工作节点 jake 发送张量 x；代码如下：

```
x = torch.tensor([1, 2, 3, 4, 5])
x = x.send(jake)
print("x: " + str(x))
print("Jake has: " + str(jake._objects))
x: (Wrapper)>[PointerTensor | me:50034657126 -> jake:55209454569]
```

```
Jake has: {55209454569: tensor([1, 2, 3, 4, 5])}
```

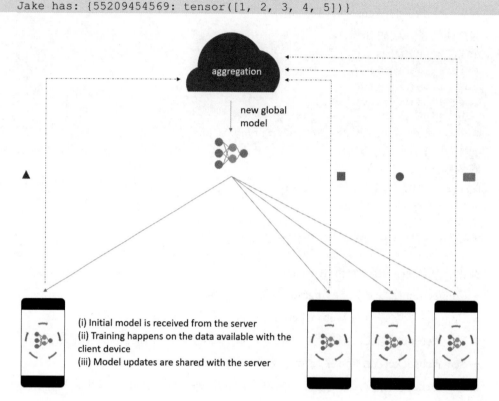

图 10-3　联邦学习的通信架构

调用 get()方法，从工作节点 jake 回收张量；代码如下：

```
x = x.get()
print("x: " + str(x))
print("Jake has: " + str(jake._objects))
x: tensor([1, 2, 3, 4, 5])
Jake has: {}
```

如图 10-4 所示，创建虚拟工作节点 john，将张量 x 发送给 jake 和 john，返回张量指针；代码如下：

```
john = sy.VirtualWorker(hook, id="john")
x = x.send(jake)
x = x.send(john)
print("x: " + str(x))
print("John has: " + str(john._objects))
print("Jake has: " + str(jake._objects))
x: (Wrapper)>[PointerTensor | me:70034574375 -> john:19572729271]
John has: {19572729271: (Wrapper)>[PointerTensor | john:19572729271 ->
jake:55209454569]}
Jake has: {55209454569: tensor([1, 2, 3, 4, 5])}
```

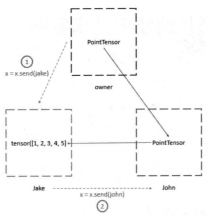

图 10-4　基于 Websocket 的 send()方法

调用 clear_objects()方法移除虚拟工作节点上的所有数据对象，代码如下：

```
jake.clear_objects()
john.clear_objects()
print("Jake has: " + str(jake._objects))
print("John has: " + str(john._objects))
Jake has: {}
John has: {}
```

如图 10-5 所示，调用 move()方法将张量 x 从虚拟工作节点 Jake 移动到虚拟工作节点 John；代码如下：

```
y = torch.tensor([6, 7, 8, 9, 10]).send(jake)
y = y.move(john)
print(y)
print("Jake has: " + str(jake._objects))
print("John has: " + str(john._objects))
(Wrapper)>[PointerTensor | me:86076501268 -> john:86076501268]
Jake has: {}
John has: {86076501268: tensor([ 6,  7,  8,  9, 10])}
```

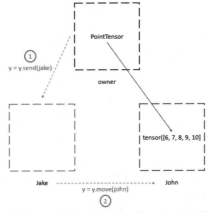

图 10-5　基于 Websocket 的 move ()方法

10.2　基于远程通信的秘密共享案例

秘密共享是一种将秘密信息分割存储的密码技术。例如，将秘密信息拆分后分发给不同参与者，同时保证单个参与者无法恢复秘密信息，只有若干个参与者协作才能恢复秘密消息。秘密共享技术的关键为设计秘密拆分方式和恢复方式。秘密共享的基本思想为：把张量 x 分成 x_1、x_2、x_3 三部分，利用初始化方法，为前两部分赋值，并通过计算得到第三部分 $x_3 = x - (x_1 + x_2)$。

下面基于 PySyft 框架实现基于大素数和同态加密的远程通信秘密共享案例。

10.2.1　基于大素数的秘密共享

通常，在秘密共享中，可以设置大素数 Q，通过模运算得到第三部分 $x_3 = Q - (x_1 + x_2)$ % $Q + x$，进而实现加密，如图 10-6 所示。

经典的秘密共享中基本加密函数实现和结果如下：

图 10-6　基于大素数的秘密共享示例

```
import random
# setting Q to a very large prime number
Q = 23740629843760239486723
def encrypt(x, n_share=3):
    r"""Returns a tuple containg n_share number of shares
    obtained after encrypting the value x."""
    shares = list()
    for i in range(n_share - 1):
        shares.append(random.randint(0, Q))
    shares.append(Q - (sum(shares) % Q) + x)
    return tuple(shares)
print("Shares: " + str(encrypt(3)))
Shares: (6191537984105042523084, 13171802122881167603111, 4377289736774029360531)
```

有加密必有解密，按照模运算原理，基于共享的大素数 Q 解密函数（见图 10-7）及解密结果如下：

```
def decrypt(shares):
    r"""Returns a value obtained by decrypting the shares."""
    return sum(shares) % Q
print("Value after decrypting: " + str(decrypt(encrypt(3))))
Value after decrypting: 3
```

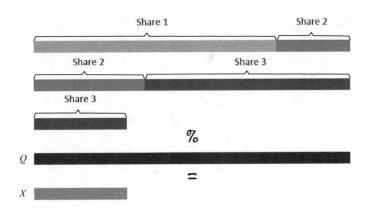

图 10-7　基于大素数的解密过程

10.2.2　基于同态加密的秘密共享

除了设置大素数，同态加密也可以实现秘密共享，例如，将 x 分成 x_1、x_2、x_3 三部分，y 分成 y_1、y_2、y_3，则 $x+y$ 等于解密后的 x_1+y_1、x_2+y_2、x_3+y_3 相应运算；代码如下：

```
def add(a, b):
    r"""Returns a value obtained by adding the shares a and b."""
    c = list()
    for i in range(len(a)):
        c.append((a[i] + b[i]) % Q)
    return tuple(c)
x, y = 6, 8
a = encrypt(x)
b = encrypt(y)
c = add(a, b)
print("Shares encrypting x: " + str(a))
print("Shares encrypting y: " + str(b))
print("Sum of shares: " + str(c))
print("Sum of original values (x + y): " + str(decrypt(c)))
Shares encrypting x: (17500273560307623083756, 20303731712796325592785,
9677254414416530296911)
Shares encrypting y: (26382472882570028636640, 98941518686799961125033,
11208230686823249725058)
Sum of shares: (20138520848564651720396, 64572537377160472231095,
20885485101239780021969)
Sum of original values (x + y): 14
```

按照上述同态加密模式，可以实现基于加法同态加密的秘密共享。在基于 PySyft 的联邦学习框架中，可以基于 Websocket，调用 share() 方法进行秘密共享划分。

首先，初始化虚拟工作节点 jake、john 和安全节点 secure_worker。

```
jake = sy.VirtualWorker(hook, id="jake")
john = sy.VirtualWorker(hook, id="john")
```

```
secure_worker = sy.VirtualWorker(hook, id="secure_worker")
jake.add_workers([john, secure_worker])
john.add_workers([jake, secure_worker])
secure_worker.add_workers([jake, john])
print("Jake has: " + str(jake._objects))
print("John has: " + str(john._objects))
print("Secure_worker has: " + str(secure_worker._objects))
Jake has: {}
John has: {}
Secure_worker has: {}
```

基于 Websocket，调用 share()方法将张量 *x*（值为 6）数据分布到三个虚拟工作节点；代码如下：

```
x = torch.tensor([6])
x = x.share(jake, john, secure_worker)
print("x: " + str(x))
print("Jake has: " + str(jake._objects))
print("John has: " + str(john._objects))
print("Secure_worker has: " + str(secure_worker._objects))
x: (Wrapper)>[AdditiveSharingTensor]
    -> (Wrapper)>[PointerTensor | me:61668571578 -> jake:46010197955]
    -> (Wrapper)>[PointerTensor | me:98554485951 -> john:16401048398]
    -> (Wrapper)>[PointerTensor | me:86603681108 -> secure_worker:10365678011]
    *crypto provider: me*
Jake has: {46010197955: tensor([3763264486363335961])}
John has: {16401048398: tensor([-3417241240056123075])}
Secure_worker has: {10365678011: tensor([-346023246307212880])}
```

如图 10-8 所示，张量 *x* 的三份数据已进行加密划分，并已指向虚拟工作节点 Jake、John、Secure_worker。

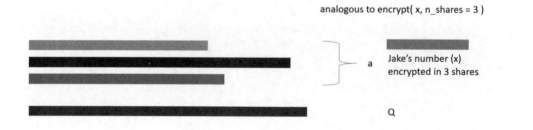

图 10-8　基于 Websocket 的加密划分

如图 10-9 所示，张量 *x* 的三份加密指向已发送到三个虚拟工作节点 Jake、John、Secure_worker 上。

图 10-9　张量 *x* 的划分指向

使用同样的方法，对张量 *y*（值为 8）的三份进行加密划分，如图 10-10 所示；代码如下：

```
y = torch.tensor([8])
y = y.share(jake, john, secure_worker)
print(y)
 (Wrapper)>[AdditiveSharingTensor]
   -> (Wrapper)>[PointerTensor | me:86494036026 -> jake:42086952684]
   -> (Wrapper)>[PointerTensor | me:25588703909 -> john:62500454711]
   -> (Wrapper)>[PointerTensor | me:69281521084 -> secure_worker:18613849202]
   *crypto provider: me*
```

图 10-10　对张量 *y* 进行加密划分

如图 10-11 所示，张量 *y* 的三份加密指向已发送到三个虚拟工作节点 Jake、John、Secure_worker 上。

图 10-11　张量 *y* 的划分指向

如图 10-12 所示，按照加法同态加密模式，完成密态张量加法运算；具体实现代码如下：

```
z = x + y
print(z)
(Wrapper)>[AdditiveSharingTensor]
    -> (Wrapper)>[PointerTensor | me:42086114389 -> jake:42886346279]
    -> (Wrapper)>[PointerTensor | me:17211757051 -> john:23698397454]
    -> (Wrapper)>[PointerTensor | me:83364958697 -> secure_worker:94704923907]
*crypto provider: me*
```

图 10-12　基于 Websocket 的同态加密运算

在如下的代码中，调用 get()方法，获取密态运算结果；解密过程如图 10-13 所示。

```
z = z.get()
print(z)
tensor([14])
```

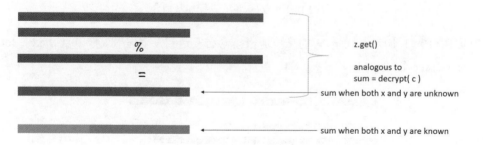

图 10-13　基于 Websocket 的解密过程

10.3　基于 Websocket 的远程通信实战

WebSocket 是基于 TCP 连接的全双工通信协议，允许服务端主动向客户端推送数据。尤其是在 WebSocket API 中，浏览器端（即客户端）和服务器端只需要完成一次"握手"，即可直接创建持久性的连接，实现双向数据传输。在 Pysyft 框架中，利用 Websocket 将模型发送到具有数据集的远端虚拟工作节点进行联邦学习模型训练。在具体实践中分为服务端（WebsocketServerWorker）和客户端（worker-client）两部分，客户端名称为 alice。

　　下面对基于 Websocket 远程通信的服务端和客户端实战案例进行讲解。

10.3.1　基于 Websocket 远程通信的服务端设置

　　本小节中，我们重点讲解服务方面的设置，服务端脚本为 start_worker.py，包括 Websocket 参数设置、定义主函数、设置主函数参数等部分；代码如下：

```
import argparse
import torch as th
from syft.workers.Websocket_server import WebsocketServerWorker
import syft as sy
# Arguments
parser = argparse.ArgumentParser(description="Run Websocket server worker.")
parser.add_argument(
    "--port", "-p", type=int, help="port number of the Websocket server
worker, e.g. --port 8777"
    )
parser.add_argument("--host", type=str, default="localhost", help="host
for the connection")
parser.add_argument(
    "--id", type=str, help="name (id) of the Websocket server worker, e.g.
--id alice"
    )
parser.add_argument(
    "--verbose",
    "-v",
    action="store_true",
    help="if set, Websocket server worker will be started in verbose mode",
    )
```

　　在定义的主函数中，需要调用 WebsocketServerWorker()方法来创造 Websocket 工作节点、设置数据集（BaseDataset）、启动工作节点；代码如下：

```
Def main(**kwargs):  # pragma: no cover
    """Helper function for spinning up a Websocket participant."""
    # Create Websocket worker
    worker = WebsocketServerWorker(**kwargs)
    # Setup toy data (xor example)
    data = th.tensor([[0.0, 1.0], [1.0, 0.0], [1.0, 1.0], [0.0, 0.0]],
requires_grad=True)
    target = th.tensor([[1.0], [1.0], [0.0], [0.0]], requires_grad=False)
    # Create a dataset using the toy data
    dataset = sy.BaseDataset(data, target)
    # Tell the worker about the dataset
    worker.add_dataset(dataset, key="xor")
```

```
    # Start worker
    worker.start()
    return worker
```

在主函数的运行部分，设置 Torch 与 Syft 的 TorchHook()方法，设置 Websocket 的主机、端口等参数；代码如下：

```
if __name__ == "__main__":
    hook = sy.TorchHook(th)
    args = parser.parse_args()
    kwargs = {
        "id": args.id,
        "host": args.host,
        "port": args.port,
        "hook": hook,
        "verbose": args.verbose,
    }
    main(**kwargs)
```

10.3.2 基于 Websocket 远程通信的客户端设置

在客户端，启动虚拟工作节点，命令如下：

```
python start_worker.py --host 172.16.5.45 --port 8777 --id alice
```

客户端代码中，需要导入环境依赖，包括 torch、syft、cuda 以及它们是否可用；具体实现代码如下：

```
import inspect
import start_worker
print(inspect.getsource(start_worker.main))
# Dependencies
import torch as th
import torch.nn.functional as F
from torch import nn
use_cuda = th.cuda.is_available()
th.manual_seed(1)
device = th.device("cuda" if use_cuda else "cpu")
import syft as sy
from syft import workers
hook = sy.TorchHook(th)  # hook torch as always :)
```

初始化客户端的神经网络模型，定义网络结构，以及学习率、优化算法、数据批次大小等参数；代码如下：

```
class Net(th.nn.Module):
    def __init__(self):
        super(Net, self).__init__()
        self.fc1 = nn.Linear(2, 20)
        self.fc2 = nn.Linear(20, 10)
        self.fc3 = nn.Linear(10, 1)
    def forward(self, x):
```

```
        x = F.relu(self.fc1(x))
        x = F.relu(self.fc2(x))
        x = self.fc3(x)
        return x
# Instantiate the model
model = Net()
# The data itself doesn't matter as long as the shape is right
mock_data = th.zeros(1, 2)
# Create a jit version of the model
traced_model = th.jit.trace(model, mock_data)
type(traced_model)
# Loss function
@th.jit.script
def loss_fn(target, pred):
    return ((target.view(pred.shape).float() - pred.float()) ** 2).mean()
type(loss_fn)
optimizer = "SGD"
batch_size = 4
optimizer_args = {"lr" : 0.1, "weight_decay" : 0.01}
epochs = 1
max_nr_batches = -1  # not used in this example
shuffle = True
```

设置客户端模型训练的参数，以及 WebsocketClientWorker()方法的配置信息，并将其发送到工作节点 alice，输出模型训练和预测结果；代码如下：

```
train_config = sy.TrainConfig(model=traced_model,
                              loss_fn=loss_fn,
                              optimizer=optimizer,
                              batch_size=batch_size,
                              optimizer_args=optimizer_args,
                              epochs=epochs,
                              shuffle=shuffle)
kwargs_Websocket = {"host": "172.16.5.45", "hook": hook, "verbose": False}
alice = workers.Websocket_client.WebsocketClientWorker(id="alice", port=
8777, **kwargs_Websocket)
# Send train config
train_config.send(alice)
# Setup toy data (xor example)
data = th.tensor([[0.0, 1.0], [1.0, 0.0], [1.0, 1.0], [0.0, 0.0]],
requires_grad=True)
target = th.tensor([[1.0], [1.0], [0.0], [0.0]], requires_grad=False)
print("\nEvaluation before training")
pred = model(data)
loss = loss_fn(target=target, pred=pred)
print("Loss: {}".format(loss))
print("Target: {}".format(target))
print("Pred: {}".format(pred))
for epoch in range(10):
```

```
    loss = alice.fit(dataset_key="xor")  # ask alice to train using "xor"
dataset
    print("-" * 50)
    print("Iteration %s: alice's loss: %s" % (epoch, loss))
new_model = train_config.model_ptr.get()
print("\nEvaluation after training:")
pred = new_model(data)
loss = loss_fn(target=target, pred=pred)
print("Loss: {}".format(loss))
print("Target: {}".format(target))
print("Pred: {}".format(pred))
```

客户端运行 python worker-client.py，9 次迭代的输出结果如下：

```
Evaluation before training
Loss: 0.4933376908302307
Target: tensor([[1.],
        [1.],
        [0.],
        [0.]])
Pred: tensor([[ 0.1258],
        [-0.0994],
        [ 0.0033],
        [ 0.0210]], grad_fn=<AddmmBackward>)
--------------------------------------------------
Iteration 0: alice's loss: tensor(0.4933, requires_grad=True)
--------------------------------------------------
Iteration 1: alice's loss: tensor(0.3484, requires_grad=True)
--------------------------------------------------
Iteration 2: alice's loss: tensor(0.2858, requires_grad=True)
--------------------------------------------------
Iteration 3: alice's loss: tensor(0.2626, requires_grad=True)
--------------------------------------------------
Iteration 4: alice's loss: tensor(0.2529, requires_grad=True)
--------------------------------------------------
Iteration 5: alice's loss: tensor(0.2474, requires_grad=True)
--------------------------------------------------
Iteration 6: alice's loss: tensor(0.2441, requires_grad=True)
--------------------------------------------------
Iteration 7: alice's loss: tensor(0.2412, requires_grad=True)
--------------------------------------------------
Iteration 8: alice's loss: tensor(0.2388, requires_grad=True)
--------------------------------------------------
Iteration 9: alice's loss: tensor(0.2368, requires_grad=True)
Evaluation after training:
Loss: 0.23491761088371277
Target: tensor([[1.],
        [1.],
        [0.],
        [0.]])
```

```
Pred: tensor([[0.6553],
       [0.3781],
       [0.4834],
       [0.4477]], grad_fn=<DifferentiableGraphBackward>)
```

【思维拓展】新型联邦学习模式

2022 年 1 月，苏黎世联邦理工学院的 Stefan 教授在《Communications of the ACM》
上指出人工智能（AI）产业落地过程中常见挑战：如何开展跨公司合作（Artificial
Intelligence Across Company Borders）。如图 10-14 所示，通过数据共享构造大规模的跨公
司数据集，存在数据保密和隐私泄露风险，且受隐私相关法律的限制。因此，结合联邦
学习和领域自适应，能够更大限度地让合作公司从协作 AI 模型中受益，同时将原始训练
数据保持在本地。目前，具有领域自适应能力的联邦学习可以促进跨公司间 AI 合作的指
数级增长。

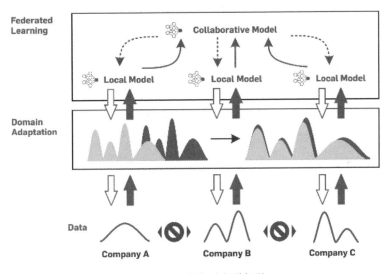

图 10-14　领域自适应联邦学习

此外，2022 年的《Nature》发表了一项结合边缘计算、基于区块链的对等网络协调
分布式机器学习方法——群体学习（Swarm Learning，SL），以类似联邦学习的模式解决
不同医疗机构间的数据整合问题。相比于联邦学习，群体学习采取完全去中心化的人工
智能解决方案，以适应医学领域固有的分散式数据结构以及数据隐私和安全法规的要求。
主要优势如下：

（1）将大量医疗数据保存至数据所有者本地；

（2）不需要交换原始数据，从而减少数据流量；

（3）提供高级别的数据安全保障；

（4）能够保证网络中成员的安全、透明和公平加入，不再需要中央托管员；

（5）允许参数合并，实现所有成员权力均等；

（6）可以保护机器学习模型免受攻击。

10.4　本章小结

本章以实现联邦学习的分布式通信协议——Websocket 为基础，从远程通信角度，对 PySyft 框架的张量与指针基本操作、秘密共享（含加法同态加密）以及基于 Websocket 的 WebsocketServerWorker()和 WebsocketClientWorker()方法的远程通信案例进行讲解。希望读者可以从中体悟到联邦学习架构所需的远程通信模式的设计思想，为后续通信效率优化、模型训练效果提升奠定基础。

第 11 章　基于联邦学习的安全计算实战

随着计算机算力不断提升，移动互联网、云计算和大数据等技术快速发展，催生了众多新的服务模式和应用：一方面为用户提供精准、个性化的服务，给人们的生活带来了极大便利；另一方面又采集了大量用户的信息，直接或间接地泄露用户隐私，给用户带来极大的威胁和困扰。在此背景下，多方安全计算概念（20 世纪 80 年代提出）从亟待可行性验证，到现在应用于 Web3.0、元宇宙等分布式、去中心化场景中，可以看到其依然具有极强的生命力。

尤其是基于联邦学习的安全计算，一方面对以差分隐私保护为代表的隐私保护问题具有重要支撑；另一方面对同态加密、可信计算等密码学根基是新的拓展。本章避免复杂的密码学理论，从差分隐私、随机应答、统计数据库查询、隐私数据求交、SGX 等典型场景出发，带领读者进入融合联邦学习与安全计算的实战领域。

11.1　基于随机应答的差分隐私保护案例

差分隐私旨在保留数据整体的统计学特征前提下，保护个体的隐私特征，完成用户隐私保护与数据可用性的平衡。例如，Google Chrome 浏览器的用户行为统计数据采集、Apple Emoji 表情使用倾向、QuickType 输入建议等都是差分隐私的大规模应用。同时，差分隐私支持分布式的数据统计、机器学习，为联邦学习的推广研究提供了范例，其中，基于随机应答的差分隐私保护是该领域的经典案例。

11.1.1　差分隐私基本理论

2006 年，Microsoft 杰出科学家 Dwork 提出著名的形式化隐私保护定义——差分隐私，通过约束数据输入和输出关系，量化隐私泄露风险的边界。同时，差分隐私具有自组织特性，即多个差分隐私机制的组合依然满足差分隐私，而且，差分隐私是唯一可以抵抗任意背景知识的隐私保护定义，可以完成支持隐私保护的推断统计、机器学习、数据合成等任务，并被美国人口统计部门、Google、Apple、Uber、Samsung 等政府机构和企业采纳。

差分隐私分为集中式差分隐私（Centralized Differential Privacy，DP）和本地化差分隐私（Local Differential Privacy，LDP）两种类型，其抽象模型如图 11-1 所示。其应用场景主要分为隐私保护数据采集、隐私保护数据发布和隐私保护数据分析等。

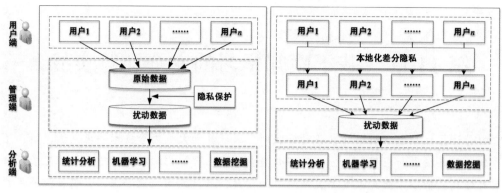

（a）集中式差分隐私　　　　（b）本地化差分隐私

图 11-1　差分隐私的两种模式

差分隐私的定义基于数据集距离，即数据集 D 的 l_1 范式$\|D\|_1$ 定义为：

$$\|D\|_1 = \sum_{i=1}^{x} \|D\|_1 \tag{11-1}$$

则数据集 D 和 D'的 l_1 距离为$\|D-D'\|_1$，当$\|D-D'\|_1 \leqslant 1$ 时，称数据集 D 和 D'邻接。如图 11-2 所示，差分隐私可以保证增加或减少某一具体数据对算法输出结果影响不大；这个影响程度由隐私预算控制。

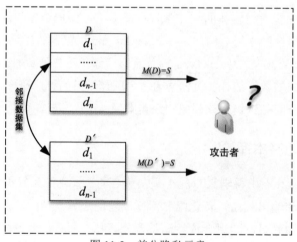

图 11-2　差分隐私示意

当 $N^{|x|}$域上随机算法 M 满足(ε, δ)-差分隐私，当且仅当 $S \subseteq Range(M)$，$x, y \in N^{|x|}$并满足$\|x-y\|_1 \leqslant 1$ 时，有：

$$\Pr\big[M(x) \in S\big] \leqslant \exp(\varepsilon)\Pr\big[M(y) \in S\big] + \delta \tag{11-2}$$

当 $\delta=0$ 时，随机算法 M 满足 ε-差分隐私。当给定输出 $\xi \sim M(x)$时，隐私损失度量为：

$$L_{M(x)\|M(y)}^{(\xi)} = \ln\left(\frac{\Pr\left[M(x)=\xi\right]}{\Pr\left[M(x)=\xi\right]}\right) \tag{11-3}$$

在(ε, δ)-差分隐私中，隐私预算 ε 依据概率 $1-\delta$ 控制隐私损失。隐私保护强度由隐私预算 ε 控制，隐私预算 ε 越小，保护强度越大，但噪声扰动也就越大。

随着本地场景下的隐私保护需求不断增加，本地化差分隐私（Local Differential Privacy，LDP）基于不可信数据管理者场景，用户在向数据收集者发送个人数据前，先在本地加入满足差分隐私的噪声扰动，最后数据收集者根据收集到的噪声数据，从统计学的角度，近似估计出用户群体的统计特性而非针对具体用户的统计特性推断。LDP 主要特点及优势包括充分考虑背景知识攻击、量化隐私保护程度、数据本地化加噪、抵御不可信数据管理者攻击等。

目前针对 LDP 的研究方向主要包括隐私保护数据采集、频繁项集挖掘、面向智能终端的隐私保护机器学习算法研究等。LDP 最早由随机应答（Randomized Response，RR）技术实现，RR 是用来保护敏感话题调查参与者隐私的技术，现有基于 RR 技术的 LDP 机制只适用于数值型或范围型数据分析，如何改进 RR 技术以提高在收集群体统计数据时而不泄露个体数据方面的性能，目前已成为目前的研究热点。

Google 公司的 Chrome 浏览器中的 RAPPOR（Randomized Aggregatable Privacy-Preserving Ordinal Response）采用随机应答和 BloomFilter 结构实现了针对客户端群体的类别、频率、直方图和字符串类型统计数据的隐私保护分析。然而 RAPPOR 只针对本地化差分隐私的非交互式模式，忽略了未知分布多变量关联分析和未知频率分布学习。

11.1.2　随机应答机制

下面对满足本地差分隐私的随机应答机制进行讲解。作为本地差分隐私的重要实现方式，随机应答机制可以实现在不泄露敏感属性的前提下，对其比例 π 进行统计估计。具体来讲，假定随机应答数量为 N，抛一枚硬币，正面朝上概率为 p，则背面朝上概率为 $1-p$。在统计过程中，抛一枚硬币后，若正面朝上，则敏感属性如实标记（标记为 Yes）；若背面朝上，则相反标记（标记为 No）。在统计结果中，令 N_1、$N-N_1$ 分别为标记 Yes 和 No 的数量，具有敏感属性标记的真实比例为 π，则：

$$\Pr(X_i = \text{Yes}) = \pi p + (1-\pi)(1-p) \tag{11-4}$$
$$\Pr(X_i = \text{No}) = (1-\pi)p + \pi(1-p) \tag{11-5}$$

似然函数为：

$$L = \left[\pi p + (1-\pi)(1-p)\right]^{N_1} \left[(1-\pi)p + \pi(1-p)\right]^{N-N_1} \tag{11-6}$$

则容易得到，当 $p \neq 1/2$ 时，π 的极大似然估计和方差为：

$$\hat{\pi} = \frac{p-1}{2p-1} + \frac{N_1}{(2p-1)N} \tag{11-7}$$

$$\mathrm{Var}\,\hat{\pi} = \frac{1/4 - (\hat{\pi}-1/2)^2}{N} + \frac{1/16(p-1/2)^2 - 1/4}{N} \tag{11-8}$$

式中，$\hat{\pi}$ 为具有敏感属性真实标记比例 π 的无偏估计量。其中，敏感属性的隐私性由抛硬币朝向的概率保证，这样既可以实现针对敏感属性的隐私保护，又可以实现特定属性的统计推断。

如图 11-3 所示，以敏感问题调查场景为例，随机应答的实现步骤包括掷硬币 2 次，若硬币正面朝上，参与者诚实作答；若硬币背面朝上，参与者根据第二次结果作答：若第二次硬币正面朝上，参与者回答是，反之，回答否。这样通过随机性设置保证参与者的隐私安全。

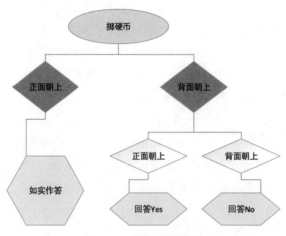

图 11-3　随机应答机制

按照差分隐私定义，结合 Pytorch 和 PySyft 框架，首先定义两个邻接数据库，即仅相差一条数据记录的两个平行数据库（parallel_db）；代码如下：

```
#定义临界数据库
def get_parallel_db(db,remove_index):
    return torch.cat((db[0:remove_index],db[remove_index+1:]))
num_entries=5000

def get_parallel_dbs(db):
    parallel_dbs = list()
    for i in range(len(db)):
        pdb=get_parallel_db(db,i)
        parallel_dbs.append(pdb)
    return parallel_dbs

 def create_db_and_parallels(num_entries):
    db=torch.rand(num_entries) > 0.5
```

```
    pdbs=get_parallel_dbs(db)
    return db,pdbs
```

按照满足本地差分隐私的随机应答机制，掷两枚硬币，验证随机应答机制在邻接数据库中的效果；代码如下：

```
first_coin_flip= (torch.rand(len(db))>0.5).float()
```

根据随机应答机制，第一次掷硬币的结果会影响第二次掷硬币的情况，代码如下：

```
second_coin_flip= (torch.rand(len(db))>0.5).float()
```

通过随机因素对硬币最终的结果进行保护；代码如下：

```
db.float()*first_coin_flip#诚实回答
```

第二次掷硬币的结果如下：

```
(1-first_coin_flip)*second_coin_flip.float()#非诚实作答
```

我们这里设定 p 为参与应答者中具有属性 P 的比例，则回答为"是"的比例可计算为 $(1/4)(1-p)+(3/4)p$；代码如下：

```
augmented_database=db.float()*first_coin_flip+(1-first_coin_flip)*
second_coin_ flip. float()
```

根据随机应答机制，满足差分隐私的隐私保护数据输出为：

```
dp_result = torch.mean(augmented_database.float())*2-0.5
```

11.2　基于 PyDP 的差分隐私案例

差分隐私隶属于形式化隐私保护领域，具有坚实的统计学和密码学理论基础，如图 11-4 所示，差分隐私重点关注攻击者访问统计数据后能否推断个人信息是否在其中，以避免如图 11-5 所示的匿名化、去标识化等数据发布方法导致的个人隐私泄露。目前各大互联网企业、研究机构研发了大量差分隐私保护验证系统，在隐私保护数据发布、隐私保护数据挖掘、隐私保护数据分析等众多领域应用广泛。

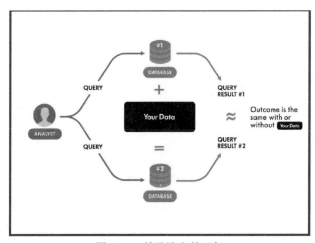

图 11-4　差分隐私的目标

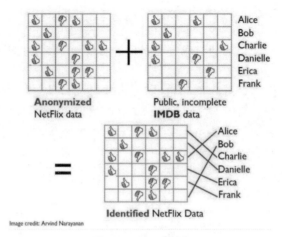

图 11-5　隐私泄露

下面以涵盖用户姓名、邮件地址、消费记录等信息的个人消费情况数据为研究对象，按照差分隐私保护统计查询模式，完成 PyDP 框架的环境搭建、数据集构建、隐私保护机制实现等步骤。

11.2.1　基于 Python 的 PyDP 环境搭建

从 2020 年起，谷歌公司发布了差分隐私的研究路线图（Google's C++ Differential Privacy library），如图 11-6 所示，包括基于 Python 的 Google 差分隐私项目——PyDP、基于 Javascript 的 Google 差分隐私项目——dp.js、基于 Java 家族（Java、Scala、Kotlin）的 Google 差分隐私项目——org.openmined.dp 以及基于 Swift 的 Google 差分隐私项目——SwiftDP。

目前，基于 Google 差分隐私的项目 PyDP 已在 OpenMined 社区开源。PyDP 库可以利用随机算法（Randomized Algorithm）提供 ε-差分隐私算法（如图 11-7 所示），支持数值型数据集的聚合型统计数据查询的隐私保护，以抵抗恶意攻击者（Adversary）的数据攻击。

下面介绍 PyDP 框架的环境搭建，完成个人消费情况数据集构建，以及初步的邻接数据集和原始数据集的统计查询。基于 Python 环境，PyDP 库的安装命令如下：

```
!pip install python-dp # installing PyDP
```

程序运行前，导入 pydp、pandas、numpy、matplotlib 等必要的包；代码如下：

```
import pydp as dp # by convention our package is to be imported as dp (dp
for Differential Privacy!)
from pydp.algorithms.laplacian import BoundedSum, BoundedMean, Count, Max
import pandas as pd
import statistics
import numpy as np
import matplotlib.pyplot as plt
```

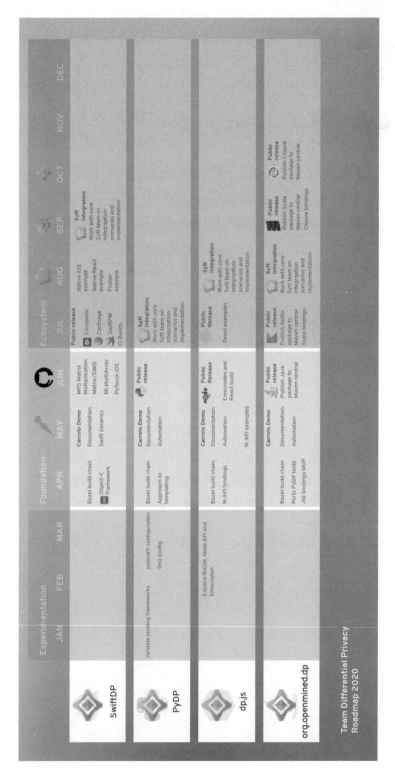

图 11-6 Google 公司的差分隐私研究路线图

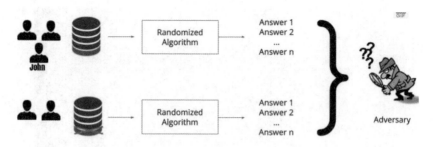

图 11-7　ε-差分隐私算法示意

基于 PyDP 的差分隐私案例测试数据集包括 5000 条个人消费情况数据记录，分为 5 个数据文件，每个数据文件有 1000 条记录，每条记录包括用户姓名、邮件地址、消费记录等信息。利用 pandas 的 DataFrames 结构读取展示 5 个来源的相应数据的代码如下：

```
url1 = 'https://raw.githubusercontent.com/OpenMined/PyDP/dev/examples/
Tutorial_4-Launch_demo/data/01.csv'
df1 = pd.read_csv(url1,sep=",", engine = "python")
print(df1.head())
```

文件 1 的前五条数据记录如图 11-8 所示。

	id	first_name	last_name	email	sales_amount	state
0	1	Osbourne	Gillions	ogillions0@feedburner.com	31.94	Florida
1	2	Glynn	Friett	gfriett1@blog.com	12.46	California
2	3	Jori	Blockley	jblockley2@unesco.org	191.14	Colorado
3	4	Garald	Dorian	gdorian3@webeden.co.uk	126.58	Texas
4	5	Mercy	Pilkington	mpilkington4@jugem.jp	68.32	Florida

图 11-8　个人消费情况数据文件 1

利用 pandas 读取样本数据的 csv 文件，代码如下：

```
url2 = 'https://raw.githubusercontent.com/OpenMined/PyDP/dev/examples/
Tutorial_4-Launch_demo/data/02.csv'
df2 = pd.read_csv(url2,sep=",", engine = "python")
print(df2.head())
```

文件 2 的前五条数据记录如图 11-9 所示。

	id	first_name	last_name	email	sales_amount	state
0	1	Wallie	Kaman	wkaman0@samsung.com	99.69	Idaho
1	2	Raynard	Tooby	rtooby1@indiegogo.com	208.61	Texas
2	3	Mandie	Stallibrass	mstallibrass2@princeton.edu	42.87	Michigan
3	4	Nonna	Regitz	nregitz3@icq.com	160.94	Iowa
4	5	Barthel	Cowgill	bcowgill4@tiny.cc	179.88	Ohio

图 11-9　个人消费情况数据文件 2

利用 pandas 的 csv 数据读取方法获取并展示文件 3 的前五条数据，代码如下：

```
url3    ='https://raw.githubusercontent.com/OpenMined/PyDP/dev/examples/
Tutorial_4-Launch_demo/data/03.csv'
df3 = pd.read_csv(url3,sep=",", engine = "python")
df3.head()
```

文件 3 的前五条数据记录如图 11-10 所示。

	id	first_name	last_name	email	sales_amount	state
0	1	Tomasina	Marcos	tmarcos0@wix.com	161.38	Indiana
1	2	Mill	Yitzhak	myitzhak1@barnesandnoble.com	182.22	Florida
2	3	Hobart	Banaszczyk	hbanaszczyk2@mac.com	41.67	Texas
3	4	Bonita	Benting	bbenting3@smugmug.com	190.26	Indiana
4	5	Kasper	Deyes	kdeyes4@storify.com	177.94	Ohio

图 11-10　个人消费情况数据文件 3

同理，利用 pandas 的 csv 数据读取方法获取数据文件 4、5 的原始数据，文件数据的前五条数据记录如图 11-11 和图 11-12 所示。

	id	first_name	last_name	email	sales_amount	state
0	1	Dylan	Mattocks	dmattocks0@elegantthemes.com	141.90	Wisconsin
1	2	Tully	Pettko	tpettko1@engadget.com	15.09	Missouri
2	3	Ruy	Rodrigo	rrodrigo2@whitehouse.gov	90.72	Florida
3	4	Blakeley	Lower	blower3@macromedia.com	29.87	California
4	5	Horace	Studdert	hstuddert4@theatlantic.com	196.99	Ohio

图 11-11　个人消费情况数据文件 4

	id	first_name	last_name	email	sales_amount	state
0	1	Susi	Barker	sbarker0@comsenz.com	220.50	Kentucky
1	2	Gan	Stork	gstork1@who.int	31.75	California
2	3	Corene	Izod	cizod2@wikia.com	163.53	California
3	4	Cornell	Schoales	cschoales3@freewebs.com	59.09	Minnesota
4	5	Petrina	Kennaird	pkennaird4@patch.com	186.38	Georgia

图 11-12　个人消费情况数据文件 5

综合上述五个数据文件，形成了共有 5000 条数据记录的原始数据，每条记录有 6 个属性字段，利用 pandas 进行读取，展示如下：

```
combined_df_temp = [df1, df2, df3, df4, df5]
original_dataset = pd.concat(combined_df_temp)
print(original_dataset.shape)
# Result
# (5000,6)
```

为实现隐私保护的数据查询，按照差分隐私模式，创建邻接数据集 redact_dataset（见

图 11-13）与原始数据集 original_dataset（见图 11-14），二者只差一条数据记录（即相差用户 Osbourne 的数据）；代码如下：

```
redact_dataset = original_dataset.copy()
redact_dataset = redact_dataset[1:]
print(original_dataset.head())
print(redact_dataset.head())
```

	id	first_name	last_name	email	sales_amount	state
1	2	Glynn	Friett	gfriett1@blog.com	12.46	California
2	3	Jori	Blockley	jblockley2@unesco.org	191.14	Colorado
3	4	Garald	Dorian	gdorian3@webeden.co.uk	126.58	Texas
4	5	Mercy	Pilkington	mpilkington4@jugem.jp	68.32	Florida
5	6	Elle	McConachie	emcconachie5@census.gov	76.91	Texas

图 11-13 邻接数据集

	id	first_name	last_name	email	sales_amount	state
0	1	Osbourne	Gillions	ogillions0@feedburner.com	31.94	Florida
1	2	Glynn	Friett	gfriett1@blog.com	12.46	California
2	3	Jori	Blockley	jblockley2@unesco.org	191.14	Colorado
3	4	Garald	Dorian	gdorian3@webeden.co.uk	126.58	Texas
4	5	Mercy	Pilkington	mpilkington4@jugem.jp	68.32	Florida

图 11-14 原始数据集

针对上述邻接数据集和原始数据集，按照简单两次查询推理模式，即可轻松推断出用户 Osbourne 的个人消费数据；因此常规的用户数据发布模式存在隐私泄露风险；实现代码如下：

```
sum_original_dataset = round(sum(original_dataset['sales_amount'].to_list()), 2)
sum_redact_dataset = round(sum(redact_dataset['sales_amount'].to_list()), 2)
sales_amount_Osbourne = round((sum_original_dataset - sum_redact_dataset), 2)
assert sales_amount_Osbourne == original_dataset.iloc[0, 4]
```

11.2.2 基于 Laplace 机制的隐私保护实现

在上述邻接数据集和原始数据集的数据发布中，多次的统计数据查询可推断出特定用户的隐私数据。因此，为实现个人消费情况数据的隐私保护，可以通过添加 Laplace 噪声实现个人数据的噪声扰动。下面我们来梳理一下 Laplace 噪声需要满足的约束条件。

尺寸参数为 b 的 Laplace 分布（中心为 μ）的概率密度函数为：

$$f\left(x\middle|\mu,b\right) = \frac{1}{2b}\exp\left(-\frac{x-\mu}{b}\right) \tag{11-9}$$

Laplace 分布方差 $\sigma^2 = 2b^2$。通常用 Lap(b) 表示尺寸参数为 b、中心 μ 为 0 的 Laplace

分布，服从 Laplace 分布的随机变量记为 $X\sim\mathrm{Lap}(b)$。Laplace 分布累计概率密度函数为：

$$F(x)=\begin{cases}\dfrac{1}{2}\exp\left(\dfrac{x-\mu}{b}\right),x<\mu\\[2mm]1-\dfrac{1}{2}\exp\left(-\dfrac{x-\mu}{b}\right),x\geqslant\mu\end{cases}\qquad(11\text{-}10)$$

Laplace 噪声的实现函数如下：

```python
# Get private labels with the most votes count and add noise them
def add_noise(predicted_labels, epsilon=0.1):
  noisy_labels = []
  for preds in predicted_labels:
    # get labels with max votes
    label_counts = np.bincount(preds, minlength=2)
    # add laplacian noise to label
    epsilon = epsilon
    beta = 1/epsilon
    for i in range(len(label_counts)):
      label_counts[i] += np.random.laplace(0, beta, 1)
    # after adding noise we get labels with max counts
    new_label = np.argmax(label_counts)
    noisy_labels.append(new_label)
  #return noisy_labels
  return np.array(noisy_labels)
labels_with_noise = add_noise(predicted_labels, epsilon=0.1)
print(labels_with_noise)
print(labels_with_noise.shape)
```

基于 Laplace 噪声的差分隐私算法，可以对统计数据求和结果进行保护，进而保护单个用户的隐私，代码如下：

```python
dp_sum_original_dataset = BoundedSum(epsilon= 1.5, lower_bound = 5,
upper_bound = 250, dtype ='float')
dp_sum_og                                                          =
dp_sum_original_dataset.quick_result(original_dataset['sales_amount'].to_l
ist())
dp_sum_og = round(dp_sum_og, 2)
print(dp_sum_og)
# Output dp_sum_og
# 636723.61
```

基于 Laplace 噪声的差分隐私算法，可以对邻接数据集进行求和统计，结果为 636659.17，代码如下：

```python
dp_redact_dataset = BoundedSum(epsilon= 1.5, lower_bound = 5, upper_bound
= 250, dtype ='float')
dp_redact_dataset.add_entries(redact_dataset['sales_amount'].to_list()
)
dp_sum_redact=round(dp_redact_dataset.result(), 2)
print(dp_sum_redact)
# Output dp_sum_redact
```

```
# 636659.17
```

最后通过算法处理，计算出的个人消费记录为 64.44，而该用户的真实数据为 31.94，这样基于 PyDP 的差分隐私实现了单个用户的个人数据保护；具体实现代码如下：

```
print(f"Sum of sales_value in the orignal dataset: {sum_original_
dataset}")
print(f"Sum of sales_value in the orignal dataset with DP: {dp_sum_og}")
assert dp_sum_og != sum_original_dataset
# Output
Sum of sales_value in the orignal dataset: 636594.59
Sum of sales_value in the orignal dataset with DP: 636723.61
print(f"Sum of sales_value in the second dataset: {sum_redact_dataset}")
print(f"Sum of sales_value in the second dataset with DP: {dp_sum_redact}")
assert dp_sum_redact != sum_redact_dataset
# Output
Sum of sales_value in the second dataset: 636562.65
Sum of sales_value in the second dataset with DP: 636659.17
print(f"Difference in Sum with DP: {round(dp_sum_og - dp_sum_redact, 2)}")
print(f"Actual Difference in Sum: {sales_amount_Osbourne}")
assert round(dp_sum_og - dp_sum_redact, 2) != sales_amount_Osbourne
# Output
Difference in sum using DP: 64.44
Actual Value: 31.94
```

【思维拓展】隐私数据集求交计算

如图 11-15 所示，相比于同态加密，密码学的安全多方计算（Secure Multi-Party Computation，SMPC）与隐私数据集求交计算（Private Set Intersection，PSI）直接相关。PSI 允许两方计算其数据的交集（例如位置，ID 等），而无须将原始数据暴露给另一方，计算结果仅包含双方共享元素的数据集，可用于私有联系人查找发现、DNA 模式匹配测试、远程电子健康记录医疗诊断等场景。

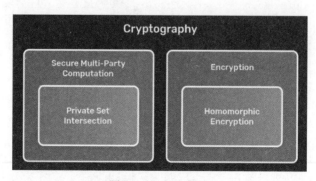

图 11-15　加密算法

以 OpenMined 开源社区发起的新冠肺炎疫情（COVID-19）预警应用程序为例，用户个人手机存储私人轨迹数据，若流调机构或卫生部门发现用户感染冠状病毒或为阳性患者的时空伴随者，该用户则需共享其数据到服务器端，按照类似核酸混检筛查流程，进行隐私数据求交集计算，以期在保护隐私前提下找到两个数据集的交集，实现在共享和比较数据时，保护确诊患者隐私和待检用户轨迹等数据。

上述案例以部分同态加密方案 Paillier 实现的 RSA-PSI 协议为基础，允许用户检查收集的轨迹数据是否与确诊患者相匹配，而不会向服务器泄露其私人数据。根据 PSI 协议的类型，将匹配数据进行数据计算。如图 11-16 所示，上述场景可抽象为，用户端拥有一组整数 Y，为每个元素生成一个随机数，并存储其加密和模块化逆运算；服务器拥有一组整数 X，并生成 RSA 私钥与用户端共享公钥。

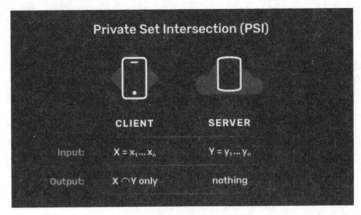

图 11-16　PSI 的基本流程

上述流程的实现代码如下，包括导入 psi 包、初始化服务端、用户端的 rsa 协议等部分。

```
from psi.protocol import rsa
# server will run this and share the public-key with the client
server = rsa.Server(key_size=2048, e=0x10001)
public_key = server.pulic_key
# client will use the public_key
client = rsa.Client(public_key)
random_factors = client.random_factors(len(Y))
```

在服务器端使用私钥对集合中元素进行签名，并插入 Bloom 过滤器中，与客户共享，代码如下：

```
signed_server_set = [server.sign(x) for x in X]
# must encode integers to bytes
signed_server_set = [str(sss).encode() for sss in signed_server_set]
bf = bloom_filter.build_from(signed_server_set)
```

用户端使用随机数的加密来遮蔽集合中元素，并发送到服务器，用户端通过逆运算获得服务器端返回的每个元素签名，检查 Bloom 过滤器中每个签名的存在，进行关联元素的相交判断；代码如下：

```
# client run this and send A to the server
```

```
A = client.blind_set(Y, random_factors)
# server run this and send B back to the client
B = server.sign_set(A)
# client do the intersection
unblinded_client_set = [client.unblind(b, rf) for b, rf in zip(B,
random_factors)]
# must encode integers to bytes
unblinded_client_set = [str(ucs).encode() for ucs in unblinded_client_set]
intersection = []
for y, u in zip(Y, unblinded_client_set):
    if u in bf:
        intersection.append(y)
print("intersection is {}".format(intersection))
```

11.3　基于 PySyft 和 Intel SGX 的安全计算案例

　　Intel SGX 是英特尔软件保护扩展（Intel Software Guard eXtensions）的缩写，本质为一组 CPU 扩展指令，通过可信执行环境（特定可信区域）来增强代码、数据隐私安全。在 BIOS 系统中，SGX 是对英特尔体系（IA）的一个扩展，旨在以硬件安全为强制性保障，不依赖于固件和软件的安全状态，提供用户空间的可信执行环境，可以增强软件的安全性。在联邦学习架构下的数据和模型场景下，其基本示意如图 11-17 所示。

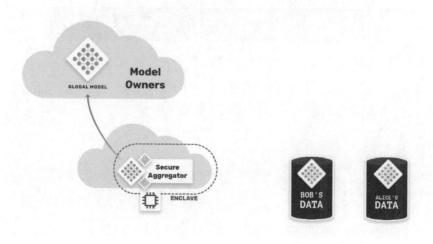

图 11-17　SGX 示意

　　借助 Intel 处理器的 SGX 技术，通过 CPU 的硬件模式切换，系统进入可信模式执行，利用硬件构建完全隔离的特权模式，加载极小的微内核操作系统支持任务调度，完成身份认证。融合 Intel SGX 可信计算的基本流程如图 11-18 所示。

图 11-18　融合 Intel SGX 的可信计算流程

Graphene-SGX 是一款轻量级 Intel SGX 内存加密执行环境，具有兼容性强、隔离性强、抵抗内存溢出攻击以及资源消耗低等优势，可以极大地减小移植原生应用到 SGX 环境的成本。下面结合 PySyft 和 Graphene-SGX 轻量级系统（见图 11-19）实现联邦学习的安全计算。

INTEGRATION OF PYSYFT AND INTEL SGX WITH GRAPHENE

图 11-19　PySyft 和 Intel SGX 的结合

首先导入必须的模块和依赖包，生成 TorchHook，以及虚拟工作节点 alice、bob 和 secure_worker；代码如下：

```
import torch
import syft as sy
from torch import nn, optim
hook = sy.TorchHook(torch)
bob = sy.VirtualWorker(hook, id="bob")
alice = sy.VirtualWorker(hook, id="alice")
secure_worker = sy.VirtualWorker(hook, id="secure_worker")
```

生成四组测试数据（含标签），前两组发送给虚拟工作节点 bob，后两组发送给虚拟工作节点 alice；代码如下：

```
data = torch.tensor([[0,0],[0,1],[1,0],[1,1.]], requires_grad=True)
target = torch.tensor([[0],[0],[1],[1.]], requires_grad=True)
bobs_data = data[0:2].send(bob)
bobs_target = target[0:2].send(bob)
alices_data = data[2:].send(alice)
alices_target = target[2:].send(alice)
```

建立线性回归模型，并将其发送给两个虚拟工作节点，模型的学习率设为 0.1，参数优化算法采用 SGD；代码如下：

```
model = nn.Linear(2,1)
bobs_model = model.copy().send(bob)
alices_model = model.copy().send(alice)
bobs_opt = optim.SGD(params=bobs_model.parameters(),lr=0.1)
alices_opt = optim.SGD(params=alices_model.parameters(),lr=0.1)
```

模型训练过程采用联邦平均方式，将 bob 和 alice 训练好的模型调用 move() 方法汇聚到 secure_worker 节点；代码如下：

```
for i in range(10):
    # Train Bob's Model
    bobs_opt.zero_grad()
    bobs_pred = bobs_model(bobs_data)
    bobs_loss = ((bobs_pred - bobs_target)**2).sum()
    bobs_loss.backward()
    bobs_opt.step()
    bobs_loss = bobs_loss.get().data
    # Train Alice's Model
    alices_opt.zero_grad()
    alices_pred = alices_model(alices_data)
    alices_loss = ((alices_pred - alices_target)**2).sum()
    alices_loss.backward()
    alices_opt.step()
    alices_loss = alices_loss.get().data
print("Bob:" + str(bobs_loss) + " Alice:" + str(alices_loss))
alices_model.move(secure_worker)
bobs_model.move(secure_worker)
```

按照联邦平均模式，接下来构建全局模型，并利用 graphene 进行实现 SGX，修改 pysyft.manifest 文件；代码如下：

```
with torch.no_grad():
    model.weight.set_(((alices_model.weight.data                    +
bobs_model.weight.data) / 2).get())
    model.bias.set_(((alices_model.bias.data  +  bobs_model.bias.data)  /
2).get())
    #pysyft.manifest 文件
    SGX=1 ./pal_loader ./pysyft.manifest ./pysyftexample.py
```

通过 10 轮迭代训练，基于 PySyft 和 SGX 的模型训练过程收敛，结果如下：

```
Bob:tensor(0.0338) Alice:tensor(0.0005)
Bob:tensor(0.0230) Alice:tensor(0.0001)
Bob:tensor(0.0161) Alice:tensor(1.9244e-05)
Bob:tensor(0.0115) Alice:tensor(1.9158e-07)
Bob:tensor(0.0084) Alice:tensor(1.0417e-05)
Bob:tensor(0.0062) Alice:tensor(2.2136e-05)
Bob:tensor(0.0046) Alice:tensor(2.8727e-05)
Bob:tensor(0.0034) Alice:tensor(3.0386e-05)
Bob:tensor(0.0026) Alice:tensor(2.8821e-05)
Bob:tensor(0.0020) Alice:tensor(2.5603e-05)
```

```
tensor([[0.1221],
        [0.0984],
        [0.8764],
        [0.8526]], grad_fn=<AddmmBackward>)
tensor([[0.],
        [0.],
        [1.],
        [1.]], requires_grad=True)
tensor(0.0616)
```

【技能提升】安全多方计算实践

基于同态加密的安全多方计算（Secure Multi-Party Computation，SMPC）的重要目标之一为秘密共享（Secret Sharing），首先利用参数化的公钥和私钥对，将输入数据 X 和 Y 变为密文态，按照同态加密模式对噪声数据直接进行加法/乘法运算，所得的结果与解密后的 X 和 Y 直接运算效果一样。同态加密的基本流程如图 11-20 所示。

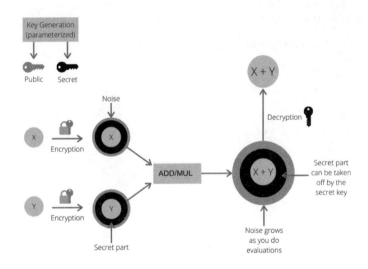

图 11-20　同态加密的基本流程示意

按照同态加法流程，以数据的拆分共享为例，利用大素数 Q 及加密算法在 julias、gregs 和 mine 三个节点间进行共享。其中，大素数 Q 选取为 78090573363827，进行安全三方计算的加/解密分解；代码如下：

```
# 大素数
Q <- 78090573363827
#加密函数
encrypt <- function(x) {
  julias <- runif(1, min = -Q, max = Q)
  gregs <- runif(1, min = -Q, max = Q)
  mine <- (x - julias - gregs) %% Q
```

```
  list (julias, gregs, mine)
}
# some top secret value no-one may get to see
value <- 77777
encrypted <- encrypt(value)
encrypted
[[1]]
[1] 7467283737857
[[2]]
[1] 36307804406429
[[3]]
[1] 34315485297318
#解密函数
decrypt <- function(shares) {
  Reduce(sum, shares) %% Q
}
decrypt(encrypted)
#结果
#133
```

此外，PySyft 也支持多方的安全计算，实现张量的秘密共享计算，如图 11-21 所示，基于 PySyft 框架可以实现整数 5 在两方之间秘密共享计算。

图 11-21　基于 PySyft 框架的秘密共享计算

基于 PySyft 框架的秘密共享计算需要导入依赖库，建立 TorchHook()函数，以及虚拟工作节点 alice、bob、secure_worker。同时，在加/解密实现方面，与经典的安全多方计算一致，设置大素数 Q 和同态加密运算；代码如下：

```
import torch as th
import syft as sy
hook = sy.TorchHook(th)
alice = sy.VirtualWorker(hook, id="alice")
bob = sy.VirtualWorker(hook, id="bob")
secure_worker = sy.VirtualWorker(hook, id="secure_worker")#用于加速计算
x = th.tensor([0.1, 0.2, 0.3])
x = x.fix_prec() #精度
x = x.share(alice, bob, secure_worker) #秘密数据划分
```

```
import random
Q = 121639451781281043402593
#加密函数
def encrypt(x, n_shares = 2):
    shares = list()
    for i in range(n_shares-1):
        shares.append(random.randint(0,Q))
    final_share = Q - (sum(shares) % Q) + x
    share.append(final_share)
return tuple(shares)
#解密函数
def decrypt(shares):
return sum(shares) % Q
#加法函数
def add(a, b):
    c = list()
    assert(len(a) == len(b))
    for i in range(len(a)):
        c.append((a[i] + b[i]) % Q)
    return tuple(c)
```

11.4　本章小结

安全计算是一个密码学问题，可以表述为"一组互不信任的参与方在需要保护隐私信息以及没有可信第三方的前提下进行协同计算的问题"，即"多方安全计算"问题。除了混淆电路之外，秘密共享、同态加密等技术也开始被用来解决多方安全计算问题，为联邦学习中隐私计算技术奠定了基础。

本章以差分隐私技术为切入点，实现了基于随机应答的本地差分隐私概念和基于PyDP 的统计数据集求和计算，后续探究了隐私数据集求交计算、基于可信环境的硬件安全计算实现等案例。部分基于联邦学习的安全计算实战涉及大量密码学基础，读者在学习中可先了解流程，在遇到实际问题时再深入研究相关理论，达到"按需学习"的效果。

第12章　联邦强化学习实战

强化学习是解决序列决策问题的重要机器学习方法，强化学习智能体可以根据自身决策以及环境改变得到奖励。深度强化学习将深度学习的感知能力和强化学习的决策能力相结合，实现了超越人类水平的游戏模型 DON、AlphaGo 系列围棋机器人等强化学习模型。因此，在联邦学习框架下，如何在保护数据隐私的前提下进行强化学习是很有吸引力的研究方向。

本章立足于联邦强化学习的分布式智能体训练场景，兼顾隐私保护需求，以避免智能体与环境交互决策过程中的信息泄露和提高强化学习性能为目标，结合开源项目 OpenAI Gym 中游戏领域的经典 CartPole-v0 仿真，梳理了强化学习与联邦强化学习的技术原理，利用 Pytorch 框架训练 Deep Q-Learning（DQN）智能体；同时，利用 PySyft 框架实现了联邦强化学习，从编程实战角度，加深读者对不同强化学习架构的理解。

12.1　强化学习基础理论

强化学习理论受到行为主义心理学启发，通过学习从环境状态到行为的映射，平衡复杂问题中探索—利用（exploration-exploitation）的策略，实现回报最大化的特定目标。下面对强化学习相关基础理论进行讲解。

12.1.1　强化学习与最优决策

强化学习来源于序列决策问题，与最优化理论结合紧密。同时，最优化问题是人工智能中机器学习方法的核心任务，以梯度下降为代表的最优化方法是深度神经网络参数训练的经典手段。最优化问题的三要素包括目标函数、方案模型、约束条件，其数学模型可定义如下：

$$V\text{-}\min y = F(x) = [f_1(x), f_2(x), \cdots, f_m(x)]^{\mathrm{T}} \tag{12-1}$$

$$并使得 \begin{cases} g_i(x) \geqslant 0, i = 1, 2, \cdots, p \\ h_j(x) \geqslant 0, i = 1, 2, \cdots, q \end{cases}$$

其中，$x = (x_1, x_2, \cdots, x_n) \in X$，$x$ 是决策空间中可行域的决策变量，X 是实数域中 n 维决策变量空间；$y = (y_1, y_2, \cdots, y_m) \in Y$，$y$ 是待优化目标函数，Y 是 m 维目标变量空间。目标函数向量 $F(x)$ 定义了 m 维目标函数矢量；$g_i(x) \geqslant 0 (i=1,2,\cdots,p)$ 为 p 个不等式约束；$h_j(x)=0(j=1,2,\cdots,q)$ 为 q 个等式约束。

按照目标函数的个数，最优化问题可分为单目标优化和多目标优化两类。其中，求解单目标优化问题的关键是如何设置搜索方向和搜索步长；在多目标优化问题求解中，涉及非劣解排序问题和帕累托最优等概念。常用的最优化方法包括梯度下降法、随机梯度下降法、最速下降法及其多种改进形式。因此，依据最优化理论，可以对序列决策问题进行数据建模。

强化学习可以抽象为典型的马尔可夫决策过程（Markov Decision Process，MDP），具有典型的序列决策特性；因此，有必要学习马尔可夫决策过程，同时，相关理论可为基于深度强化学习的联邦学习方法奠定基础。

在服从马尔可夫性质的随机过程系统中，状态转移只依赖最近的状态和行动，而不依赖之前的历史数据，其数学模型可抽象为五元数组 $<S, A, R, P, \rho_0>$，其中，S 是所有有效状态的集合，A 是所有有效动作的集合，R 是奖励函数，P 是转态转移规则概率，ρ_0 是初始状态的分布。

在马尔可夫过程（Markov Process）中，下一个时刻状态 s_{t+1} 只取决于当前状态 s_t：

$$p(s_{t+1}|s_t,\cdots, s_0) = p(s_{t+1}|s_t) \tag{12-2}$$

其中，$p(s_{t+1}|s_t)$ 为状态转移概率。MDP 在马尔可夫过程中加入额外的动作变量 a；因此，下一时刻状态 s_{t+1} 与当前时刻状态 s_t 以及动作 a_t 相关，公式如下：

$$p(s_{t+1}|s_t, a_t,\cdots, s_0, a_0) = p(s_{t+1}|s_t, a_t), \tag{12-3}$$

其中，$p(s_{t+1}|s_t, a_t)$ 为状态转移概率。当给定策略 $\pi(a|s)$，则马尔可夫决策过程的行动轨迹概率记为：

$$p(\tau) = p(s_0)\prod_{t=0}^{T-1}\pi(a_t|s_t)p(s_{t+1}|s_t, a_t) \tag{12-4}$$

如图 12-1 所示，求解 MDP 过程的核心理论是贝尔曼方程（Bellman Equation），可以通过递归方式找到相应的最优策略和值函数，其基本思想是将值函数分解为当前奖励和折扣的未来值函数，即当前状态的值函数可以通过下个状态的值函数来计算。如果给定策略 $\pi(a|s)$、状态转移概率 $p(s'|s, a)$ 和奖励 $r(s, a, s')$，就可以通过迭代的方式来计算值函数。

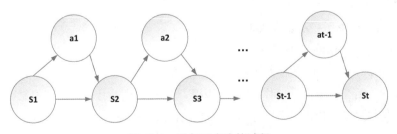

图 12-1　马尔可夫决策过程

由于存在衰减率，迭代一定周期后，整个决策序列就会收敛。关于 Q 函数的贝尔曼方程为：

$$Q^{\pi}(s,a) = E_{s'\sim p(s'|s,a)}\left[r(s,a,s') + \gamma E_{a'\sim\pi(a'|s')}\left[Q^{\pi}(s',a')\right]\right] \quad （12-5）$$

有了最优化理论和随机过程相关基础，下面对强化学习、深度学习相关框架和算法进行讲解。如图 12-2 所示，强化学习框架包括智能体和环境两部分，涉及智能体、环境、状态、回报四个核心概念，利用最优策略或值函数将预期收益最大化，让智能体通过观察环境的状态以及获取的奖励来学会作决策。

强化学习包括基于价值（Value-Based）、基于策略（Policy-Based）以及基于模型（Model-Based）等三种强化学习方法。其中，价值函数用于评价状态或者行为的好坏程度，最优价值函数可以得到整个问题

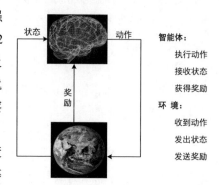

图 12-2　强化学习框架

的最优解以及相应的最优策略；策略是智能体的行为函数，即状态到行为的映射；模型是从经验中学习的过程，即智能体对环境的表征。基于价值的强化学习需要估计 Q 函数的最大值，即在任意策略下能够得到的最优 Q 函数；基于策略的强化学习目标是直接搜索能够最大化未来奖励的最优策略；基于模型的强化学习需要构建一个环境模型，并基于该模型进行规划。

强化学习是一种具有时间维度的机器学习方法，因此，为了应对时间带来的不确定性，时间差分法（TD）构建了简单的线性模型，包括之前的奖励和新发生动作对奖励的影响，并引入衰减率控制未来奖励的影响；其更新公式如下：

$$V(S_t) \leftarrow V(S_t) + \alpha\left[R_{t+1} + \gamma V(S_{t+1}) - V(S_t)\right] \quad （12-6）$$

其中，V 为值函数，表示为下一时刻估计值乘以衰减率减去当前估计值的差，代表策略的间接影响，再加上下一时刻奖励，即该策略的影响。同时，与深度神经网络的训练作用类似，学习率用来控制随机性。但值函数未知，对下一时刻的估计估算可以采用 Q-Learning 等方法，当采用神经网络进行估算时，得到深度强化学习。Q-Learning 方法包括在线和离线两种策略，关键差别在更新公式中，在线策略 Q-Learning 也称为 SARSA 算法（State-Action-Reward-State-Action）。

Q-Learning 是基于值的强化学习算法，利用 Q 函数寻找最优的策略。在离线策略 Q-Learning 的更新公式中，下一时刻估计值由下一时刻最大估计替代，即根据已有经验或者贪婪策略，选择局部最优，然后进行不断更新；如下：

$$V(S_t) \leftarrow V(S_t) + \alpha\left[R_{t+1} + \gamma\max_a V(S_{t+1},a) - V(S_t)\right] \quad （12-7）$$

因此，离线策略 Q-Learning 在学习过程中会估计每个动作价值函数的最大值，并通

过迭代直接找到 Q 函数的极值，从而确定最优策略；其算法流程如下所示：

1.随机初始化所有的状态和动作对应的价值 Q，对于终止状态，Q 值初始化为 0

2.for i from 1 to T，进行迭代

（a）初始化 S 为当前状态序列的第一个状态；

（b）用贪婪法在当前状态 S 选择出动作 A；

（c）在状态 S 执行当前动作 A，得到新状态 S' 和奖励 R；

（d）更新价值函数：

$$Q(S,A) \leftarrow Q(S,A) + \alpha \left[R + \lambda \max_a Q(S',A) - Q(S,A) \right];$$

（e）S=S'；

（f）如果 S' 是终止状态，当前轮迭代完毕，否则转到步骤（b）。

在具体实现中时，状态和动作集合是需要人工预先设计有限的离散集，所有状态、动作的 $Q(s,a)$ 存储在二维表格 Q-Table 中（该表格的初始化是执行 Q-Learning 算法的第一步），通过 Bellman 方程不断改进 Q-Table 来选择最佳动作直到收敛。当表格中的 Q 值都等于零时，可以使用 ε-贪婪策略改善探索/利用（Exploration/ Exploitation）的平衡。

12.1.2　深度强化学习

深度强化学习是强化学习与深度学习（具有强大的函数表征和逼近能力）的结合。其中，强化学习定义了问题的优化目标；深度学习给出问题的表征方式以及求解方法。如图 12-3 所示，在基于值函数的深度强化学习中，输入为状态—动作对和状态两类，模型部分为用神经网络参数代表的深度强化学习，输出为状态—动作—网络参数对应的值函数。

2013 年 Deep Mind 公司提出的 DQN（Deep Reinforcement Learning）是深度强化学习开山之作，并以 Atari 游戏对算法进行测试。在 DQN 中，使用卷积神经网络作为价值函数拟合 Q-Learning 中的动作价值，直接从原始像素中成功学习到控制策略。DQN 基于卷积神经网络，使用 Q-Learning 来训练，其输入为相邻 4 帧游戏画面，输出为在这种场景下执行各种动作时所能得到的 Q 函数的极大值，其网络结构如图 12-4 所示。

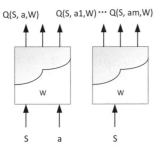

图 12-3　基于值函数的深度强化学习

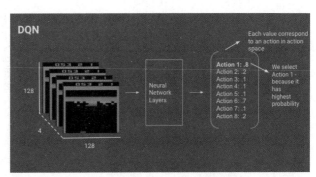

图 12-4　DQN 网络模型

DQN 的关键构成包括训练数据处理、损失函数设计、经验回放、探索—开发策略等方面。

（1）训练数据处理

输入数据是四张尺寸为 84×84 的灰度图，具有 $256^{84\times84\times4}\approx10^{67970}$ 种可能的游戏状态，意味着 Q-Table 有 10^{67970} 行。因此，使用神经网络表示 Q 函数，并将状态（四个游戏屏幕）和动作作为输入，将对应的 Q 值作为输出是可行方案。DQN 网络构成如图 12-5 所示。

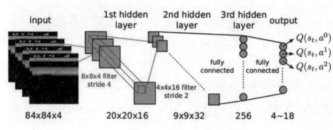

图 12-5   DQN 网络参数

（2）损失函数设计

监督学习中，只有输入数据，没有 Q 网络的输出标签是无法进行神经网络训练的。因此，结合 Q-Learning 算法特点，基于贝尔曼方程利用下一时刻状态可获得的最大 Q 值来计算当前状态、动作可达到的最大 Q 值，即 target_q（Q-Learning 计算得到的 Q 值作为神经网络的训练标签），而 Q 网络基于当前状态、动作获得的 Q 值，即 policy_q。用于计算 target_q 的网络是 target_net，用于计算 policy_q 的网络是 policy_net，target_net 的网络参数落后于 policy_net 的网络参数。这样的双网络设计，使算法获得更好的泛化性。基于 target_q 和 policy_q 差值构建损失函数，如下：

$$L(w)=E\left[\left(r+\gamma Q\left(s',a',w\right)-Q\left(s,a,w\right)\right)^{2}\right]$$（12-8）

（3）经验回放（Experience Replay）

与监督学习不同，基于卷积神经网络逼近 Q 函数的训练过程不稳定，为了解决训练样本间存在相关性，以及样本概率分布不固定问题，经验回放机制将训练样本存储到一个大的集合中，在训练 Q 网络时，每次从该集合中随机抽取出部分样本作为训练样本，消除智能体在非平稳动态学习中的自身经验和样本间的相关性，简化算法的调试和测试。

（4）探索—开发策略

在 Q 网络随机初始化中，选择最高 Q 值的动作，执行"探索"策略；当 Q 函数收敛时，采用 ε-贪心探索，以概率 ε 选择随机动作，否则就将使用带有最高 Q 值的"贪心"动作，将 ε 从 1 降至 0.1，即训练开始采取完全随机的行动以最大化地探索状态空间，然后再稳定在一个固定的探索率上。

在 DQN 的三卷积层卷积神经网络中取消了池化层，以避免池化操作的平移不变性对降低物体位置敏感度的判断。结合上述 DQN 的关键构成设计，DQN 算法基本流程如图 12-6 所示。

Input: the pixels and the game score
Output: Q action value function (from which we obtain policy and select action)
Initialize replay memory D
Initialize action-value function Q with random weight θ
Initialize target action-value function $\hat{Q}$ with weights $\theta^- = \theta$
for *episode = 1 to M* **do**
 Initialize sequence $s_1 = \{x_1\}$ and preprocessed sequence $\phi_1 = \phi(s_1)$
 for *t = 1 to T* **do**
  Following ϵ-greedy policy, select $a_t = \begin{cases} \text{a random action} & \text{with probability } \epsilon \\ \arg\max_a Q(\phi(s_t), a; \theta) & \text{otherwise} \end{cases}$
  Execute action a_i in emulator and observe reward r_t and image x_{t+1}
  Set $s_{t+1} = s_t, a_t, x_{t+1}$ and preprocess $\phi_{t+1} = \phi(s_{t+1})$
  Store transition $(\phi_t, a_t, r_t, \phi_{t+1})$ in D
  `// experience replay`
  Sample random minibatch of transitions $(\phi_j, a_j, r_j, \phi_{j+1})$ from D
  Set $y_j = \begin{cases} r_j & \text{if episode terminates at step } j+1 \\ r_j + \gamma \max_{a'} \hat{Q}(\phi_{j+1}, a'; \theta^-) & \text{otherwise} \end{cases}$
  Perform a gradient descent step on $(y_j - Q(\phi_j, a_j; \theta))^2$ w.r.t. the network parameter θ
  `// periodic update of target network`
  Every C steps reset $\hat{Q} = Q$, i.e., set $\theta^- = \theta$
 end
end

图 12-6　DQN 算法流程

虽然 DQN 取得了成功，但还有很大的优化空间，此后 DQN 出现了大量改进型算法，这些改进包括系统整体结构、训练样本的构造、神经网络结构等方面。如图 12-7 所示，在基于强化学习的横向联邦学习架构中，可以按照深度强化学习流程，随机选择或根据策略从环境中获取动作，将结果记录在经验重放内存中，并在每次迭代时运行优化步骤，利用神经网络强大的函数拟合逼近能力，对值函数（或策略）进行表征，最终获得最优价值函数。

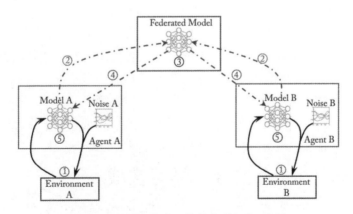

图 12-7　基于强化学习的横向联邦学习架构

12.2　深度强化学习的游戏应用与仿真环境

随着人工智能技术的发展，未来人工智能系统既需要具备感知和表征能力，更需要拥有一定的决策能力。因此，具有强大感知和表达能力的深度学习与具有决策能力的强化学习结合，形成了基于深度强化学习的输入数据到输出动作控制的完整智能系统。这解决了传统强化学习智能体缺乏感知和泛化高维度输入能力的困境，为大规模决策任务提供了解决方案。

近年，深度强化学习游戏等产业具有良好表现。例如，DeepMind 公司结合卷积神经网络和 Q-Learning 策略，利用深度 Q 网络（DQN）模型在 Atari2600 游戏上表现达到或超越了专业人类玩家；此外，AlphaGo、AlphaGo Zero 先后击败了围棋领域的专业棋手。

深度强化学习算法的重要落地应用场景是游戏。在游戏场景中，深度强化学习可以获取大量样本，以进行训练提升效果。在游戏场景中应用强化学习，其核心为从强化学习的问题描述和定义开始，界定状态、动作、奖励值、目标函数等，将游戏序列决策场景抽象为马尔可夫决策过程（MDP）。

由于深度强化学习训练需要与环境的不断交互，因此仿真环境极为重要。强化学习的经典仿真实验环境为 Gym 平台（http://gym.openai.com/），它是 OpenAI 开源的强化学习相关算法工具包，包含 Cart-Pole、Atari 等大量经典仿真场景和各种数据，具备 Agent 与环境交互的基本功能，通过简单接口调用，即可测试和实现游戏仿真，并对 Pytorch 等深度学习框架具有很好的兼容性。Gym 平台的基本构成包括：

（1）Gym 开源库。包含大量测试问题，尤其在游戏测试中，强化学习的环境即游戏画面。对外提供公共接口，允许通用算法设计；

（2）OpenAI Gym 服务。提供环境服务和 API 接口，允许对测试结果进行比较。

本章以 Gym 平台中的经典控制问题 CartPole-v0 为游戏场景（见图 12-8），讲解强化学习与联邦强化学习的实战案例。在该游戏场景下，游戏的输入是表示小车当前位置、速度、杆子角度、杆子顶端速度等环境状态的 4 个实际值，智能体的动作为小车向左或向右移动，即动作空间大小为 2。当杆子相对垂直方向 ±15° 和小车距离中心 ±2.4 个单位时，奖励值为 1（这一过

图 12-8　游戏场景

程最多持续 200 步），否则为 0。通过神经网络学习训练，调整小车的状态，保证车上杆子保持直立，当杆直立时间增加时，智能体就获得更大的累计奖励。

12.3　基于 Pytorch 的强化学习实战

在实现联邦强化学习之前，有必要回顾一下经典的深度强化学习案例，增加从不同维度对强化学习的感知。本节基于 Pytorch 框架实现深度强化学习算法——DQN 模型，完

成经典的 CartPole-v0 游戏。基于 Pytorch 的强化学习实战包括环境准备、模型设置、主程序执行等部分。

（1）环境准备阶段，需要安装 Gym 包，命令如下：

```
pip install gym
```

其中，Gym 的核心接口是 env，包含如下核心方法：

- reset(self)：重置环境状态，返回观察，即从开始状态到终止状态后，重新返回开始状态的初始化操作；

- step(self, action)：执行一个时间步长，返回 4 个参数：observation、reward、done和 info。其中，observation 为游戏当前的状态；reward 为执行上一步动作后，智能体获得的奖励；done 表示是否需要重置环境；info 为调试过程的诊断信息；

- render(self, mode='human', close=False)：相当于图像引擎，重绘环境帧，例如，弹出窗口等效果；

- close(self)：关闭环境，并清除内存。

Gym 包的基本示例代码如下：

```
import gym                      #导入gym包
env = gym.make('CartPole-v0')
env.reset()                     #重置智能体状态
for in range(1000):            #进行1000次迭代
    env.render()                #渲染
    env.step(env.action_space.sample()) # take a random action
env.close()                     #关闭环境
```

（2）模型设置阶段，完成 DQN 模型中经验重放、Q 网络、输入提取、超参数设置以及模型训练的实现。

① 经验重放。利用经验重放训练 DQN，其关键为状态转换和经验重放。其中，Transition 为状态—动作对的映射转换；ReplayMemory 为经验存放循环缓冲区；具体代码如下：

```
transition = namedtuple('Transition', ('state', 'action', 'next_state',
'reward'))
class ReplayMemory(object):
def __init__(self, capacity):
    self.capacity = capacity
    self.memory = []
    self.position = 0
def push(self, *args):
    if len(self.memory) < self.capacity:
    self.memory.append(None)
    self.memory[self.position] = Transition(*args)
    self.position = (self.position + 1) % self.capacity
def sample(self, batch_size):
    return random.sample(self.memory, batch_size)
def __len__(self):
```

```
    return len(self.memory)
```

② Q 网络。DQN 本质为卷积神经网络，包括三个卷积层，具体实现代码如下：

```
class DQN(nn.Module):
    def __init__(self, h, w, outputs):
        super(DQN, self).__init__()
        self.conv1 = nn.Conv2d(3, 16, kernel_size=5, stride=2)
        self.bn1 = nn.BatchNorm2d(16)
        self.conv2 = nn.Conv2d(16, 32, kernel_size=5, stride=2)
        self.bn2 = nn.BatchNorm2d(32)
        self.conv3 = nn.Conv2d(32, 32, kernel_size=5, stride=2)
        self.bn3 = nn.BatchNorm2d(32)
    def conv2d_size_out(size, kernel_size = 5, stride = 2):
        return (size - (kernel_size - 1) - 1) // stride + 1
        convw = conv2d_size_out(conv2d_size_out(conv2d_size_out(w)))
        convh = conv2d_size_out(conv2d_size_out(conv2d_size_out(h)))
        linear_input_size = convw * convh * 32
        self.head = nn.Linear(linear_input_size, outputs)
    def forward(self, x):
        x = F.relu(self.bn1(self.conv1(x)))
        x = F.relu(self.bn2(self.conv2(x)))
        x = F.relu(self.bn3(self.conv3(x)))
        return self.head(x.view(x.size(0), -1))
```

③ 输入提取。利用 torchvision 包从环境中提取和处理图像。gym 返回的屏幕尺寸是 $400\times600\times3$ 或 $800\times1200\times3$，因此需要进行裁剪。此外，Q 网络的输入为相邻两屏的差值；代码如下：

```
def get_screen():
    screen = env.render(mode='rgb_array').transpose((2, 0, 1))
    # cart 位于下半部分，因此不包括屏幕的顶部和底部
    screen_height, screen_width = screen.shape
    screen = screen[:, int(screen_height*0.4):int(screen_height * 0.8)]
    ……
    slice_range = slice(cart_location - view_width // 2, cart_location +
view_width // 2)
    # 去掉边缘，使得我们有一个以 cart 为中心的方形图像
    screen = screen[:, :, slice_range]
    # 转换为 float 类型，重新缩放，转换为 torch 张量
    screen = np.ascontiguousarray(screen, dtype=np.float32) / 255
    screen = torch.from_numpy(screen)
    # 调整大小并添加 batch 维度（BCHW）
    return resize(screen).unsqueeze(0).to(device)
```

④ 超参数设置。在模型训练中，数据批大小为 128，优化器为 RMSprop；select_action 按照 ε-贪婪选择行动；代码如下：

```
BATCH_SIZE = 128
GAMMA = 0.999
# 获取屏幕大小接近 3×40×90
init_screen = get_screen()
```

```
screen_height, screen_width = init_screen.shape
    # 从 gym 行动空间中获取行动数量
    n_actions = env.action_space.n
    policy_net = DQN(screen_height, screen_width, n_actions).to(device)
    target_net = DQN(screen_height, screen_width, n_actions).to(device)
    target_net.load_state_dict(policy_net.state_dict())
    target_net.eval()
    optimizer = optim.RMSprop(policy_net.parameters())
    memory = ReplayMemory(10000)
    steps_done = 0
    #选择具有较大预期奖励的行动
    return policy_net(state).max(1)[1].view(1, 1)
......
```

⑤ 模型训练。利用 optimize_model()函数进行模型优化，包括 batch 采样、计算损失值、更新网络权重等部分，代码如下：

```
def optimize_model():
        ...
        state_batch = torch.cat(batch.state)
        action_batch = torch.cat(batch.action)
        reward_batch = torch.cat(batch.reward)
        # 计算 Q(s_t，a)-模型计算 Q(s_t)，选择动作
        state_action_values = policy_net(state_batch).gather(1, action_batch)
        # 计算所有下一个状态的 V(s_{t+1})
        next_state_values = torch.zeros(BATCH_SIZE, device=device)
        next_state_values[non_final_mask] = target_net(non_final_next_
states).max(1)[0].detach()
        expected_state_action_values = (next_state_values * GAMMA) +
reward_batch
        # 计算 Huber 损失
        loss = F.smooth_loss(state_action_values, expected_state_action_
values.unsqueeze(1))
        # 优化模型
        optimizer.zero_grad()
        loss.backward()
        for param in policy_net.parameters():
    param.grad.data.clamp_(-1, 1)
    optimizer.step()
```

综合上述步骤及模块，强化学习智能体执行的主程序如下：

```
num_episodes = 20
for i_episode in range(num_episodes):
    # 初始化环境和状态
env.reset()
last_screen = get_screen()
current_screen = get_screen()
state = current_screen - last_screen
    for t in count():
    # 选择动作并执行
```

```
    action = select_action(state)
    reward, done = env.step(action.item())
    reward = torch.tensor([reward], device=device)
    # 观察新的状态
    last_screen = current_screen
    current_screen = get_screen()
    if not done:
    next_state = current_screen - last_screen
    else:
    next_state = None
    # 在记忆中存储过渡
    memory.push(state, action, next_state, reward)
    # 移动到下一个状态
    state = next_state
    # 执行优化的一个步骤（在目标网络上）
    optimize_model()
    if done:
episode_durations.append(t + 1)
plot_durations()
break
    # 更新目标网络，复制 DQN 中的所有权重和偏差
    if i_episode % TARGET_UPDATE == 0:
    target_net.load_state_dict(policy_net.state_dict())
    …
```

经历多轮学习后，小车上的杆子可以一直保持平衡，效果如图 12-9 所示。

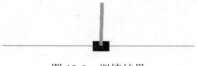

图 12-9　训练结果

12.4　基于 PySyft 的联邦强化学习

与基于 Pytorch 的强化学习类似，基于联邦学习模式训练强化学习智能体，需要在 Gym 的 CartPole 环境中实现。在智能体的训练过程中，利用神经网络将 CartPole 的环境空间映射到智能体的动作空间。上述模式基于 Pysyft 框架实现，联邦强化学习的训练策略在远程的工作节点 Bob 上实现。

首先，导入 CartPole 环境和联邦强化学习程序运行所需的依赖，主要包括 torch、gym、numpy 和 syft，运行环境为 Jupyter Notebook；代码如下：

```
import torch
from torch import nn, optim
import torch.nn.funtional as F
from torch.distributions import Cateorical
import gym
```

```
import numpy as np
import syft as sy
```

然后，创建 CartPole 运行所需的 Gym 环境 CartPole-v0；代码如下：

```
env = gym.make('CartPole-v0')
```

接下来，通过钩子（hook）函数将 torch 和 syft 建立链接，按照联邦学习模式，创建虚拟远程工作节点 bob，代码如下：

```
hook = sy.TorchHook(torch)
bob = sy.VirtualWorker(hook, id="bob")
```

设置神经网络的策略，策略是智能体状态与行为的映射函数，同时，调用 forward() 方法进行正向学习；代码如下：

```
class Policy(nn.Module):
  def __init__(self):
    super(Policy, self).__init__()
    self.input = nn.Linear(4,4)
    self.output = nn.Linear(4,2)
    self.episode_log_probs = []
    self.episode_raw_rewards = []

  def forward(self, x):
    x = self.input(x)
    x = F.relu(x)
    x = self.output(x)
    x = F.softmax(x, dim = 1)
    return x
```

动作选择函数，将仿真环境发送给虚拟工作节点 bob，然后获得采用动作的概率估计，最后将新状态发送给 bob；代码如下：

```
def select_action(state):
    state = torch.from_numpy(state).float().unsqueeze(0)
    #把环境状态发给 bob
    state = state.send(bob)
    probs = policy(state)
    #取回估计概率，进行动作抽样
#支持远程张量操作
probs = probs.get()
m = Categorical(probs)
action = m.sample()
policy.episode_log_probs.append(m.log_prob(action))
#获得状态，将新状态发送给 bob
state.get()
return action.item()
```

按照贝尔曼方程，设置折扣因子和累计奖励值计算函数。基于策略梯度，按照输出概率进行动作选择，以平衡智能体新行为探索和已知动作利用间的关系；代码如下：

```
def discount_and_normalize_rewards():
  discounted_rewards = []
cumulative_rewards = 0
```

```
for rewards in polcy.episode_raw_rewards[: : -1]:
    cumulative-rewards = reward + discount_rate * cumlulative_rewards
    discounted_rewards.insert(0, cumulative_rewards)

discounted_rewards = torch.tensor(discounted_rewards)
discounted_rewards = (discounted_rewards - discounted_rewards.mean())
/discounted_rewards.std()
return discounted_rewards
```

智能体训练的学习率为 0.03，折扣因子设置为 0.95；代码如下：

```
policy = Policy()
optimizer = optim.SGD( params = policy.parameters(), lr = 0.03)
#折扣率用于动作评分计算
discount_rate = 0.95
```

依据折扣奖励、策略损失，设置更新策略函数对当前状态和动作进行价值函数预测，以获得累计奖励期望的最大化；代码如下：

```
def update_policy():
    policy_loss = []
discounted_rewards = discount_and-normalize_rewards()
for    log_prob,   action_score   in   zip(policy.episode_log_probs,
discounted_rewards):
    policy_loss.append(-log_prob * action_score)

optimizer.zero_grad()
policy_loss = torch.cat(policy_loss).sum()
policy_loss.backward()
optimizer.step()
del policy.episode_log_probs[:]
del policy.episode_raw_rewards[:]
```

策略网络的训练由远程工作节点 bob 完成，调用 reset()方法重置智能体状态，训练过程迭代 500 轮（episode），每轮迭代进行 1000 次动作采样，记录每轮迭代的奖励值；代码如下：

```
total_rewards = []
#把策略发送到 bob 进行训练
policy.send(bob)
for episode in range(500):
    state = env.reset()
    episode_rewards = 0
    for step in range(1000):
        action =select_action(state)
        state, reward, done, _ =env.step(action)
        #env.render()
policy.episode_raw_rewards.append(reward)
episode_rewards += reward

if done:
    break
```

```
#记录每个 episode 获得的奖励
total_rewards.append(episode_ rewards)
update_policy()

#清除
policy.get()
bob.clear_objects()
print('Average reward:{:.2f}\tMax reward:{:.2f}'.format(np.mean(total-
rewards), np.max(total_rewards)))
```

　　如图 12-10 所示，经过训练，基于 PySyft 框架训练的联邦强化学习智能体可以用 83 步来连续决策，使车上的杆子保持直立，并获得 19.17 的奖励值。目前，基于 PySyft 框架的联邦强化学习研究仍处于初级阶段，由于远程张量操作受限，在状态选择中，需要将概率估计取回本地工作节点采样动作。

```
Average reward: 19.17    Max reward: 83.00
```

图 12-10　智能体训练结果

12.5　本章小结

　　强化学习性能的提升需要大量数据，容易获得大量模拟数据的游戏领域是强化学习大展身手的重要应用场景。此外，强化学习也可以用于文本摘要抽取、聊天机器人、最佳医疗策略制定、在线股票交易预测等领域。本章基于强化学习理论，以典型的 CartPole-v0 游戏场景为例，分别利用 Pytorch 和 PySyft 框架实现了 DQN 和联邦强化学习方法，完成了具备控制小车平衡杆智能体的训练。